矫直技术与理论的新探索

（第2版）

崔甫　著

北　京
冶金工业出版社
2014

内 容 简 介

本书阐述了各类矫直机产品的技术理论创新和继承的关系，深刻分析和展示了矫直工业的发展趋势和它对技术理论创新的迫切要求，揭示了高精度矫直机的理论实质及其各种技术内容的有机联系。全书分为5章，分别介绍了矫直技术与理论的基础知识、平面反弯矫直技术与理论的新探索、旋转反弯矫直技术与理论的新探索、拉弯矫直技术与理论的新探索、矫直理论解析化与矫直技术现代化发展现状的讨论。

本书可供矫直机专业设计、科研及现场技术人员和机械行业科技人员参考。

图书在版编目（CIP）数据

矫直技术与理论的新探索/崔甫著．—2版．—北京：冶金工业出版社，2014.2

ISBN 978-7-5024-6488-2

Ⅰ．①矫…　Ⅱ．①崔…　Ⅲ．①矫直机—研究
Ⅳ．①TG333.2

中国版本图书馆CIP数据核字（2014）第020252号

出 版 人　谭学余
地　　址　北京北河沿大街嵩祝院北巷39号，邮编100009
电　　话　(010)64027926　电子信箱　yjcbs@cnmip.com.cn
责任编辑　李培禄　美术编辑　杨　帆　版式设计　孙跃红
责任校对　郑　娟　责任印制　牛晓波
ISBN 978-7-5024-6488-2
冶金工业出版社出版发行；各地新华书店经销；北京百善印刷厂印刷
2010年2月第1版，2014年2月第2版，2014年2月第1次印刷
148 mm×210 mm；6.625印张；191千字；199页
30.00元
冶金工业出版社投稿电话：(010)64027932　投稿信箱：tougao@cnmip.com.cn
冶金工业出版社发行部　电话：(010)64044283　传真：(010)64027893
冶金书店　地址：北京东四西大街46号(100010)　电话：(010)65289081(兼传真)
（本书如有印装质量问题，本社发行部负责退换）

前　言

本书第1版自2010年初出版至今已有4年的时间，经过了许多读者的审阅，收到一些反馈意见，既有他们对矫直技术发展创新的热切期望，也有一些宝贵的意见。这对于作者来说是鞭策也是鼓励，同时也激发了作者对原书进行修订再版的愿望。在修订本中首先应该把分段等曲率反弯辊形的三维投影几何原理讲清楚，以便于广大机械行业的科技人员利用机械制图的投影概念就可以理解这种辊形设计法。其次，需要对已经为斜辊矫直机服务百余年的双曲线辊形在矫直过程中辊面与圆材之间究竟能产生多大的相对滑动问题进行研讨，取得一个明确的结论。而且这个结论对于制定等曲率反弯辊形的凹辊直径很有用处，可以使凸凹辊之间的滑动接近最小值。第三，需要对矫直过程中存在的一系列认识误区作出正确的解释[5]，例如斜辊矫直过程中由于各辊压弯量不同所造成的矫直速度差是否同平行辊矫直机的情况相同，怎样计算这种速度差等问题加以补充。第四，需要把一些模糊的问题摆出来并给予力所能及的解决，至少能为后来者开一个好头。比如，在一台矫直机上如何才能使它具备三联矫直能力；在一台双交错辊系矫直机上如何采用变辊系方法达到变辊距矫直目的；在多斜辊矫直机上如何制定出辊子斜角调整规程表使其矫直质量得到可靠保证；在二辊矫直机上需要经过如何改进才能矫直各种管材；为了满足一些特殊的矫直需要如何设计封闭孔型矫直机，以及小反弯辊形等等。第五，需要对已经成熟的矫直技术作出系统的归纳和总结，并概括出有条理的认识，甚至能以顺口溜的形式帮助业内人员来掌握推广这些技术。

中国矫直技术的发展颇具自己的特色，有些大企业需要精尖的大型矫直机，而且有条件花大价钱从国外引进新式矫直机。有些企业需要质量较好的矫直机，限于经济实力只能在国内招标，选择质量又好又便宜的国产矫直机来充实生产线。但有时因为对矫直机的细节理解不深不透，买到手里的矫直机也会出现问题，达不到质量要求。也有从国外引进的矫直机买到手里使用之后产品质量仍然提不上去（如扁钢的两端仍然矫不直）。事实上，有些国内生产的矫直机在矫直质量上绝不低于国外产品。这些情况说明中国的矫直技术在总体上虽然落后于国际先进水平，但在个体上也有不低于国际先进水平的矫直机。例如作者的研发合作单位北京长宇利华液压系统工程设计有限公司，接受作者的建议根据市场需要先投入一笔资金研制出一台二辊式钛合金钢管矫直机，结果突破了世界性的技术难题，用二辊矫直机矫直高弹性钢管取得成功，已经用于生产，矫直精度达到了0.03mm/m的高水平（在这项研制工作中马建群高工和王战胜高工作出了突出的贡献）。这种情况说明中国矫直技术具有领先世界水平的潜在能力。因此希望这本书的第2版能在发挥中国矫直技术潜在能力方面作些贡献。

第2版修订的内容主要包括：

(1) 第2章中对公式2-6及公式2-9进行修改；增加了双交错辊系的改进方案，三联矫直技术与变辊系矫直技术的新探索和用封闭孔型矫直异型薄壁管技术的新探索等内容；对钢轨矫直技术的新探索进行了补充。

（2）第3章中增加了斜辊矫直机辊子斜角的调节方法，斜辊矫直过程中因压弯量不同产生速度差所造成的机械内耗、圆材胀径及缩短问题的讨论，等曲率反弯辊形的投影几何原理，圆材在双曲线辊面上的运动分析与等曲率反弯凹辊辊径的确定，辊缝导板摩擦功率的计算与二辊矫直功率计算方法的改进，单向反弯辊形与双向反弯辊形适用范围的讨论和管材小反弯矫直技术的新探索等新内容；对双向反弯辊形的力学平稳过渡方法，以及压扁加反弯的矫直技术与管材二辊矫直机的讨论进行了补充。

（3）第4章中对拉弯矫直过程中主要技术和工艺参数的设定与控制进行了补充。

（4）新增加了第5章矫直理论解析化与矫直技术现代化发展现状的讨论。

总括起来可以说，我们基本完成了矫直理论解析化工作，今天的矫直理论不仅可以定性地说明矫直全过程，而且可以定量地计算矫直全过程，更可以深入地分析矫直全过程，从而又能得出许多新的认识和结论，已经充分地发挥出理论的指导作用，今后必将推动矫直技术的更大发展。

最后要特别感谢北京长宇利华液压系统工程设计有限公司，能继沈阳银捷公司之后接力支持中国矫直新技术的推广和开发工作。而且下了很大决心并承诺，凡是为用户研制的新型矫直机的风险全部由研制者承担。可见中国矫直技术必将走出一条自力更生、健康发展的大道。

作　者
2013年11月

目　　录

绪　论

作者在《矫直原理与矫直机械》（第2版）一书[1]中比较系统地建立起一套矫直理论与计算的解析方法，并用无量纲的表达方式代替了过去数理计算的有量纲表达方法，使曲率计算、弯矩计算、矫直力计算、变形耗能计算及压弯量计算得以摆脱各种尺寸及材质的干扰而建立起概括广泛的普遍方程式。通过求解这类方程式可以获得各种相关的答案，结果不仅使矫直技术的解析与计算走上数值化的道路，也使矫直技术研究和发展获得了科学方法的支持，也必将为今后的技术进步开辟广阔的道路。

反弯矫直方法一直是矫直技术中的主导方法，而辊式反弯矫直方法又在其中占有绝对多数的地位。工件在矫直辊处瞬时走过最大反弯点，瞬时产生最大反弯力，瞬时发生最大弯曲变形。但是值得深究的是这个最大弯曲变形是否是与矫直力相对应的最大变形？通过对文献[3]之图4.5-15的研究，初步认识到一般金属材料很难与黏弹性划清界限，变形滞后于应力的现象难以避免。瞬时变形一定小于延时变形，在工件走过最大压弯点的当时变形抗力马上增大到峰值，而其内力要使金属组织产生相应的变形总要有一个响应的时间，从而造成最大变形与最大应力的时间差，金属黏弹性越大，这个时间差越长。变形滞后是必然的，而滞后量的大小不齐也是必然的。所以最大反弯变形在最大反弯力产生时不一定到位，在工件走过最大反弯点时，变形又需要马上减小，使最大变形得以逃脱，从而造成变形不足。这种现象在矫直过程中不可能直观地发现，但是它已经有不少的暗示吸引人们去探索。如在平行辊矫直机上辊数已经由6~7辊增加到8~9辊。本来7辊式型材矫直机可以满足较高的质量要求，没有再增加辊数的必要性，但是实际上已经增加到8~9辊，其理由就是为了保证和提高矫直质量，其含义就是原来辊数不够用，其深层的原因就是用增加辊数即增加弯曲次数来满足变形的延时要求，从而弥补变形量的不足。又如在拉弯矫直机上常常用加大压弯量的方法来提高矫直质量，而且认为加大压弯就等于增加弯曲度，并得出结论：增加弯曲度对改善薄带材的矫直质量特别有效。其实在矫直辊压到带材表面之后只要在圆周方向不是点接触，带材的弯曲半径就必然等于矫直辊半径，不管压弯量增加多少弯曲半径都不会变化，反弯曲率不会增加，所增加的只能是包角，只能是等曲率弯曲区。而且等曲率弯曲区越长所提供的变形时间越充裕，对滞后变形的弥补越充分，所以矫直质量才能越好。看来解决变形滞后问题应该列入矫直技术课题，本书的第一个目的就是用加大等曲率弯曲区的办法来改进矫直技术以解决变形滞后问题。在平行辊矫直机上采用双交错辊系来解决；在斜辊矫直机上采用等曲率反弯辊形来解决；在拉弯矫直机上因为已经具备等曲率弯曲区，仅需正确认识和运用等曲率弯曲区，以及科学合理地设定拉伸弯曲参数和它们之间的匹配关系。

本书的第二个目的是解决空矫区问题。这个问题是辊式矫直机的老大难问题。条材在辊缝内通过压弯点的反弯才可能得到矫直，而相邻两个压弯点间距离就是空矫区，当条材处在空矫区内的部分得不到连续压弯时，该段条材便成为空矫段，空矫段的长度基本等于相邻二辊间距离。由于只有条材两端在相邻二辊间得不到连续反弯，故空矫段只存在于条材两端。空矫区对生产影响是很大的，几十米长的条材只因为两端不直而报废是极大的浪费；切掉头尾的损失积少成多也是很大的浪费，而且还要浪费工时；用压力机补矫头尾，效率很低，影响产量。即使放宽要求补充制定头尾的直度标准，二级品率和废品率对产值的影响也是不小的。尤其在矫直短尺寸条材时，常常放弃辊式矫直而采用压力矫直。当采用双交错辊系矫直和等曲率辊形矫直之后空矫区得以明显缩小，可以达到全长矫直的质量要求。

本书的第三个目的是解决空矫相位问题。首先在平行辊矫直机上虽然都有轴向调整机构，但主要在用于对正孔型时比较有效，用于轴向反弯时基本等于虚设。例如采用单交错压弯方式时对于条材等于斜向压弯（参看图 2-1），采用上下辊成对压弯方式时，因辊数不足致使轴向矫直作用不大，所以旧的平行辊矫直机的轴向反弯基本上属于空矫相位的反弯。其次在斜辊矫直机上要达到矫直目的至少要在两个正交相位上进行矫直，因此要求相邻二辊间距离为四分之一导程的奇数倍，当两个相位面偏离正确的正交关系时，必将使其弹性芯的两个对角线变成一长一短，当长的对角线两端缺少充分的塑性变形时，该对角线方位就是空矫相位（参看图 3-8）。空矫相位的危害也是很大的。它与空矫区不同，空矫区是可以直观看到条材两端不直；而空矫相位是看不见、摸不到的只能间接察知的相位。当圆材原始弯曲较为复杂时，矫后只能剩下某一方位上的大慢弯或稍有螺旋形的大慢弯，这个大慢弯多半是由空矫相位造成的。它的危害难以判定，难以消除。本书采用的按导程设计的等曲率反弯辊形可以完全消除空矫相位，保证得到全方位的矫直效果。

本书的第四个目的是建立拉弯矫直过程的数理模型代替过去的经验模型，以便充分发挥较长的反弯等曲率区在高速拉弯矫直过程中的良好作用，也让巧夺天工的拉弯矫直技术获得正确理论支持，走上科学化和数值化的道路，取得更大的发展。

本书的第五个目的是建立矫直后弹性芯的隐患理论，可以帮助我们正确制定最大的矫直压弯量，并可以根据明确的质量要求进行矫直机的设计和研制。

为了达到上述目的，需要抓住问题实质，找到理论依据，创造新的方法，收到一举多得的实效。例如建立双交错辊系矫直理论，既可以增加径向压弯和轴向压弯的等曲率区，又可以减小空矫区。再如建立分段等曲率辊形矫直理论，而且每段等曲率区的长度皆不小于一个导程，既可以延长变形时间，消除空矫区和空矫相位，又有简化操作、提高质量、提高速度、扩大矫直功能和减小能耗等多项效果。三如创立拉弯矫直过程的数值模型，既可以为拉弯矫直建立正确的理论基础，又可以为今后的工业生产提供更有效的服务。

除了上述基础性工作之外，还要解决一系列的相关技术课题。如滚压加反弯的矫直技术，压扁加反弯的矫直技术，均布压力加反弯的矫直技术，弹性孔型的矫直技术，扁钢矫直技术，钢轨矫直技术，压上调整技术，轴向调整技术，辊缝导板的改进技术，等等。

书中所用具有特殊含义的术语需要说明如下：

（1）考虑到理论的系统性，凡是弹性概念的代号皆加脚标 t，如

σ_t 为弹性极限强度，在概念上与 σ_s 及 $\sigma_{0.2}$不同，但工程计算可用 σ_s 及 $\sigma_{0.2}$代替。

(2) 考虑到概念的实用性，对于数值相等的曲率与曲率角，在运算时采用曲率角概念，在讨论弯曲程度时采用曲率概念。

(3) 考虑到称谓的方便性，对于单位长度的变形在不致引起误解的条件下可以不称为应变而称为变形。

(4) 考虑到矫直的特殊性，对于不直度的称谓为弯度，而且必须有弦长相对应，如 1mm/m 表示 1m 弦长存在的弯度弦高为 1mm，或用 1‰表示。条材断面较小时可用 1% 表示，即 100mm 弦长存在弯度弦高为 1mm。矫后弯度称为残留弯度。

(5) 考虑到用户的习惯性，对于条材的表面粗糙度，常用光洁度表示，对表面划伤常用划痕深度予以限制。

中国工业生产过去较长时间处于粗放状态，重产量轻质量的传统观念影响较深，矫直技术没有得到应有的重视，矫直技术落后状态延续到现在。自从改革开放以来工业局面正在改变，自上而下提出建设创新型社会和生产创新型产品的要求。作者认为矫直技术上的缺课不仅要抓紧补上，还要追求跨越式发展，争取用新的矫直技术武装中国冶金工业。现在可以说矫直技术对中国冶金工业有着特殊的重要意义。中国已经成为第一流的产钢大国，年产约 6 亿多吨的钢材，数千万吨的有色金属材，需要大量的高性能矫直机为其服务，可以说中国矫直技术大发展时期已经到来，我们不能辜负这个时代，更不能错失这个机会。以下开始我们实质性的讨论。

1 矫直技术与理论的基础知识

矫直理论是研究金属条材在矫直过程中的变形规律并利用这些规律为矫直生产服务的科学。它属于材料力学中弹塑性力学范畴，是专门研究金属变形在超过弹性极限之后又未达到断面畸变之前如何以反弯手段或其他方法达到矫直目的的一门技术科学。

早期的矫直技术所涉及的理论问题比较简单，第一要矫直必须反弯，第二反弯必须过正才能矫直。经过近百余年的发展一直没有找到某种定量计算的方法。不过为了设计矫直机而完全利用材料力学的方法计算了矫直力和矫直功率，从而研制了矫直机。有了矫直机便有大量的矫直生产，便可以积累大量的矫直经验，并找到了许多解决技术问题的方法，为矫直理论的建立和发展打下了雄厚的基础。这些基础包括以下八个方面的内容。

1.1 弯曲与变形的关系

金属条材的矫直是利用其反弯、弹复与残留三种曲率变化的内在关系，通过合理匹配恰好使弹复曲率与反弯曲率相等，并使残留曲率达到零值，其结果就是矫直。

可见矫直的首要工作是反弯，即在原始弯曲的相反方向进行反弯。设定反弯半径为ρ，则反弯曲率为$A=1/\rho$，A就是单位弧长所对应的弧心角。所以曲率既是曲率半径的倒数，又可以理解为单位长度圆弧所对应的弧心角，我们赋予它一个新名称“曲率角”。曲率和曲率角在量纲上不同，前者为m^{-1}，后者为弧度 rad。所以严格的表述是当用弧度表示曲率角时，曲率与曲率角是等值的，可以把曲率理解为曲率角。这种概念上的延伸会给计算带来许多方便，减少许多麻烦，避免许多差错。参看图 1-1，图中曲率角A与条材中性线上弧长 1 相对应。图中与角A两个夹边线相平行又都通过中性层o点的aa'

与 bb' 二线间所夹之角必然等于 A，此 A 角所对应的边层长度 ε_h 正好是原来边长 a_0b_0 被拉伸之后所增加的长度，原边长 $a_0b_0=o_1o_2=1$。ε_h 是单位长度的伸长量，就是应变值。在外弯层（ab）为拉伸应变，在内弯层（$a'b'$）为压缩应变。由图中几何关系可知曲率为 A 的工件边层变形为

$$\varepsilon_h=hA=HA/2 \tag{1-1}$$

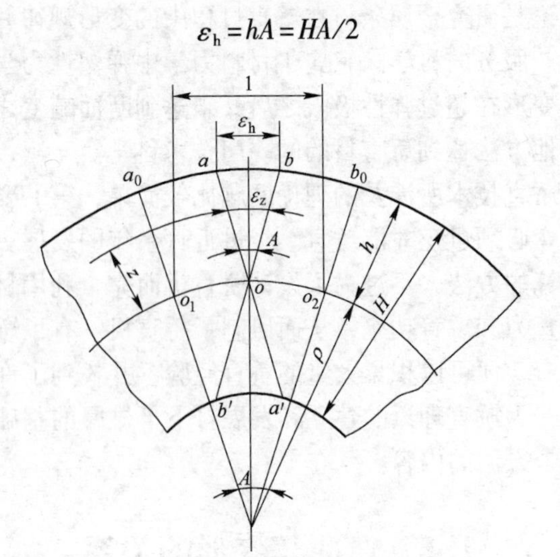

图 1-1 弯曲与变形

同理，在中性层上下两侧任何高度（z）处的变形（以后将经常以变形替代应变）为

$$\varepsilon_z=zA \tag{1-2}$$

弯曲的条材在卸去外力之后必将产生弹性恢复，而留下塑性变形。弹复后的状态是一种残留状态。可见原始弯曲状态、反弯状态、弹复状态和残留状态，以及这些状态之间的变化量都是研究弯曲与变形关系的重要内容。

首先设定原始弯曲半径为 ρ_0，原始曲率角为 A_0，$A_0=1/\rho_0$；反弯所用的曲率半径为 ρ_w，所形成的曲率角为 A_w，$A_w=1/\rho_w$；反弯后条材所经历的总弯曲曲率角为 A_Σ，它所对应的反弯半径为 ρ_Σ，$\rho_\Sigma=1/A_\Sigma$；则有

$$A_{\Sigma}=A_0+A_{w} \tag{1-3}$$

或改写为

$$\rho_{\Sigma}=\frac{1}{A_{\Sigma}}=\frac{1}{A_0+A_{w}}=\frac{1}{\frac{1}{\rho_0}+\frac{1}{\rho_{w}}}$$

即

$$\rho_{\Sigma}=\frac{\rho_0\rho_{w}}{\rho_0+\rho_{w}} \tag{1-4}$$

反弯后卸去外力产生弹复，其所弹复的曲率角为 A_{f}，相应的弹复曲率半径为 ρ_{f}。这时所残留下的曲率角为 A_{c}，则

$$A_{c}=A_{w}-A_{f} \tag{1-5}$$

其相应的残留曲率半径为

$$\rho_{c}=\frac{1}{A_{c}}=\frac{1}{A_{w}-A_{f}}=\frac{1}{\frac{1}{\rho_{w}}-\frac{1}{\rho_{f}}}=\frac{1}{\frac{\rho_{f}-\rho_{w}}{\rho_{w}\rho_{f}}}$$

$$\rho_{c}=\frac{\rho_{w}\rho_{f}}{\rho_{f}-\rho_{w}} \tag{1-6}$$

可见各种曲率半径和曲率角都是可知的，所以各种变形也是可知的。如某种具有原始弯曲的条材，当其原始弯曲被反弯时必然先将原始弯曲压直，所形成的原始变形为 $\varepsilon_0=hA_0$。反弯后的弯曲变形为

$$\varepsilon_{w}=hA_{w}=h/\rho_{w} \tag{1-7}$$

弹复变形为

$$\varepsilon_{f}=hA_{f}=h/\rho_{f} \tag{1-8}$$

弯曲时的总变形为

$$\varepsilon_{\Sigma}=hA_{\Sigma}=h/\rho_{\Sigma} \tag{1-9}$$

弹复后的残留变形为

$$\varepsilon_{c}=hA_{c}=h/\rho_{c} \tag{1-10}$$

为了建立各种曲率方程式，尚需把变形和曲率用相对值概念加以改造，即用弹性极限变形或弹性极限曲率半径除后的商值为其相对值，简称为曲率比，或曲率半径比，或变形比，用这些比值建立起的各种曲率（比）方程式才能成为具有普遍意义的矫直理论的数学模型。

为此先要算出金属条材的弹性弯曲半径 ρ_t，根据材料力学方法，$\rho_t=EI/M_t$。弹性极限弯矩 M_t 与断面惯性矩 I 之间有一简单的数学关系，即 $M_t=\sigma_t I/h$（方形或矩形断面）或 $M_t=\sigma_t I/R$（圆形断面）。式中 σ_t 为弹性极限应力，允许用 σ_s 及 $\sigma_{0.2}$ 代替（以下同）。故 $\rho_t=Eh/\sigma_t$，$A_t=1/\rho_t=\sigma_t/(Eh)$。由于曲率角属于几何概念，条材厚度越大，厚度之半的 h 值也越大，则 A_t 值越小。也就是说当条材边层变形达到弹性极限变形即 ε_t 时，条材越厚其曲率（角）越小。把 A_t 写成 $A_t=\sigma_t/(Eh)=\varepsilon_t/h$ 时表现出 A_t 与 h 的线性关系。如果把这时的 h 用 h_t 表示，并称之为弹性区厚度，则 $\varepsilon_t=h_t A_t$。超过弹性区以外的厚度处，即 $h>h_t$ 处的变形 $\varepsilon>\varepsilon_t$。当 h_t 不变、$A>A_t$ 时，$\varepsilon>\varepsilon_t$。这些线性关系告诉我们：一种条材两种曲率时，同一厚度处的变形与曲率成正比；一种条材两种厚度时，同一曲率的变形与厚度成正比。所以曲率比可以写成

$$C=A/A_t=H/H_t=h/h_t \tag{1-11}$$

$$C=(1/\rho)/(1/\rho_t)=\rho_t/\rho \tag{1-12}$$

$$C=\varepsilon/\varepsilon_t \tag{1-13}$$

再设曲率比的倒数为 $\zeta=1/C$，则 $\zeta=\rho/\rho_t=h_t/h$，可称之为曲率半径比，或者称之为弹区比。这里的 h_t 与 h 的关系同图 1-4 中 R_t 与 R 的关系相同，而 $H=2h$，$H_t=2h_t$。这里的 C 与 ζ 都是一般意义的曲率比和曲率半径比。如果专门针对原始弯曲时用 C_0 和 ζ_0 表示，同理针对反弯、弹复及残留等弯曲则用 C_w 和 ζ_w、C_f 和 ζ_f、C_c 和 ζ_c 等表示。对于总弯曲来说则用 C_Σ 及 ζ_Σ 表示。于是可以写出各种曲率比方程式为

$$C_\Sigma=C_0+C_w \tag{1-14}$$

$$C_c=C_w-C_f \tag{1-15}$$

至于弹复曲率比 C_f 可由弹复曲率 $A_f=M/(EI)$ 及弹性极限曲率 $A_t=M_t/(EI)$ 求出 $C_f=A_f/A_t=M/M_t$。为了突出弯矩特征，用 $\overline{M}=M/M_t$，并命名为弯矩比，则弹复曲率比与弯矩比相等，即

$$C_f=\overline{M} \tag{1-16}$$

C_w 是人为设定的反弯曲率比。但在矫直条件下，C_w 的设定必须

遵循矫直要求，即

$$C_w - C_f = C_c = 0 \tag{1-17}$$

此式是常用的矫直曲率（比）方程式。$C_w - C_f = 0$，即 $C_w = C_f = \overline{M}$。此处的$\overline{M}$是只与断面形状有关而与断面尺寸及材质无关的无量纲相对值。当断面形状确定之后便可利用上述四式求出该断面的各种曲率值。

再由式 1-13 可知各种弯曲的变形值为

$$\left.\begin{aligned}\varepsilon_0 &= C_0\varepsilon_t\\ \varepsilon_w &= C_w\varepsilon_t\\ \varepsilon_f &= C_f\varepsilon_t\\ \varepsilon_c &= C_c\varepsilon_t\end{aligned}\right\} \tag{1-18}$$

1.2　弯曲与弯矩的关系

弯曲是在外力弯矩作用下产生的，当外力弯矩超过弹性极限弯矩时便开始产生弹塑性弯曲，并产生弹塑性弯矩。前者用 M_t 表示，后者用 M 表示。后者必然大于前者，它们的比值为弯矩比（$\overline{M}$），或称弹复曲率比（C_f）（见式 1-16）。

由于弯矩与条材的断面形状密切相关，因此需要结合各种断面推导出其弯矩表达式。这里只就常见的几种典型断面给出其弹性极限弯矩（M_t）及弹塑性弯矩（M），以及它们的弯矩比（$\overline{M}$）表达式和参考取值表。

（1）矩形断面：矩形断面的弹性极限弯矩为 $M_t = BH^2\sigma_t/6$。式中 B 为断面宽度，H 为断面高度。矩形断面的弹塑性弯矩为 $M = \overline{M}M_t$。此处的弯矩比$\overline{M}$的表达式（见文献［1］之式 1-35）为

$$\overline{M} = C_f = 1.5 - 0.5\zeta^2 = 1.5 - 0.5/C^2 \tag{1-19}$$

针对原始弯曲进行反弯时，此处的 C 值代表 C_Σ 值，ζ 值代表 ζ_Σ。式 1-19 是很容易计算的表达式，为了方便读者，将典型 ζ 值或 C 值所对应的$\overline{M}$值或 C_f 值列于表 1-1 中。

表 1-1 矩形断面时典型 $\zeta(1/C)$ 值对应的 $\overline{M}(C_f)$ 值

$\zeta(1/C)$	1	0.9	0.8	0.7	0.6	0.5	0.4	0.3	0.2	0.15	0.1	0
$\overline{M}(C_f)$	1	1.1	1.18	1.26	1.32	1.38	1.42	1.46	1.48	1.49	1.495	1.5

如果计算精度要求不高，可按上表用插值法求出相关的 C_f 值。

(2) 立放方形或菱形断面：菱形断面之弹性极限弯矩为 $M_t = H^3\sigma_t/24$，式中 H 为对角线高度。其弹塑性弯矩为 $M=\overline{M}M_t$，弯矩比（见文献［1］之式 1-46）为

$$\overline{M}=C_f=2-2\zeta^2+\zeta^3=2-2/C^2+1/C^3 \tag{1-20}$$

典型对应值列于表 1-2 中。

表 1-2 立放方形或菱形断面时典型 $\zeta(1/C)$ 值对应的 $\overline{M}(C_f)$ 值

$\zeta(1/C)$	1	0.83	0.71	0.59	0.5	0.4	0.33	0.25	0.2	0.1	0
$\overline{M}(C_f)$	1	1.19	1.34	1.52	1.63	1.74	1.82	1.89	1.93	1.98	2

(3) 六角断面：六角断面之弹性极限弯矩为 $M_t=0.12H^3\sigma_t$，式中 H 为对面高度，其弹塑性弯矩为 $M=\overline{M}M_t$，弯矩比（见文献［1］之式1-69）为

$$\overline{M}=C_f=1.6-0.8\zeta^2+0.2\zeta^3=1.6-0.8/C^2+0.2/C^3 \tag{1-21}$$

典型对应值列于表 1-3 中。

表 1-3 六角断面时典型 $\zeta(1/C)$ 值对应的 $\overline{M}(C_f)$ 值

$\zeta(1/C)$	1	0.9	0.8	0.7	0.6	0.5	0.4	0.3	0.2	0.1	0
$\overline{M}(C_f)$	1	1.1	1.19	1.28	1.36	1.43	1.49	1.53	1.57	1.59	1.6

(4) 立放六角断面：立放六角断面之弹性极限弯矩为 $M_t = 0.068H^3\sigma_t$，式中 H 为对角高度。其弹塑性弯矩为 $M=\overline{M}M_t$，式中弯矩比（见文献［1］之式 1-73 及式 1-74，两式的接续点在 $\zeta=0.5$ 处）分别为

大弯曲时

$$\overline{M}=C_f=1.67(1.75-\zeta^2)$$

或

$$C_f=1.67(1.75-1/C^2) \tag{1-22}$$

小弯曲时

$$\overline{M}=C_f=(32-1/\zeta-32\zeta^2+16\zeta^3)/15$$

或
$$C_f=(32-C-32/C^2+16/C^3)/15 \tag{1-23}$$

将它们的典型对应值列于表1-4中。

表1-4 立放六角断面时典型 ζ（$1/C$）值对应的 $\overline{M}$（C_f）值

$\zeta(1/C)$	1	0.9	0.8	0.7	0.6	0.5	0.4	0.3	0.2	0.1	0
$\overline{M}(C_f)$	1	1.11	1.23	1.35	1.48	1.6	1.7	1.77	1.83	1.86	1.87

（5）圆形断面：圆形断面之弹性极限弯矩为 $M_t=\pi R^3\sigma_t/4$，其弹塑性弯矩为 $M=\overline{M}M_t$，式中弯矩比 $\overline{M}$（见文献［1］之式1-53）为

$$\overline{M}=C_f=\frac{4}{\pi}\left[\frac{1}{3}(2.5-\zeta^2)(1-\zeta^2)^{\frac{1}{2}}+\frac{\arcsin\zeta}{2\zeta}\right]$$

或
$$C_f=\frac{4}{\pi}\left[\frac{1}{3}(2.5-1/C^2)(1-1/C^2)^{\frac{1}{2}}+0.5C\cdot\arcsin\left(\frac{1}{C}\right)\right] \tag{1-24}$$

将式中的典型对应值列于表1-5中。

表1-5 圆形断面时典型 $\zeta(1/C)$ 值对应的 $\overline{M}(C_f)$ 值

$\zeta(1/C)$	1	0.9	0.8	0.7	0.6	0.5	0.4	0.3	0.2	0.1	0
$\overline{M}(C_f)$	1	1.1	1.2	1.3	1.4	1.49	1.57	1.62	1.66	1.69	1.7

（6）管材断面：管材断面之弹性极限弯矩为 $M_t=\pi R^3(1-a^4)\sigma_t/4$，式中 a 为管材的孔径比，设 r 为孔半径，R 为外半径，则 $a=r/R$。根据等曲率反弯矫直法的要求可以按 $\zeta=a$ 来进行反弯。其弹塑性弯矩为 $M=\overline{M}M_t$，式中 $\overline{M}$（见文献［1］之式1-59）为

$$\overline{M}=C_f=\frac{4}{\pi(1-a^4)}\left[\frac{1}{3}(2.5-a^2)(1-a^2)^{\frac{1}{2}}+\frac{\arcsin a}{2\zeta}-\frac{\pi a^3}{4}\right] \tag{1-25}$$

将式中的典型对应值列于表1-6中。

表1-6 管材断面时典型 $\zeta(a)$ 值对应的 $\overline{M}(C_f)$ 值

$\zeta(a)$	1	0.95	0.9	0.8	0.7	0.6	0.5	0.4	0.3	0.2	0.1	0
$\overline{M}(C_f)$	1	1.03	1.093	1.185	1.279	1.371	1.46	无实际意义				

1.3 矫直与反弯的关系

前面提出的矫直曲率（比）方程式 $C_w - C_f = 0$ 所要求的 C_w 值就是矫直所需的反弯曲率比。它与 C_f 值相等，而 C_f 值就是弯矩比$\overline{M}$，它因断面形状而异，它又是总曲率比 C 即 C_Σ 的函数。而 C_Σ 中包含着原始曲率比 C_0 及反弯曲率比 C_w 两个变量。实际上在矫直曲率（比）方程式中都可以看到这种复合函数关系。以下分几种断面来讨论。

（1）矩形断面：矩形断面的矫直曲率比可以逐步写成它与原始曲率比及反弯曲率比的关系，即 $C_w = C_f = \overline{M} = 1.5 - 0.5/C^2 = 1.5 - 0.5/(C_0 + C_w)^2$，表现成为 C_w 复合函数。进一步写成为矫直曲率比方程式，即

$$C_w^3 + (2C_0 - 1.5)C_w^2 + (C_0^2 - 3C_0)C_w + 0.5 - 1.5C_0^2 = 0 \quad (1\text{-}26)$$

当 C_0 按典型数列代入时，需解三次方程式才能得到相应的 C_w 值。将其结果列于表 1-7 中。

表 1-7 矩形断面的 C_w、C_0 数值

C_0	0.1	0.2	0.4	0.6	0.8	1	2	3	4	5	10
C_w	1.208	1.268	1.334	1.371	1.396	1.414	1.456	1.475	1.483	1.488	1.495

在一般计算中可用插值法求出各种 C_0 值所对应的 C_w 值。用此 C_w 值进行反弯可以满足矫直需要。

（2）菱形或立放方形断面：菱形断面的矫直曲率比方程式（见文献 [1] 之式 2-6）为

$$\begin{aligned} &C_w^4 + (3C_0 - 2)C_w^3 + 3C_0(C_0 - 2)C_w^2 + \\ &(C_0^3 - 6C_0^2 + 2)C_w + (2C_0 - 3C_0^3 - 1) = 0 \end{aligned} \quad (1\text{-}27)$$

将典型 C_0 值代入后可解出相应的 C_w 值，列于表 1-8 中。

表 1-8 菱形或立放方形断面的 C_w、C_0 数值

C_0	0.1	0.3	0.5	0.7	1	1.5	2	2.5	3	4	5	10
C_w	1.418	1.587	1.675	1.731	1.79	1.85	1.885	1.91	1.93	1.948	1.962	1.995

(3) 平放六角断面：平放六角断面的矫直曲率比方程式（见文献［1］之式2-7）为

$$C_w^4+(3C_0-1.6)C_w^3+3C_0(C_0-1.6)C_w^2+(C_0^3-4.8C_0^2+0.8)C_w+(0.8C_0-1.6C_0^3-0.2)=0 \quad (1\text{-}28)$$

按典型 C_0 解出 C_w 值列于表1-9中。

表1-9 平放六角断面的 C_w、C_0 数值

C_0	0.1	0.3	0.5	0.7	1	1.5	2	2.5	3	4	5	10
C_w	1.23	1.35	1.41	1.446	1.483	1.519	1.541	1.554	1.564	1.575	1.582	1.594

(4) 棒材：棒材的矫直曲率比方程式（见文献［1］之式2-8）为

$$(C_0+C_w)^3C_w-\frac{4}{3\pi}[2.5(C_0+C_w)^2-1][(C_0+C_w)^2-1]^{\frac{1}{2}}-\frac{2}{\pi}(C_0+C_w)^4\arcsin\left(\frac{1}{C_0+C_w}\right)=0 \quad (1\text{-}29)$$

典型 C_0 值所对应的 C_w 值列于表1-10中。

表1-10 棒材的 C_w、C_0 数值

C_0	0.1	0.3	0.5	0.7	1	1.5	2	2.5	3	4	5	10
C_w	1.3	1.43	1.492	1.533	1.572	1.611	1.634	1.649	1.659	1.671	1.679	1.691

(5) 管材：管材的矫直曲率比方程式（见文献［1］之式2-9）为

$$(C_0+C_w)^3C_w-\frac{4}{3\pi(1-a^4)}[2.5(C_0+C_w)^2-1][(C_0+C_w)^2-1]^{\frac{1}{2}}-\frac{(C_0+C_w)^4}{(1-a^4)}\times\frac{2}{\pi}\arcsin\left(\frac{1}{C_0+C_w}\right)+\frac{a^4}{1-a^4}(C_0+C_w)^4=0 \quad (1\text{-}30)$$

管材矫直时所经受的反弯不宜太大。其原因之一是没有采用大反弯的必要，塑性变形深入到管孔之内已经足够；原因之二是管壁越薄时反弯量越要小以避免塑性压扁。因此对管材的原始弯曲要有所限制，管壁越薄，其原始弯曲应越小，而原始弯曲大者不允许进入矫直机，所以式1-30允许代入的 C_0 值也要适应这种要求。按这种要求设定一系列的 C_0 值代入上式计算出的矫直曲率比 C_w 值列于表1-11中。

表 1-11 不同孔径比（a）管材的 C_w、C_0 数值

$a=0.9$	C_0	0.063	0.128	0.366	0.727	1.3	1.495	1.69	1.9	2.2
	C_w	1.137	1.172	1.234	1.273	1.3	1.305	1.31	1.32	1.325
$a=0.8$	C_0	0.65	0.163	0.32	0.492	0.673	1.049	1.435	1.826	2.22
	C_w	1.185	1.237	1.28	1.308	1.327	1.335	1.365	1.374	1.38
$a=0.7$	C_0	0.151	0.201	0.359	0.532	1.088	1.571	2.06	2.554	
	C_w	1.279	1.299	1.341	1.368	1.412	1.429	1.44	1.446	
$a=0.6$	C_0	0.296	0.576	1.036	1.516	2.004	2.496	3.487		
	C_w	1.371	1.424	1.464	1.484	1.496	1.504	1.513		
$a=0.5$	C_0	0.54	0.992	1.496	1.954	2.445	2.939	4.429		
	C_w	1.46	1.508	1.531	1.546	1.555	1.561	1.571		

各种断面条材都有自己的矫直曲率比方程式，都可以解出与其原始弯曲相对应的矫直反弯之曲率比。所以条材的原始弯曲及其原始曲率比是计算矫直反弯之主要依据。原始曲率比的确定方法是选择条材弯曲较为严重的部分取其一段作为弧长（l）测出其弦高（δ_0），参看图1-2。可按其几何关系算出该弧段之曲率半径为

$$\rho_0=\frac{l^2+4\delta_0^2}{8\delta_0} \tag{1-31}$$

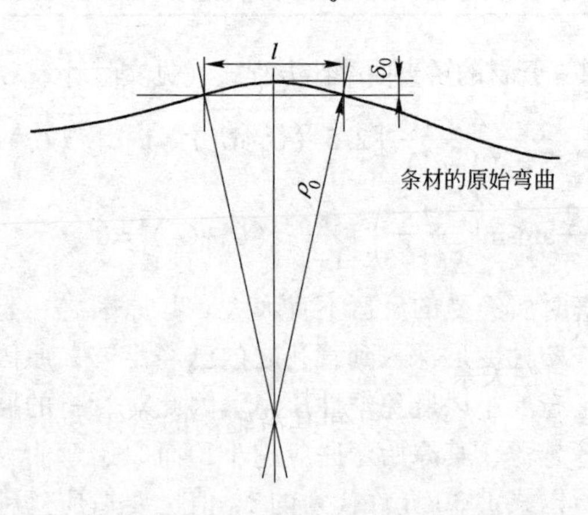

图1-2 原始弯曲与弦高

然后按该条材之材质（σ_t 及 E）及断面高度（H 或 d 等）算出

其弹性极限曲率半径 $\rho_t = EH/(2\sigma_t)$。于是原始曲率比 $C_0 = A_0/A_t = (1/\rho_0)(1/\rho_t)$，在 ρ_0 及 ρ_t 值代入后可得

$$C_0 = 4\delta_0 EH/[(l^2+4\delta_0^2)\sigma_t] \tag{1-32}$$

有此 C_0 值便可算出 C_w 值。有此 C_w 值及 $A_t(A_t = 1/\rho_t)$ 值便可算出反弯曲率 $A_w = A_t C_w$。有此 A_w 值便可算出其反弯曲率半径 $\rho_w = 1/A_w$。所以可写出

$$\rho_w = EH/(2\sigma_t C_w) \tag{1-33}$$

ρ_w 值对于矫直机的压弯量的确定和斜辊辊型的计算是十分重要的。在等曲率反弯的斜辊辊型计算时可以直接利用 ρ_w 值，而在压力矫直和平行辊矫直条件下，两个支点或零弯矩点之间的弯曲曲率是连续改变的，故其间的压弯挠度和原始弯度的计算都需要考虑弯矩沿轴向分布状况的影响，下面专门来讨论这个问题。

1.4 弯曲变形沿轴向的分布

在两个支点之间的条材，中央受压力作用后所产生的弹塑性弯曲由中点开始向两个支点逐渐减小，其间必然经过由塑性弯曲向纯弹性弯曲的过渡，然后达到两端变成零弯曲，如图 1-3 所示，条材的 l_s 段为弹塑性弯曲段，l_t 段为纯弹性弯曲段。图中弯矩变化曲线为 M_x，变形变化曲线为 ε_x，而且 l_t 段的 ε_x 呈线性变化，l_s 段的 ε_x 呈曲线变化。当支点反力 F 确定之后 l_t 段内的弯矩 $M_x = Fx$，当条材断面模数为 Z、x 距离处的应力为 σ_x 时 $M_x = Z\sigma_x$，可见 M_x 随 x 或者 σ_x 而线性变化。由于 $\varepsilon_x = \sigma_x/E$，在 l_t 段内 ε_x 也是线性变化的。而在 l_s 段内由于 σ_x 达到弹性极限 $\sigma_t(\sigma_s)$ 之后一般常在屈服平台之内，或在屈服后的断面面积明显减小阶段，ε_x 的变化梯度增大而 σ_x 不增加或增加较慢，便失去线性关系，变成图 1-3 中 K 段的曲线关系。

（1）以矩形断面为例，已知其沿轴向的弯矩变化规律为 $M_x = M_t(1.5-0.5\zeta_x^2)$ 或简化为 $\overline{M}_x = 1.5-0.5\zeta_x^2$，前面已经说明 ζ 代表弹区比或者弹性变形比，ζ_x 是 x 坐标处的弹性变形比，即 $\zeta_x = \varepsilon_t/\varepsilon_x$。由于 $\overline{M}_x = M_x/M_t = Fx/Fl_t = x/l_t$，故

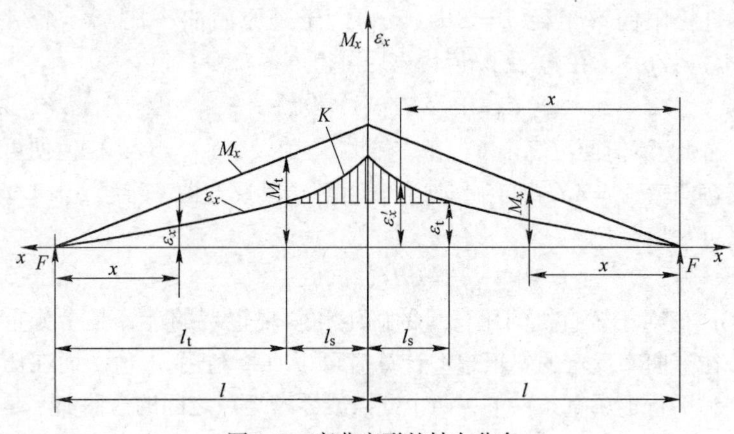

图 1-3　弯曲变形的轴向分布

$$\frac{x}{l_t}=1.5-0.5(\varepsilon_t/\varepsilon_x)^2$$

即
$$\varepsilon_x=\frac{\varepsilon_t}{(3-2x/l_t)^{\frac{1}{2}}} \tag{1-34}$$

此式所反映的 ε_x-x 关系就是矩形断面条材在弹塑性弯曲段内变形的曲线关系，即图 1-3 中 K 段曲线。由于 $x=l$ 时，$\overline{M}_x=1.5$（最大），因此 $l=1.5l_t$ 或 $l_t=0.67l$。因此在条材受到最大压弯时其轴向的弹塑性变形分布为

$$\varepsilon_x=\frac{\varepsilon_t}{(3-2x/0.67l)^{\frac{1}{2}}}=\frac{\varepsilon_t}{1.73(1-x/l)^{\frac{1}{2}}}$$

或
$$\varepsilon_x-\frac{0.577\varepsilon_t}{(1-x/l)^{\frac{1}{2}}}=0 \tag{1-35}$$

式中，x 在 l_t ~ l 间变化，ε_x 在 ε_t ~ ε_{max} 间变化。而 $l_s=l-l_t=(1-0.67)l=0.33l$。

（2）以菱形断面为例，菱形断面条材弹塑性弯曲变形沿轴向分布的方程式可参照文献［1］之式 1-48 写出为

$$(2-x/l_t)\varepsilon_x^3-2\varepsilon_t^2\varepsilon_x+\varepsilon_t^3=0 \tag{1-36}$$

在 $\varepsilon_x=\varepsilon_t$ 即开始出现塑性弯曲时，$x=l_t$，当 $x=l$ 时，$M=2M_t$，故 $l=2l_t$ 或 $l_t=0.5l$。

(3) 以棒材为例，棒材的弹塑性弯曲变形在轴向的分布规律可参照文献［1］之式1-53及式1-54而写成为

$$[2.5-(\varepsilon_t/\varepsilon_x)^2][1-(\varepsilon_t/\varepsilon_x)^2]^{\frac{1}{2}}+1.5\frac{\varepsilon_x}{\varepsilon_t}\arcsin(\varepsilon_t/\varepsilon_x)-2.356\frac{x}{l_t}=0 \tag{1-37}$$

当 $x=l$ 时，$M=1.7M_t$，故 $l=1.7l_t$，即 $l_t=0.59l$，其弹塑性变形段的长度 $l_s=(1-0.59)l=0.41l$。

(4) 以管材为例，斜辊矫直中常用的反弯程度为 $\zeta=a$（a 为管的孔径比）。参照文献［1］之式1-59，并以 ζ_x 代替 ζ 值代入可得

$$\frac{x}{l_t}=\frac{4}{\pi(1-a^4)}\left\{\frac{1}{3}[(2.5-\zeta_x^2)(1-\zeta_x^2)^{\frac{1}{2}}-(2.5a^2-\zeta_x^2)(a^2-\zeta_x^2)^{\frac{1}{2}}]+\frac{1}{2\zeta_x}\left[\arcsin\zeta_x-a^4\arcsin\left(\frac{\zeta_x}{x}\right)\right]\right\} \tag{1-38}$$

当 $x=l$ 时，$\zeta_x=a$（最大弯曲处，管壁全部塑性变形），故

$$\frac{l}{l_t}=\frac{4}{\pi(1-a^4)}\left[\frac{1}{3}(2.5-a^2)(1-a^2)^{\frac{1}{2}}+\frac{\arcsin a}{2a}-\frac{\pi a^3}{4}\right] \tag{1-39}$$

用常见的 a 值代入可得到不同壁厚管材的 l_t 值及 $l_s=l-l_t$ 值，见表1-12。

表1-12 常见 a 值对应的不同壁厚管材的 l_t 值及 l_s 值

a	0.5	0.6	0.7	0.8	0.9
l_t	$0.73l$	$0.781l$	$0.833l$	$0.893l$	$0.95l$
l_s	$0.27l$	$0.219l$	$0.167l$	$0.107l$	$0.05l$

由表内数据可以看出，薄壁管矫直时塑性变形段的长度很小，所需的压弯量也将很小。

明确了条材矫直时弯矩和变形的轴向分布规律，就等于条材轴向各处的弹复能力可以求出，矫直所需之压弯量也可求出。下一节就讨论压弯量的计算。

1.5 弯曲与挠度的关系

条材矫直所需之反向压弯量的计算可以分成三种情况进行。第一

种情况是小变形反弯矫直。这时所用的反弯量最小，它在使条材反弯之后正好可以弹复变直，即压弯量正好等于弹复量。当条材压弯后的弹复挠度为 δ_f 时，其压弯挠度 δ_w 正好为 $\delta_w=\delta_f$。弹复挠度是由条材的内存能力进行恢复所改变的挠度，它必然按其弹性变形规律进行恢复，因此可以写出其弹复挠度为 $\delta_f=l^2M/(3EI)$，式中 l 为两个零弯矩点之间的距离，而条材的弹性极限挠度 $\delta_t=l^2M_t/(3EI)$，δ_f 与 δ_t 的形成规律完全相同。由于 $M=\overline{M}M_t$，故 $\delta_f=\overline{M}\delta_t$，或改写为

$$\left.\begin{aligned}&\delta_f=C_f\delta_t\\ \text{或}\quad&\delta_w=\delta_f=C_f\delta_t=C_w\delta_t\end{aligned}\right\}\tag{1-40}$$

这种 δ_w 值就是小变形矫直所需之压弯挠度值。若定义弹复挠度比为 $\overline{\delta}_f=\delta_f/\delta_t=C_f$，即弹复挠度比与弹复曲率比相等。同样道理定义反弯挠度比 $\overline{\delta}_w=\delta_w/\delta_t=C_w$，即反弯曲率比与反弯挠度比相等。这样的结果就解答了为什么要想求知弹复挠度 δ_f 就要先知道压弯挠度 δ_w，要想知道 δ_w 又必须知道 δ_f。这两个参数之间也是隐函数关系。在我们找到 $\overline{\delta}_w=C_w$ 及 $\overline{\delta}_f=C_f$ 的关系之后，就可以按矫直曲率比方程式求出 C_w 与 C_f 值，也就等于求知了 δ_w 及 δ_f 值，即

$$\left.\begin{aligned}\overline{\delta}_f=C_f\\ \overline{\delta}_w=C_w\end{aligned}\right\}\tag{1-41}$$

代入式 1-40 便可求知 δ_f 及 δ_w。

小变形反弯矫直多用于压力矫直机，或辊式矫直机出口第 2 ~ 3 辊。

第二种情况是中等变形的反弯矫直。其特点是反弯弹复后的残留变形不超过弹性极限变形，即 $\varepsilon_c\leqslant\varepsilon_t$，其相应的残留曲率 $A_c\leqslant A_t$，即 $C_c\leqslant1$。这样的 ε_c 就可以按照一个小于 M_t 的假想弯矩 M_c 作用在条材上，产生的假想挠度 $\delta_c=M_cl^2/(3EI)$。仍采用已定义的残留挠度比 $\overline{\delta}_c=\delta_c/\delta_t=C_c$，即 $\delta_c=C_c\delta_t$。于是中等压弯挠度为

$$\left.\begin{aligned}&\delta_w=\delta_f+\delta_c\\ \text{或}\quad&\delta_w=C_f\delta_t+C_c\delta_t=\delta_t\,(C_f+C_c)\end{aligned}\right\}\tag{1-42}$$

中等变形的反弯矫直常见于辊式矫直机第 3 辊以后的各辊反弯矫

直过程中，即在适当加大压弯之后，弹复曲率比可以求出，即 $C_f = \overline{M}$；残留曲率比也可求出，即 $C_c = C_w - C_f$。不过此处的 C_w 是人为加大的，并可算出与其相应的 $\delta_w = \delta_t(\overline{M} + C_c)$。

第三种情况是大变形的反弯矫直，其变形总量一般不超过5倍的弹性极限变形，即 $\varepsilon_\Sigma \leqslant 5\varepsilon_t$。但在矫直薄板及细线材时可以允许 $\varepsilon_\Sigma \leqslant 10\varepsilon_t$。现在仅以一般的大变形为例来设定反弯变形，由于条材总要存在一些原始弯曲，其相应的原始变形为 ε_0，则最大的反弯变形量为

$$\varepsilon_w = 5\varepsilon_t - \varepsilon_0 \tag{1-43}$$

常见的原始弯曲变形为 $\varepsilon_0 = 0 \sim \pm 2\varepsilon_t$ 时，可以采用的反弯变形为 $\varepsilon_w = (3 \sim 5)\varepsilon_t$。由于弹复变形 $\varepsilon_f = C_f\varepsilon_t = \overline{M}\varepsilon_t$，则最大的弹复变形为 $\varepsilon_f = \overline{M}_{max}\varepsilon_t$。按几种常见断面来考虑，矩形材之 $\varepsilon_f = 1.5\varepsilon_t$，圆材之 $\varepsilon_f = 1.7\varepsilon_t$，菱形材之 $\varepsilon_f = 2\varepsilon_t$。除了最小的 $\varepsilon_c = \varepsilon_w - \varepsilon_f = 3\varepsilon_t - 2\varepsilon_t = \varepsilon_t$ 以外，其他断面和其他反弯条件（$\varepsilon_w > 3\varepsilon_t$）下所产生的 ε_c 都要大于 ε_t，即 $\varepsilon_c > \varepsilon_t$，这就是大变形与中等变形的区别。这种变形上的区别同样反映到压弯挠度上可以写成

$$\delta_w = \delta_f + \delta_c \geqslant \delta_f + \delta_t \tag{1-44}$$

由于 δ_c 与 δ_t 之间的差值主要来源于 δ_f 本身的差别，即 $\delta_f = (1.5 \sim 2)\delta_t$，而 δ_c 与 δ_t 之间的差别为 $0.5\delta_t$，故上式变为

$$\delta_w = \delta_f + \delta_c = \delta_f + (1 \sim 1.5)\delta_t \tag{1-45}$$

大变形压弯主要用在辊式矫直机入口的第2及第3辊。

现在可以归纳上述三种压弯情况，结合三种典型断面算出它们的压弯度，作为调整时的参考。将其计算式列于表1-13中。

表1-13 不同反弯变形情况下三种典型断面的压弯挠度计算式

反弯变形分类	压弯挠度 δ_w	最大压弯挠度 δ_w		
		矩 形	圆 形	菱 形
小变形	δ_f	$1.5\delta_t$	$1.7\delta_t$	$2\delta_t$
中等变形	$\leqslant \delta_f + \delta_t$	$2.5\delta_t$	$2.7\delta_t$	$3\delta_t$
大变形	$\geqslant \delta_f + \delta_t$	$3\delta_t$	$3.2\delta_t$	$3.5\delta_t$

注：此表是在 $\delta_0 \leqslant 2\delta_t$ 条件下进行计算的，δ_0 改变时，表中各式也要更改。

大变形的压弯挠度与断面大小关系密切，断面越小，δ_w 可以越大，可以超过 $5\varepsilon_t$ 或更大。所以不必受表 1-13 的限制，表 1-13 仅供参考。

具体调整压弯挠度时，还须把压下系统各部件间的间隙考虑在内。

1.6 弯曲与耗能的关系

大多数的矫直过程属于弹塑性反复弯曲过程，其中弹性的反复弯曲基本上不消耗能量，而塑性的反复弯曲变形必然要消耗能量（全部由外力做功），反复弯曲次数越多越要增加能量消耗。

条材的断面形状不同，尺寸不同，材质不同，弯曲时所消耗的能量必然也不相同。现在按几种典型断面来讨论它们在弯曲时所消耗的能量。

（1）矩形断面：矩形断面条材在弯曲时单位长度所需要的全部能量（弹塑性弯曲的全部能量）可由文献［1］之式 1-106 及式 1-107 写出

$$\left.\begin{aligned} &u=u_t[3(1/\zeta-1)+\zeta] \\ \text{或}\quad &u=u_t[3(C-1)+1/C] \end{aligned}\right\} \tag{1-46}$$

式中，u_t 为矩形条材弹性极限弯曲时的变形能，矩形条材的 u_t 值可按下式（见文献［1］之式 1-105）求出

$$u_t=\frac{BH}{6E}\sigma_t^2 \tag{1-47}$$

式中，B 为断面宽度；H 为断面高度。

反弯矫直过程中的塑性弯曲耗能应该是总能量减去弹复能量（u_f）。在弹塑性弯曲当中除了纯弹性弯曲之外还有在弹塑性弯曲变形中包括的弹性变形，这两种弹性变形都要依赖其本身的势能进行弹性恢复，可见弹复能量不会等于弹性极限弯曲的变形能，即 $u_f\neq u_t$。根据文献［1］之式 1-107 可知弹复能量与弹性极限变形能的关系为（矩形条材）

$$\left.\begin{aligned} &u_f=u_t(1.5-0.5\zeta^2)^2 \\ \text{或}\quad &u_f=u_t(1.5-0.5/C^2)^2 \end{aligned}\right\} \tag{1-48}$$

因此在反弯矫直过程中真正用于矫直变形的能耗（参考文献［1］之式1-108）为

$$u_J=u-u_f$$

$$\left.\begin{aligned} \text{即}\quad &u_J=u_t(1-\zeta)^2\left[3/\zeta+\frac{1}{4}(1-\zeta)(3+\zeta)\right] \\ \text{或}\quad &u_J=u_t(1-1/C)^2\left[3C+\frac{1}{4}(1-1/C)(3+1/C)\right] \end{aligned}\right\} \tag{1-49}$$

式中 u_t 后边的表达式可以作为 u_t 的系数，可以称之为耗能系数，或称为矫直耗能比，用 $\bar{u}_J$ 代表，故 $\bar{u}_J$（参看文献［1］之式1-110）为

$$\left.\begin{aligned} &\bar{u}_J=(1-\zeta)^2\left[3/\zeta+\frac{1}{4}(1-\zeta)(3+\zeta)\right] \\ \text{或}\quad &\bar{u}_J=(1-1/C)^2\left[3C+\frac{1}{4}(1-1/C)(3+1/C)\right] \end{aligned}\right\} \tag{1-50}$$

此耗能比内各项都是相对值，它们都与具体的材质和尺寸无关，只有这个表达式的形式与条材断面有关。为了进一步了解式中 $\bar{u}_J$ 与 ζ（或 C）的关系作为一般计算上的参考，现将式1-50内典型的相关数值列于表1-14中。

表1-14　矩形断面的 $\bar{u}_J$、ζ 数值

ζ (1/C)	0.1	0.2	0.25	0.3	0.35	0.4	0.5	0.6	0.7	0.8	0.9	1
$\bar{u}_J$	24.86	10	7.093	5.038	3.851	2.884	1.609	0.858	0.411	0.158	0.034	0

（2）菱形断面：菱形断面之弹性极限弯曲变形能为 $u_t=H^2\sigma_t^2/(24E)$（参看文献［1］），式中 H 为对角高度。其单位长度的反弯矫直所需之能耗（见文献［1］之式1-119）为

$$\left.\begin{aligned} &u_J=u_t(1+\zeta)(1-\zeta)^3[1+(1-\zeta)^2]/\zeta \\ \text{或}\quad &u_J=u_tC(1+1/C)(1-1/C)^3[1+(1-1/C)^2] \end{aligned}\right\} \tag{1-51}$$

其反弯矫直耗能比为

$$\left.\begin{aligned} &\bar{u}_J=(1+\zeta)(1-\zeta)^3[1+(1-\zeta)^2]/\zeta \\ \text{或}\quad &\bar{u}_J=(1+1/C)(1-1/C)^3[1+(1-1/C)^2]C \end{aligned}\right\} \tag{1-52}$$

将上式中的变量 ζ 用典型数值代入所得的相关耗能比列于表1-15中。

表1-15 菱形断面的 $\bar{u}_J$、ζ 数值

$\zeta(1/C)$	0.1	0.2	0.3	0.4	0.5	0.6	0.7	0.8	0.9	1
$\bar{u}_J$	14.514	5.038	2.215	1.028	0.469	0.198	0.072	0.019	0.002	0

由于矫直耗能主要用于矫直功率计算，因此只需计算最大的耗能，便可保证矫直机驱动功率的可靠运行。对比矩形、六角形、菱形、圆形、平放工字形、平放槽形、平放三角形等断面可知矩形断面的 $\bar{u}_J$ 最大，故其他断面的 $\bar{u}_J$ 值不必计算。但立放工字条材及立放钢轨等断面的 $\bar{u}_J$ 值应该是最大。不过它们的塑性变形都集中于上下边层，跟矩形断面的塑性变形也集中于上下边层的情况差不多，因此在计算工字断面的矫直变形耗能时按工字断面的全高全宽作为矩形断面来处理，用 ζ 值增加到缘板内侧产生塑性变形的程度来计算 $\bar{u}_J$ 便可算出 u_J 的值。至于钢轨可按轨底的对称断面算出 $\bar{u}_{J1}$ 及 u_{J1}，再按轨头的对称断面算出 $\bar{u}_{J2}$ 及 u_{J2}，最后算出平均值 $u_J=(u_{J1}+u_{J2})/2$ 用于耗能计算也是可行的。

（3）圆形断面：现代的圆形材矫直很少采用平行辊矫直机而是采用斜辊矫直机，其反弯矫直过程中圆材处于旋转反弯状态，单位长度所消耗的变形能属于旋转反弯变形能，该能量用 u_{xJ} 代表，其计算式为（见文献［1］之式1-129）

$$u_{xJ}=u_t\times4\times\left\{\frac{8}{3\zeta}-2+\frac{\zeta^2}{3}-\frac{8}{3\pi}(4-\zeta^2)\left[\frac{1}{3}(2.5-\zeta^2)(1-\zeta^2)^{\frac{1}{2}}+\frac{\arcsin\zeta}{2\zeta}\right]+\frac{16}{\pi^2}\left[\frac{1}{3}(2.5-\zeta^2)(1-\zeta^2)^{\frac{1}{2}}+\frac{\arcsin\zeta}{2\zeta}\right]^2\right\} \quad (1\text{-}53)$$

式中，u_t 为单位长度圆材旋转一周所需之弹性极限弯曲变形能。其表达式为 $u_t=\pi R^2\sigma_t^2/(8E)$（见文献［1］之75页）。$u_t$ 的系数可用 $\bar{u}_{xJ}$ 表示，称为旋转反弯矫直耗能比，其表达式（见文献［1］之式1-130）为

$$\bar{u}_{xJ}=4\times\left\{\frac{8}{3\zeta}-2+\frac{\zeta^2}{3}-\frac{8}{3\pi}(4-\zeta^2)\left[\frac{1}{3}(2.5-\zeta^2)(1-\zeta^2)^{\frac{1}{2}}+\right.\right.$$

$$\left.\frac{\arcsin\zeta}{2\zeta}\right]+\frac{16}{\pi^2}\left[\frac{1}{3}\left(2.5-\zeta^2\right)\left(1-\zeta^2\right)^{\frac{1}{2}}+\frac{\arcsin\zeta}{2\zeta}\right]^2\Bigg\}$$

$$\text{或}\ \bar{u}_{xJ}=4\times\left\{\frac{8C}{3}-2+\frac{1}{3C^2}-\frac{8}{3\pi}\left(4-\frac{1}{C^2}\right)\left[\frac{1}{3}\left(2.5-\frac{1}{C^2}\right)\left(1-\frac{1}{C^2}\right)^{\frac{1}{2}}+\right.\right.$$

$$\left.\frac{C}{2}\arcsin\left(\frac{1}{C}\right)\right]+\frac{16}{\pi^2}\left[\frac{1}{3}\left(2.5-\frac{1}{C^2}\right)\left(1-\frac{1}{C^2}\right)^{\frac{1}{2}}+\right.$$

$$\left.\left.\frac{C}{2}\arcsin\left(\frac{1}{C}\right)\right]^2\right\} \tag{1-54}$$

$\bar{u}_{xJ}$与ζ(或C)的一些典型数值关系列于表1-16中。

表1-16 圆形断面的$\bar{u}_{xJ}$、ζ数值

$\zeta(1/C)$	0.1	0.2	0.3	0.4	0.5	0.6	0.7	0.8	0.9	1
$\bar{u}_{xJ}$	89.4	39	21.3	12.6	7.65	4.5	2.5	1.2	0.45	0

1.7 条材反弯矫直变形的基本规律

反弯矫直过程中的主要变形是弯曲变形。弯曲变形的实质是中性线以外为拉伸变形，中性线以内为压缩变形。对于常见金属材料的强度极限变形为$\delta_5=7\%\sim19\%$。弹性极限变形为$\varepsilon_t=0.21\%\sim0.43\%$，两者间的比值为$\delta_5/\varepsilon_t=23\sim76$。这样大的变形差距表明由$\varepsilon_t$向$\delta_5$的变化过程是比较漫长的。实际上也的确要经过屈服平台、长度延伸、缩径及最后断裂的过程。而矫直过程处在其间的屈服平台和轻微拉伸（或轻微镦粗）过程中，其矫直变形约在$\varepsilon_J=1\%\sim2\%$范围内，与δ_5对比为$\delta_5/\varepsilon_J\geqslant7\sim9$，与$\varepsilon_t$对比为$\varepsilon_J/\varepsilon_t\approx5$。因此可以大致限定中性层两侧的边层变形为$\varepsilon_{max}\approx5\varepsilon_t$。它相当于条材断面高度为$H$时，中央附近约$H/5$即$0.2H$高度内为弹性变形区，其余$0.8H$的高度区为塑性变形区。如果条材为圆形断面，则弹性区半径$R_t=R/5=0.2R$，参看图1-4。这样的弹区比$\zeta=R_t/R=0.2$，对于一般断面可以保持既有矫直作用又不会造成断面形状的畸变。不过在直径偏大时仍可能造成畸变，而在直径偏小时又可能达不到矫直质量要求。所以$\zeta_{min}=0.2$的限制在直径D或条材厚度H偏大和偏小情况下是允许改变的。比如说直径或厚度越大在同样弯度条件下其曲率比越大；同理，在同样曲率比时直径越大其反弯半径越大即弯度越小。这种现象可以通过下面的实际计算结果得以证实。如 $\sigma_t=\sigma_s=1000\text{MPa}$，$E=206\text{GPa}$，算出 $\varepsilon_t=\sigma_s/E=0.00485$，其弹性极限曲率半径 $\rho_t=R/\varepsilon_t=206.2R$，弹性极限曲率（角）为 $A_t=1/\rho_t=0.00485/R$。

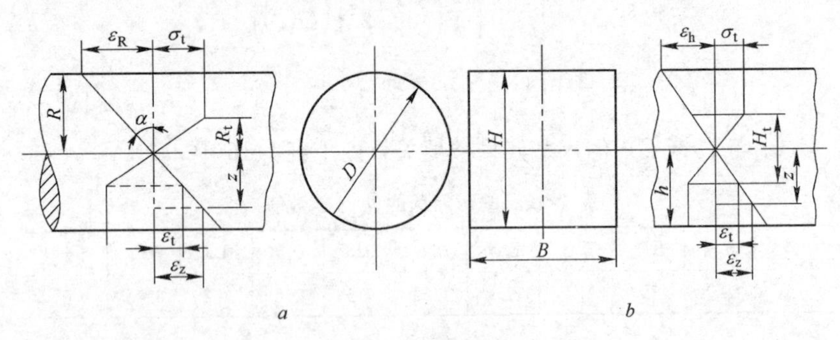

图 1-4 弯曲变形与应力

当设定反弯曲率比 C 值之后可以算出反弯曲率（角）$A=CA_t=0.00485C/R$，反弯曲率半径 $\rho=1/A=206.2R/C$，以及弯度 δ，在计算 δ 时必须先给定弦长 l 值，为了减小因曲率的不均匀性所造成的误差须尽量减小 l 值，故取 $l=100\text{mm}$，则 $\delta=\rho-(\rho^2-2500)^{\frac{1}{2}}$。又当已设定弯度 δ 之后，可以算出其压弯曲率半径 $\rho=\delta/2+1250/\delta$。于是可按小、中、大三种直径的圆材进行计算。

（1）在弯度相同的情况下，不管条材粗细，其压弯半径相同，压弯曲率相同，而其曲率比要随条材的增粗而增大，如表 1-17 所示。

表 1-17 弯度相同时曲率比与条材直径的关系

条材直径 D/mm	弯度 δ/%	弯曲半径 ρ/mm	曲率 A/mm^{-1}	弹性极限曲率 A_t/mm^{-1}	曲率比 C
1	3	416.7	0.0024	0.0097	0.025
10	3	416.7	0.0024	0.00097	2.47
100	3	416.7	0.0024	0.000097	24.74

（2）在曲率比相同情况下，其弯曲曲率随直径增加而减小，弯度也随直径增加而减小，如表 1-18 所示。

表 1-18　曲率比相同时弯曲曲率、弯度与条材直径的关系

条材直径 D/mm	曲率比 C	弹性极限曲率 A_t/mm^{-1}	反弯曲率 A/mm^{-1}	反弯半径 ρ/mm	弯度 δ/%
1	1.7	0.0097	0.0146	68.73	21.6
10	1.7	0.00097	0.00146	687.3	1.84
100	1.7	0.000097	0.000146	6872.9	0.23

这两个表的计算结果对于原始弯度（δ_0）及原始曲率比（C_0）、反弯弯度（δ_w）及反弯曲率比（C_w）等参数与条材直径或高度的关系都是一样的。在矫直时直径越粗或高度越大的条材所需的压弯量越小。

由表 1-18 中的 $C=1.7$，可知在矫直圆材时最大的压弯曲率比 $C_w=1.7$。用最大的压弯曲率比对粗棒进行压弯时，压弯量为 0.23mm/100mm。若按半个辊距来计算两个零弯矩点之间压弯量则须按 1.5 节的方法来确定。而这里的弯度（压弯量）只代表 100mm 弧线之弦高。

有时为了进行大变形反弯矫直而故意加大压弯量，这时应先考察条材的原始弯度，如一般规定的原始弯度为 30mm/m。按大、中、小三种棒径计算其原始曲率比 C_0 值并列于表 1-19 中（材质不变）。

表 1-19　三种棒径的原始曲率比

棒径/mm	δ_0/mm	ρ_0/mm	A_0/mm^{-1}	A_t/mm^{-1}	C_0	C_Σ
10	30	4180	0.00024	0.00097	0.24	1.94
50	30	4180	0.00024	0.000194	1.24	2.94
100	30	4180	0.00024	0.000097	2.47	4.17

注：$\rho_0=\delta_0/2+250000/\delta_0$；$A_t=ED/(2\delta_t)$；$C_0=A_0/A_t$；$C_\Sigma=C_0+1.7$。

当反弯矫直采用 $C_w=1.7$ 时，则三种棒材受到总反弯曲率比 $C_\Sigma=C_0+C_w=1.94\sim4.17$。其反弯曲率半径比 $\zeta=0.24\sim0.52$。这种结果表明条材边层的最大变形 $\varepsilon_h=(1.94\sim4.17)\varepsilon_t$，弹性区厚度为 $H_t=(0.24\sim0.52)H$，即 $\varepsilon_h<5\varepsilon_t$。可见限制 $\varepsilon_{max}=5\varepsilon_t$ 是可行的。

当需要采用更大的变形进行矫直时，如表 1-13 所示，由于压弯挠度是按弹复挠度及弹性极限挠度计算的，而弹复挠度与弹复曲率比相对应，一般弹性极限挠度皆不超过弹复挠度，故两种挠度（$\delta_f+\delta_t$）

的结合必将接近于两种曲率比结合（C_w+C_0）所需之压弯量，所以一般大变形都会小于或接近 $5\varepsilon_t$。至于一些极薄板带材和极细的线材，在 $\zeta\approx0.1$ 即 $\varepsilon_h\approx10\varepsilon_t$ 情况下，断面形状也不发生畸变，此时采用大变形反弯矫直不仅是允许的，而且很需要。薄板及细线的原始弯曲状态常常存在严重的缺陷，不采用大变形不足以矫直。

参看图 1-5，圆材的原始弯曲 $C_0=3$（这是很大的原始弯曲），其矫直所需的反弯 $C_w=1.66$，于是总弯曲 $C_\Sigma=4.66$，弹区比 $\zeta=1/4.66=0.215$，边层的最大变形为 $\varepsilon_R=4.66\varepsilon_t<5\varepsilon_t$。接下去的变形都是递减的，必然小于 $5\varepsilon_t$。这是常规的矫直过程。

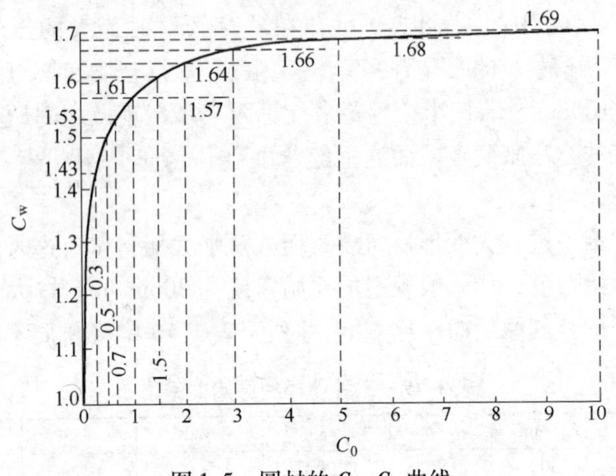

图 1-5 圆材的 C_w-C_0 曲线

由于对总变形的限制，反弯矫直时的压弯量可以根据原始弯曲状态做适当的调整，即 $C_\Sigma=C_0+C_w<5$ 的关系告诉我们，当 C_0 比较小时，C_w 就可以加大，争取在第一及第二次反弯中使 C_Σ 值达到或接近 5。这种大变形矫直对统一弯曲方向及弯曲程度是有利的。如当 $C_0=2$ 时，采用的 $C_w=3$，则其统一弯曲的效果可由图 1-6 所示的 C_f-C（C_Σ）曲线的循环过程中看出，设圆材的原始弯曲为 $C_0=2$，第一次反弯压到 $C_{w1}=3$，对于 $C'_0=-2$ 的改变为 $C_\Sigma=|C'_0|+C_{w1}=2+3=5$，达到曲线的 a_1 点。对于 $C_0=2$ 的改变为 $C'_\Sigma=3-2=1$，没有超出弹性范围，达到曲线的 b_1 点。反弯后 a_1 弹复到 C_{c1}，b_1 弹复到原位 C_0。

此时条材的弯曲状态可称之为第二次原始状态，$C_{02}=2$ 未变，第一次残留弯曲 C_{c1} 作为第二次 C'_{02}。然后进行第二次大反弯 $C_{w2}=3$，其结果是第二次的两种原始弯曲分别被压弯到 a_2 点及 b_2 点，它们的弯后弹复分别回到 C_{c2} 点及 C'_{c2} 点。把 C_{c2} 及 C'_{c2} 作为第三次反弯的原始弯曲，C_{03} 及 C'_{03} 差距很小，用 C_{03} 及 C'_{03} 算出的 C_{w3} 与 C'_{w3} 差距更小，压弯点 a_3 与 b_3 点几乎处于同一位置。因此第三次的残留曲率比 $C_{c3}\approx C'_{c3}\approx 0$，即达到了矫直目的。

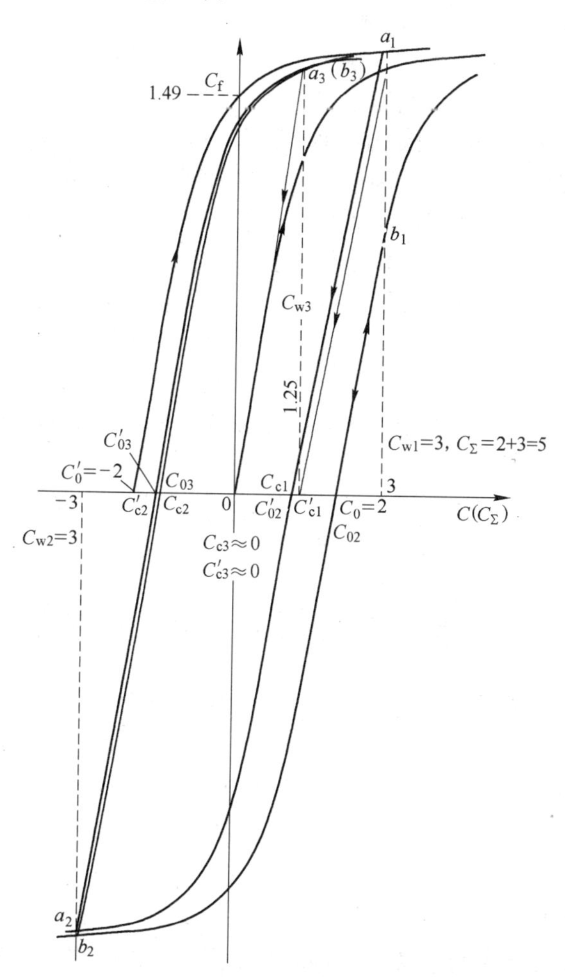

图 1-6 圆材矫直过程中的 C_f-C 曲线

这里可以得出结论：大变形不是单独依靠大压弯 C_w，而是靠总弯曲 C_{Σ}。对于原始弯曲较小的条材可以用小反弯达到矫直目的，若采用大反弯则造成浪费，其实大反弯的目的是为了“先统一”各种程度的原始弯曲，以便更好地完成下一步的矫直。如图 1-6 中 C_{c2}与C'_{c2}之间差值的减小就是靠前两次的大反弯达到的，没有这种“先统一”就不会有第三次反弯的“后矫直”。先统一后矫直是矫直过程的基本规律。而且“后矫直”工作往往用一次反弯达不到很好的矫直质量。如条材原始弯曲状态复杂或材质的强化特性较大时，还需要进行一次补充性的反弯矫直。因此应该把矫直过程理解为“先统一，后矫直，再补充”的三步程序更为稳妥。

我们用 $\varepsilon_{\Sigma} \leqslant 5\varepsilon_t$ 来限制弯曲变形是一般性的规定，前面已经提到条材偏细（如 $d<10$mm）和偏粗（如 $d>100$mm）者都需改变这种限制，因为这种限制的目的主要是防止断面畸变，由于细薄条材很难畸变，而允许加大反弯；粗厚条材很容易畸变，而只能减小反弯。此外与此主要目的有关的平截面原则、小剪切变形原则、近似各向同性原则等都是矫直理论赖以成立的基础，不能不予以考虑。近年来发现在矫直压力点所产生的三向应力合成之后对矫直效果有影响，以及管材被压扁之后对矫直有增益作用。矫直力与接触点压力合成之后要按屈雷斯加的屈服准则（或米塞斯屈服准则）来放大反弯效果，对矫直质量的提高作用是比较明显的。与此同时又不可过分地依赖于合成压力，以免造成缩颈，甚至造成废品。

1.8 条材拉伸矫直与拉弯矫直的理论基础

在常温状态下进行矫直基本上有三种方法。其一为反弯矫直法，在反弯矫直方法中又分为平面相位的反弯矫直及旋转相位的反弯矫直两种方法。其二为拉伸矫直法。其三为拉伸与弯曲相结合的拉弯矫直法。反弯矫直是应用范围最广的矫直方法，但也有其缺点和局限性。条材反弯变形的中性层呈弧线状态，弧线外弯侧的变形为拉伸变形，弧线内弯侧的变形为压缩变形。当这两种变形都带有塑性变形时在卸去外力之后都不能弹复原状，同时受平截面原则的约束在弹复过程中都要残存一定的残余应力，如图 1-10c 的阴影部分面积所示。这种残余应力在失效后便会改变条材矫直效果，甚至使条材失去使用价值。这是反弯矫直方法的先天性缺点。其次是反弯矫直的反弯量主要依靠其矫直辊直径的大小来决定。当条材厚度越薄或直径越细时，强度越高，弹性模数越小，则要求辊径越小。否则得不到足够的塑性弯曲变形，便不会达到矫直目的。例如高强度钛合金薄板，当其厚度为0.3mm、宽度为1000mm、$\sigma_t=1050$MPa、$E=106$GPa时，所需矫直辊直径为10mm左右，这是目前尚无法研制的矫直辊。这就是反弯矫直法受辊径约束的局限性。此外还有一些复杂断面的异型材及异型管材无法用辊式矫直机或压力矫直机进行矫直，而只能用拉伸矫直机进行矫直。

拉伸矫直法是对条材施加拉力使其纵向纤维都超过弹性极限的变形程度而达到矫直目的的一种方法。如图1-7所示，原始弯曲所造成的最短纤维 a_0 被拉伸到 a_1，原始最长纤维 b_0 被拉伸到 b_1，即原始弯

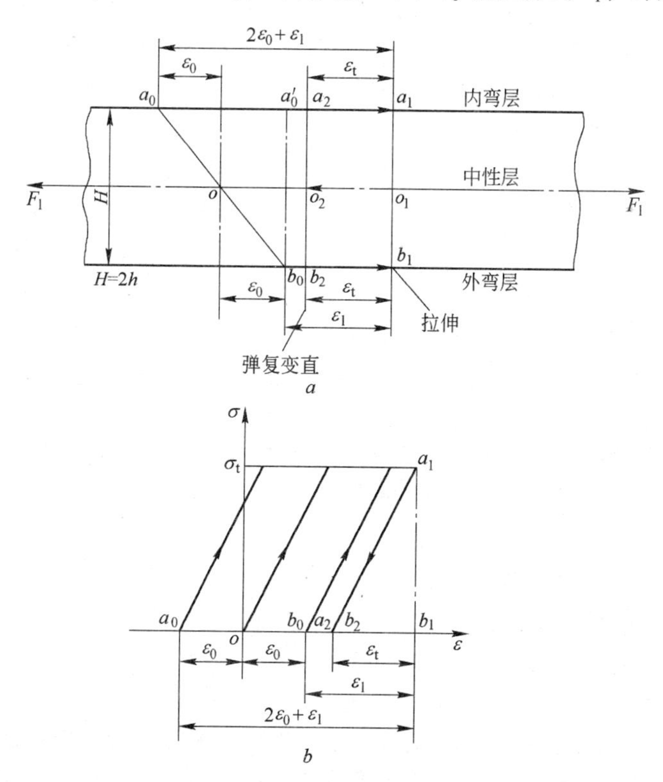

图1-7 理想弹塑性金属的拉伸矫直

曲的内层被拉得最长（$2\varepsilon_0+\varepsilon_1$），外层被拉得最短（$\varepsilon_1$），当 $\varepsilon_1>\varepsilon_t$ 时，卸去外力后 a_1b_1 截面弹回到 a_2b_2 位置，a_2b_2 左边的金属皆已被塑性拉伸而成为永久变形，此时 a_2b_2 截面必然垂直于轴线而达到矫直目的。条材在拉力 F_1 作用下必将按图 1-7*b* 所示的应力应变关系，按理想弹塑性金属将其原始的内外层长度差 $\pm\varepsilon_0$ 拉齐之后再多拉到 a_1b_1，然后卸去外力，内外层纤维都弹回到 b_2，从而得到很好的矫直效果。这种矫直的重要条件是：（1）理想弹塑性金属；（2）矫枉必须过正，即 $\varepsilon_1>\varepsilon_t$；（3）先统一后矫直，即先达到 a_1b_1 后达到 a_2b_2。

当条材的材质带有强化特性时，采用单纯的拉伸方法所获得的矫直质量常常不会很高，尤其对强化特性大的条材矫直质量在拉伸 2～3 次之后仍然达不到要求。其原因可由图 1-8 中的矫直过程来了解。该条材的原始状态为弯曲形态，其内外层长度差为 $\pm\varepsilon_0$，第一次拉伸所用之 $\varepsilon_1>\varepsilon_t$，将条材 a_0b_0 截面拉到 a_1b_1 处。把图 1-8*a*、*b* 结合起来观察，a_1b_1 截面在卸去外力后弹回到 a_2b_2，它们的弹回量分别为 ε'_t 及 ε''_t（强化金属的弹复量与拉伸量成正比）。第二次拉伸达到 a_3b_3 截面处，卸去外力后弹复到 a_4b_4。由图 1-8*b* 中 $a_4b_4<a_2b_2<a_0b_0$ 可看出其矫直效果并不彻底。第三次拉伸到 a_5b_5 截面处，卸去外力后弹复到 a_6b_6，而 $a_6b_6<a_4b_4$。可见反复拉伸次数越多，内外层纤维的长度差越小，矫直效果越好，即图中 $\varepsilon_3<\varepsilon_2<\varepsilon_1<\varepsilon_0$，也即横截面的斜角 $\alpha_3<\alpha_2<\alpha_1<\alpha_0$，当 $\alpha_3\to0$ 时达到矫直目的。

这里需要从实际出发，即许多强化金属不允许反复多次拉伸，其原因为：（1）条材两边存在缺陷或有切边毛刺时很容易产生应力集中，在过大的拉力下容易出现断裂而报废。（2）带材在多次反复拉伸时容易产生滑移线而影响质量，所以图 1-8 中 a_6b_6 很难接近零值。在这种情况下若能在拉伸的同时增加反弯变形，会使矫直变得相当容易而且可靠。

参看图 1-9，仍采用较大拉伸并在拉伸中增加较小的反弯，在 $\varepsilon_1>\varepsilon_t$ 条件下将原始短边 a_0 拉到 a_1，共增长 $2\varepsilon_0+\varepsilon_1$；将原始长边 b_0 拉到 b_1 增长 ε_1。再将 a_1b_1 截面拉弯到 a_3b_3 位置，其弯曲变形为 $\pm\varepsilon_1$。当外力卸去之后 a_3 按 ε''_t 弹回到 a_4，b_3 按 ε'_t 弹回到 b_4，a_4b_4 为矫后的截面位置。当弹复的角度 $\alpha_f=\alpha_1$ 时便达到矫直的目的。对照图 1-9*b* 可以看出 a_0b_0 拉伸到 a_1b_1，再弹复到 a_2b_2，在 a_2b_2 之间存在长度差

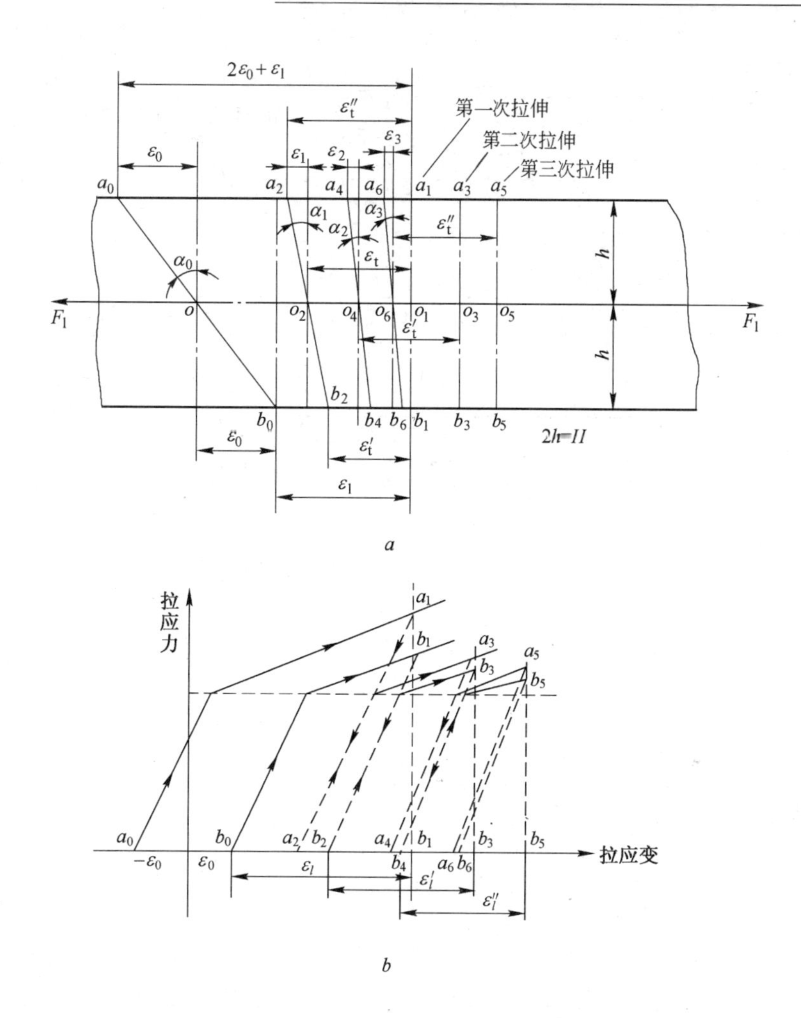

图 1-8　强化性金属的拉伸矫直

$2\varepsilon_1$，表明条材未能矫直。但在此时对条材增加一个弯矩 M，如图 1-9b 右上角所示，使原来的 a_1b_1 弯曲到 a_3b_3，当卸去外力 F_1 与 M 之后，a_3b_3 弹复到 a_4b_4（重合在一点）达到矫直目的，而且使 $\pm\varepsilon_1\rightarrow0$，获得很高的矫直质量。可见在大的拉伸中给予一个合适的反弯便可以达到很高的矫直质量，使强化性金属找到一个最佳的矫直方法。当条材各种长度上的原始弯曲各不相同时，可按最大弯曲进行反弯，则各

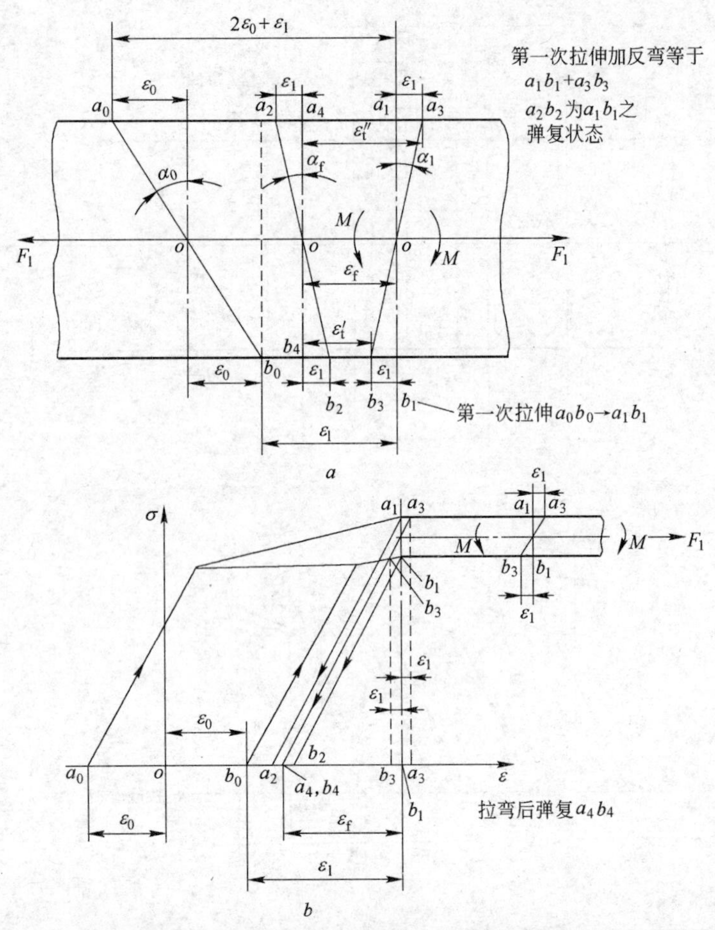

图 1-9 强化性金属拉弯矫直（大拉伸小弯曲）

种较小的原始弯曲都被加大反弯到 a_3b_3 的变形程度，然后弹复到 a_4b_4 长度，即使由于变形程度不同而产生弹复量的差别，但是都要向 a_4b_4 收敛，在 $a_4b_4\to0$ 时（a_4 与 b_4 重合），各部位的矫直效果的差别必将减到最小。如果矫直质量不够理想时，可以再增加一次反弯，如同在拉弯矫直机内增加一组矫直辊，便可得到良好矫直效果。

上面采用大拉伸小反弯的矫直方法明显优于纯拉伸的矫直方法。不过由于大拉伸所消耗的动力较大，在反弯的外弯侧产生断裂和滑移线的可能性也增大，因此必然要探索小拉伸大反弯的矫直法。

参看图 1-10，把原始弯曲为 a_0b_0 状态的条材拉伸到 a_1b_1 状态，其短边 a_0 拉长为 $2\varepsilon_0+\varepsilon_1>\varepsilon_t$，长边 b_0 拉长为 $\varepsilon_1<\varepsilon_t$。并在拉长状态下进行反弯，短边的反弯变形量 ε_{w1} 虽然未能超过 ε_t，但其总变形 $\varepsilon_\Sigma=2\varepsilon_0+\varepsilon_1+\varepsilon_{w1}\gg\varepsilon_t$。长边的总变形为 $\varepsilon'_\Sigma=\varepsilon_{w1}-\varepsilon_0-\varepsilon_1$，这个变形很小，在这里表现为压缩变形，而且压缩变形越小对矫直越有利。当反弯后卸去外力（F_1 及 M）时，a_3b_3 按其本能将弹复到 a_4b_4 状态，但受平截面原则的约束只能弹复到 a_5b_5 状态。在反弯量 ε_{w1} 合适条件下，a_5b_5

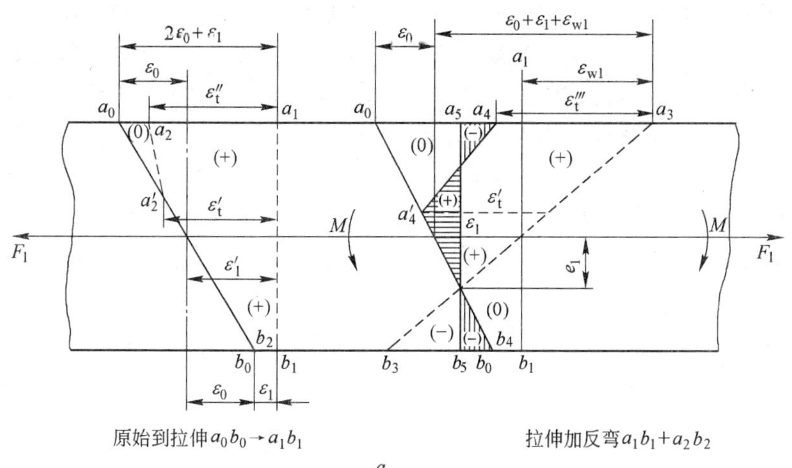

a

b

c

图 1-10 强化性金属拉弯矫直（小拉伸大弯曲）

将与条材轴线垂直，即达到矫直目的。这种小拉伸大反弯的矫直结果与前面大拉伸小反弯有所不同，主要是弹复后留有较明显的残余应力，即图 1-10a 中阴影部分的面积，但是矫直效果仍然是很好的。由图 1-10b 可以看出 ε_1 比图 1-9b 的 ε_1 小很多，弯曲变形即 a_3b_3 的斜度比图 1-9a 的 a_3b_3 的斜度大很多。由反弯所产生的变形 ε_1 在图 1-10b 中的长度比图 1-9b 中 ε_1 长度大。当这里的 $2\varepsilon_1$ 与横轴 a_2 与 b_2 间距离相等时，便达到了矫直目的。

大弯曲小拉伸矫直法虽然留有一些残余应力，但其正负大小为轴向对称状态，可使失效后的状态也是对称的，对直度的影响较小，而纯粹的反弯矫直所留下的残余应力如图 1-10c 所示，对于轴线为非对称形态，失效后必然弯曲。所以大弯曲小拉伸矫直法虽然留有一些残余应力，但对矫直效果无大影响，从节约动力及提高成材率来说应予提倡。不过在实际生产中这两种矫直方法都是必须要采用的。一台拉弯矫直机在矫直薄带材时由于辊径无法减小只能在小反弯条件下工作，不加大拉伸便不能矫直，这时的矫直方法当然是小反弯大拉伸矫直法。当矫直厚带材时，由于辊径偏小，反弯量自然增大，拉伸量可以减小，仍可达到同样的矫直目的，又不会造成机器动力的浪费。

2 平面反弯矫直技术与理论的新探索

在条材的弯曲相位面内进行反弯矫直称为平面反弯矫直，应用于压力矫直机和平行辊矫直机。由于条材的原始弯曲状态较为复杂，除了在一个相位面内存在弯曲之外，常常在其侧面或其正交相位面内也存在弯曲。因此要求压力矫直机具有翻钢功能，既可以完成主相位面内的反弯矫直任务，又能完成正交相位面内的矫直任务。对于平行辊矫直机既要求各矫直辊可以进行径向调整完成对主相位内弯曲的矫直，又要求可以进行轴向调整完成对其正交相位面内弯曲的矫直任务。由于条材上沿轴向任何形态的弯曲都可以分解为两个正交相位面上的弯曲，所以在正交相位面上的矫直是有效的矫直，也是利用最少相位面的反弯矫直。

由于压力矫直的效率很低，在生产中得到快速发展的是平行辊矫直技术，尤其在不对称断面的条材生产和板材生产中应用最为广泛。当弯曲方向与不对称方位相一致时，如与槽钢的槽形断面的中心线方位相一致，或者弯曲方向与板材厚度方位相一致，则可以在矫直过程中只完成一个弯曲相位上的反弯矫直就可以达到矫直目的。随着条材长度的增加和断面形状的复杂化，其弯曲方向也变得复杂，往往在主弯曲方向的正交方位上也存在弯曲。这时要求辊式矫直机必须具备径向压下及轴向压弯的两种功能，所以现在的型材矫直机都带着轴向调整装置。有了轴向调整装置之后如何进行轴向调整，也要具体考虑。参看图 2-1 的 7 辊矫直辊系，径向压弯 5 次中前 2 次（第 2 及第 3 辊压弯）可以达到统一弯度的目的;第 4 辊进行矫直；第 5 及第 6 辊可以完成对矫直质量低的条材进行补充矫直和提高矫直质量的任务（见图 2-1*a*）。如果为了改善咬入条件，适当减少第 2 辊的压弯量而依靠第 3 及第 4 辊来完成统一弯度的工作，用第 5 辊进行矫直，用第 6 辊进行补充矫直同样可以得到很好的矫直质量。可见 7 辊式矫直机对于单一相位上原始弯曲的矫直是相当好用的矫直机，但是对侧弯的矫直却遇到了困难。参看图2-1*b*，为了矫直侧弯仍然按各辊交错压弯的方法进行轴向调整时，结果是第1辊向里压，第2辊向外压，第3辊向里压，第4辊向外压一直到第7辊，从而形成第1、3、5、7各辊向里压，第2、4、6各辊向外压，最后造成工件（如工字钢）在辊缝中被倾斜压弯。虽然可以完成单一相位的矫直，但不可能完成两个正交相位的矫直，尤其会造成条材断面的扭曲，所以这种轴向调整不可采用。为了改进轴向调整方法而采用图2-1*c*所示的双交错压弯法，其目的是用第1及第2辊夹住条材一起向里压；用第3及第4辊夹住条材一起向外压；再用第5及第6辊夹住条材一起向里压；第7辊可以向里或向外压弯有助于矫直扭曲，但不能完成轴向矫直，因为弯曲次数不够（未超过3次）而不能达到矫直目的。何况由于辊距的相同，辊子1与2间的夹紧，和辊子2与3之间的扭曲在能力上是相同的，无法保证条材在侧向只弯不扭，不可能像图2-1*c*那样按设定的压弯方向进行矫直。不过图2-1*c*的方法总要比图2-1*b*的方法好。如果采取增加辊数的方法，当辊数达到10个，并在轴向采用双交错压弯法时，则轴向反弯次数才能达到3次，才可以完成"先统一后矫直"所需之最少反弯次数。如图2-2所示，该辊系在径向共反弯8次，其矫直效果是十分可靠的。在轴向共反弯3次，第1与第2辊夹住工件；第3与第4辊将工件夹住向外压弯；第5与第6辊将工件夹住向里压弯；第7与第8辊将工件夹住又向外压弯。这3次可以达到基本矫直要求，如图2-2*b*及2-2*c*所示。由于辊距相同，第2与第3辊、第4与第5辊、第8与第9辊对工件的夹紧力同其他各辊间夹紧力是基本相同的，这些夹紧在轴向调整时将对工件产生扭曲作用，由图2-2*c*可以看出，它们的扭曲方向是逆时针与顺时针交替存在的。只需将这个辊系的径向压弯按递减方式处理，轴向双交错压弯也按递减方式处理，则图2-2*c*中4种扭曲量也必然是递减的。其结果可以说明条材在两个正交方位上被矫直的同时，其沿轴向的扭曲也可以被矫直。从辊式矫直机发展的历史上观察，辊数虽有增多的趋势，但却未曾有这种调整方案的出现。

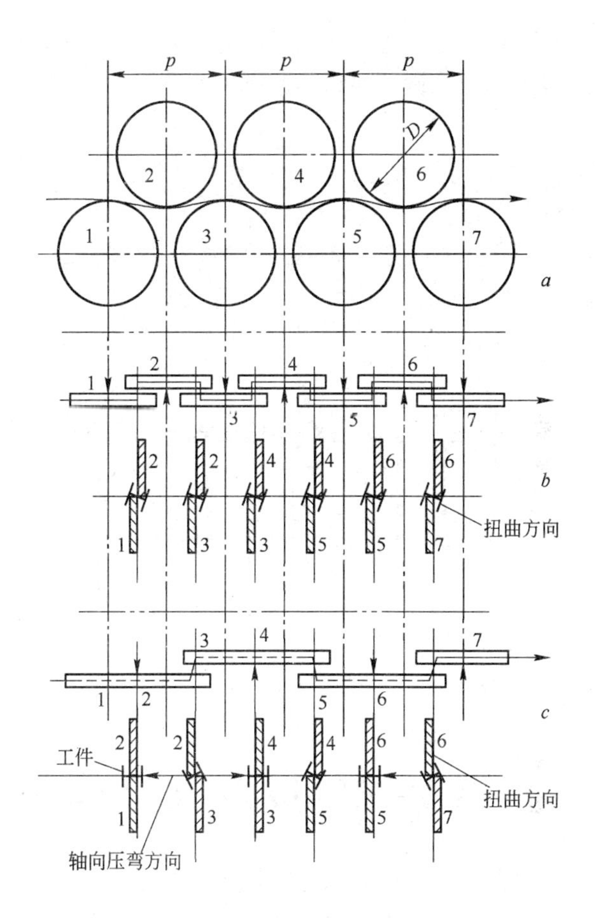

图 2-1 径向与两种轴向压弯法

在生产实践中型材矫直机的辊数已经增加到 9 个，甚至增加到 11 个或 13 个，这些辊数并不算过多。但是它促使人们产生用复合辊系即所谓的平立辊系进行矫直的设想。平立辊系的总辊数为 2×6 = 12 个或 2×7 = 14 个，辊数基本相同，调整压下量变得简单容易。所以平立辊系矫直机在一些对称断面条材，如方材及圆材的矫直中得到较多应用。由于人们对辊式矫直机的轴向调整一直没有统一认识，生产实践中所获得的矫直质量也就参差不齐。如果进一步来讨论辊式矫直机存在的问题应该综合考虑解决等曲率变形区、减小空矫区、保证轴向压弯消除空矫相位、上下辊夹紧条材的间距太大，以及轴向压弯条材的间距太小等问题。下面开始讨论其解决方案。

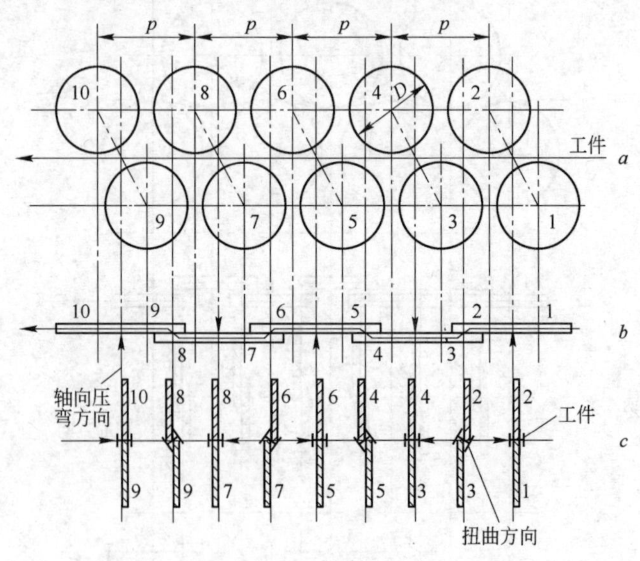

图 2-2 径向与轴向压弯矫直法（10 辊辊系）

2.1 双交错辊系矫直技术的新探索

作者曾在文献［1］中提出过双交错辊系矫直方案（已获得专利权[4]），并讨论过这种辊系矫直方法的优越性，为了进一步说明新辊系的工作原理和一系列的优点，可以结合图2-3 来讨论。图2-3 中10辊式双交错辊系结构是一种切实可行的辊系，条材在辊缝中共经历4次等曲率反弯，可以充分地完成统一弯曲方向、统一弯曲程度、矫直及补充矫直4 个过程。这种矫直方法的第一个优点是空矫区缩短，图中 t 值就是缩短了的空矫区，它不再受半个辊距（$p/2$）的限制，而是可以在矫直辊轴强度允许条件下尽量地缩短。根据新辊系的结构特点，t 值可以缩小到 $p/4$（以后再加说明），即比单交错辊系的空矫区缩短一半。从材料力学的梁端挠度与其梁长的三次方成正比关系来说，当梁端长度缩短一半时，其挠度可缩小为1/8。所以可以近似地估算双交错辊系矫后的残留弯度仅为单交错辊系的 1/8，这是显著的提高。可能有人希望，最好是消除空矫区，其实是办不到的，也是不可能的。

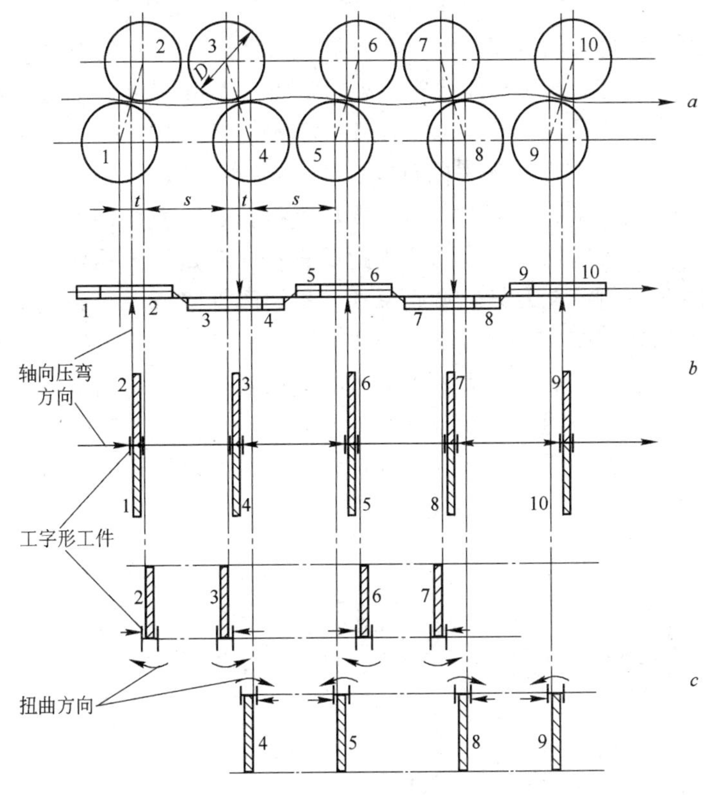

图 2-3 双交错辊系径向与轴向压弯矫直法

第二个优点是矫直侧弯的效果明显提高，由图 2-3*b* 及图 2-3*c* 可以看到各夹紧辊的间距 t 缩小之后（$t=p/4 \ll p/2$）可以实现有效的夹紧。每对夹紧辊之间距 s 增大之后（$s \approx p \gg p/2$）可以有效地进行轴向压弯，而且压弯 3 次又可以有效地完成侧弯矫直。进一步从图 2-3*c* 看到，当辊子 1 与 2 将条材夹紧之后待料头走到辊子 3 处，受辊子 3 向左的推力作用会马上产生逆时针扭曲，料头走到辊子 4 处又被反扭，连续走到第 9 辊时条材的头尾不仅经过径向压弯得到矫直而且经过反复扭曲得到既不弯也不扭的良好矫直效果，而条材的全长在走完第10辊后经历第3、5、7及9辊的反复扭曲并在轴向压弯3次、径向压弯4次，可以说是在两个正交方位和两个旋转方向上完成了足够的反复变形，可以得到单交错辊系无法达到的高质量矫直。

第三个优点是可以用变辊位的方法达到变辊距的目的。参看图2-4，在辊位不变条件下矫直弯矩图如图2-4*b*所示，假设这种辊系的最大矫直能力为力矩M。由于一般型材矫直机的矫直能力范围为$M\sim0.2M$，即矫直能力的范围为1~5倍。当生产大型钢材的规格多而数量要求并不多时，很需要矫直机具有一机多用的功能，所以一些发达国家纷纷开发出变辊距矫直机，满足了上述要求。但是变辊距矫直机结构复杂、调整麻烦、机架刚性降低、工作稳定性不好，不如在双交错辊系矫直机上将第3、5、7、9等辊的辊位做成可变式结构。在需要加大矫直能力时上述4个矫直辊均可退出工作状态，从而形成图2-4*c*所示的弯矩图。为了说明问题，可设定各辊处的弯矩都是最大弯矩（这样设定可保证在误操作时机器不受损害），按图2-4*b*计算的矫直力为

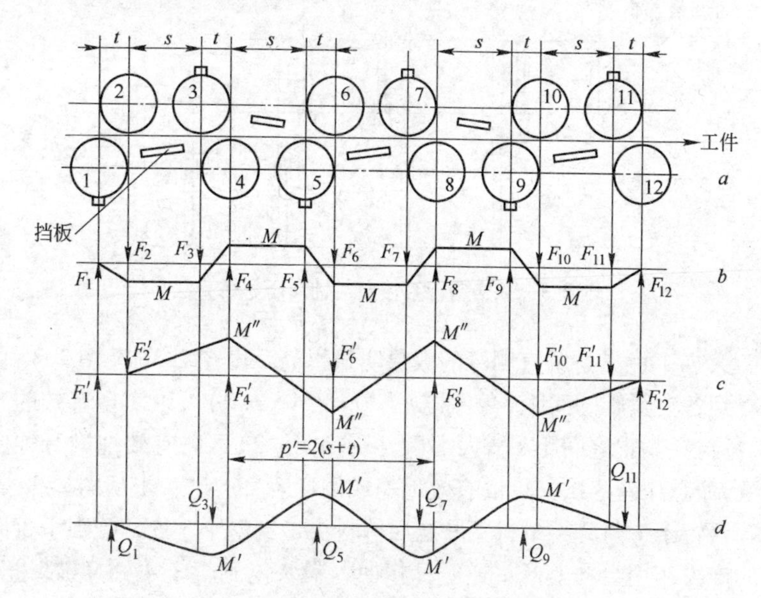

图2-4 双交错变辊位12辊矫直机的矫直过程

$$\left.\begin{aligned}&F_1=F_{12}=M/t\\&F_2=F_{11}=M/t\\&F_3=F_4=F_5=F_6=F_7=F_8=F_9=F_{10}=2M/t\end{aligned}\right\}\qquad(2\text{-}1)$$

当型材断面增大时，其最大矫直弯矩为 M''，如图 2-4c 所示，矫直辊第 3、5、7、9 辊退出工作状态，第 1 及 11 辊只作导向辊，新的矫直力为

$$\left.\begin{aligned}&F'_2=F'_{12}=M''/(s+t)\\&F'_4=F'_{10}=3M''/(s+t)\\&F'_6=F'_8-4M''/(s+t)\end{aligned}\right\}\qquad(2\text{-}2)$$

变辊位之后轴承受力不变时，应该保持 $F'_6=F_3$，即 $4M''/(s+t)=2M/t$，故

$$M''=\frac{s+t}{2t}M\qquad(2\text{-}3)$$

可见变辊位后矫直能力提高为原来弯矩的$(s+t)/(2t)$倍。这里的 s 取值可在$(2.4\sim4)t$ 范围内，于是 $M''=(1.7\sim2.5)M$。鉴于一般型材矫直机的能力范围为$(0.2\sim1)M$，再加上变辊位后扩大矫直能力为$(1.7\sim2.5)M$，则变辊位矫直机的能力范围为$(0.2\sim2.5)M$，即 1 ~ 12.5 倍。由图 2-4 上的反弯次数可知变位后的矫直相当于 6 辊式矫直机，可以完成大型钢材的矫直任务。如果需要更高的矫直质量，也可以把辊数增加到 14 个。

这种矫直机变辊位的方法对于压下辊来说很简单，即该辊不参与压下，可以在工作中不接触工件；对于固定辊来说要增加一个偏心套，偏心套转动一定的角度，矫直辊便可与工件脱离接触，从而达到变辊位的目的。

这种矫直机的轴向压弯比图 2-3 所示的压弯次数增加 1 次。参看图 2-4d，其矫直能力为 M'，从辊距的大小来看 $M'\approx M''$。于是轴向矫直力为

$$\left.\begin{aligned}&Q_1=Q_{11}=M'/(s+t)\\&Q_3=Q_9=3M'/(s+t)\\&Q_5=Q_7=4M'/(s+t)\end{aligned}\right\}\qquad(2\text{-}4)$$

而且每个轴向力都要由一对辊子来承受，即 Q_1 作用于辊 1 与辊 2 的轴向，Q_2 作用于辊 3 与辊 4 的轴向，其他类推。

第四个优点是双交错辊系为压下量的数值控制创造了条件。如图 2-5 所示，在成对辊子与工件的接触区（s）内必然形成等弯矩区或等曲率区。假设工件的反弯曲率半径为 ρ，其弧心角之半为 θ，则

$$\theta=\arcsin\left[\frac{s}{2(\rho-R)}\right] \tag{2-5}$$

当第 $i-1$ 辊与第 i 辊之间的重叠量为 c 时，辊子与工件的接触点为 J 与 J'，J 与 J' 的高度差为 $c_2=J'K=a_2\tan\theta$，由于 $a_1=R\sin\theta'$，而 θ' 为

$$\theta'=\arcsin\left[\frac{s}{2(\rho'-R)}\right] \tag{2-6}$$

则
$$c_2=\left(\frac{t}{2}-R\sin\theta\right)\tan\theta+\left(\frac{t}{2}-R\sin\theta'\right)\tan\theta'$$

即
$$c_2=\frac{t}{2}(\tan\theta+\tan\theta')-R(\sin\theta\tan\theta+\sin\theta'\tan\theta') \tag{2-7}$$

第 i 辊下缘到接触点 J 的高度差为

$$c_1=R(1-\cos\theta) \tag{2-8}$$

第 $i-1$ 辊上缘到接触点 J' 的高度差为

$$c_3=R(1-\cos\theta') \tag{2-9}$$

第 i 与第 $i-1$ 辊重叠量以及第 $i+1$ 与第 $i+2$ 辊重叠量分别为

$$\begin{aligned}c=c_1+c_2+c_3=\frac{t}{2}\ (\tan\theta+\tan\theta')+\\ R(2-\cos\theta-\cos\theta'-\sin\theta\tan\theta-\sin\theta'\tan\theta')\end{aligned} \tag{2-10}$$

$$C'=\frac{t}{2}\ (\tan\theta+\tan\theta'')+R(2-\cos\theta-\cos\theta''-\sin\theta\tan\theta-\sin\theta''tan\theta'') \tag{2-10a}$$

当工件厚度为 H 时，辊间的压下量为 f，则

$$f=c-H \tag{2-11}$$

在具体设定辊缝时，还要考虑压下系统部件的间隙。

第五个优点是双交错辊系具有矫直黏弹性金属的能力。图 2-5 中的等曲率区 JJ'' 的长度为 $JJ''=s+a_1+a_1'=s+R(\sin\theta+\sin\theta'')$，而 $\theta''=\arcsin$

$\left[\dfrac{s}{2(\rho''-R)}\right]$，故

$$JJ''=s+R\left\{\sin\left(\arcsin\frac{s}{2(\rho-R)}\right)+\sin\left[\arcsin\frac{s}{2(\rho''-R)}\right]\right\} \tag{2-12}$$

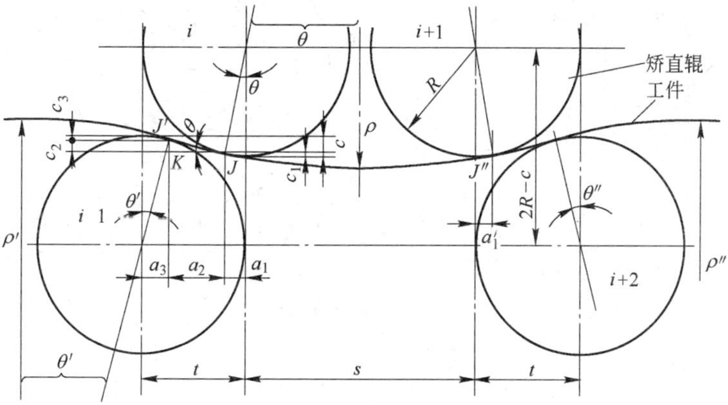

图 2-5 双交错辊系的压下量模型

JJ''的长度是有限的，但比起瞬间而过的弯矩高峰却要长很多倍。这样可以明显改善变形滞后的缺点，从而降低矫直力，改善矫直效果。

双交错辊系在性能上的优越性为其走向工业应用提供了广阔空间。为了早日为工业生产服务，还要解决条材头部在压弯量偏大时可能产生对下一辊面的顶撞问题，为此可采用斜面挡板对工件头部进行导向，以保证矫直工作的顺利进行，如图 2-4 中所采用的挡板，这种挡板在入口的前 3 ~4 次压弯过程中的作用比较重要。

由于双交错辊系在轴向矫直即侧弯矫直的过程中可以发挥良好的矫直能力，所以双交错辊系的轴向调整要有所改进，既要方便省力又要稳定可靠。如图 2-6 所示，这种调整装置是在过去已有的带凸缘矫直辊 1 与月牙形缺口螺母 4 相结合的基础上增加两块角形楔板 2。在角形楔板未压紧之前螺母 4 可以自由转动并可带动矫直辊 1 左右移位以改变轴向压弯量。当压弯量调好之后按刻度尺 7 的指示位置用螺栓 3 压紧楔板 2 将矫直辊 1 与螺母 4 紧紧连成一体，既不能单独移动，也不能单独转动，轴向的孔型位置得到了保证。当

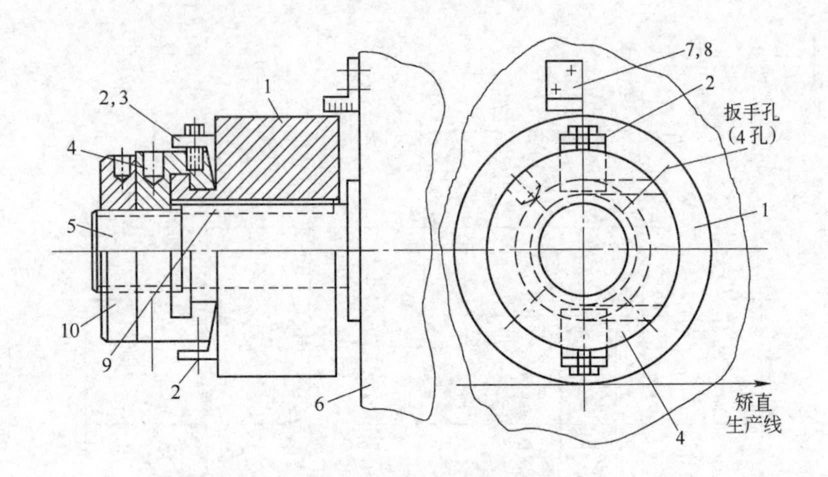

图2-6 轴向调整机构

1—矫直辊（凸缘形）；2—角形楔板；3—螺栓；4—缺口螺母（月牙形）；5—辊轴；6—矫直机架；7—轴向位置刻度尺；8—螺栓；9—键；10—背帽

辊轴与螺母间螺纹受到磨损之后，工作时轴向窜移的间隙增大，甚至影响到轴向矫直精度时可以用背帽10来锁紧以防轴向窜动。作者相信在生产实践中会出现更好的轴向调整方法，使双交错的轴向调整这一新装置得到不断改进。

双交错辊系矫直机的设计研制，还需要解决结构参数的计算和力能参数的计算，以及工艺参数的确定方法等问题。

2.2 双交错辊系矫直机结构参数计算

双交错辊系矫直机的主要结构参数包括辊径、辊距与辊数。过去的单交错辊系矫直机的辊距与辊径在结构上互相制约，其辊距只能大于辊径而不能小于辊径，如图2-1中的$p>D$。而辊径要受到辊轴强度的制约，又要受到压弯曲率的约束，既不能太小也不能太大。辊数则取决于反弯次数的需要。而双交错辊系的辊距在同列中仍受辊径限制，在异列间不再受辊径限制，如图2-3中的t值不受D的限制。这就表明条材头尾的空矫区可以减小，但要受矫直力的限制。如式2-1所示，最大矫直力为$F=2M/t$，t值减小必使F值增大，F值增大之后辊面的接触应力增大，为使辊面不受接触应力的损害，须限制其接触应力 p_0 不超过最大值($2\sigma_s$)。

$$p_0=0.418\sqrt{FE/(RB)}=0.59\sqrt{ME/(RBt)} \qquad (2\text{-}13)$$

式中,E 为矫直辊的弹性模数；R 为辊半径；B 为工件宽度。为了确定 R 与 t 间的关系，可以从单交错辊系与双交错辊系受力相等的条件出发，两者最大矫直力分别为 $F=2M/t$ 及 $F'=8M/p$。当 $F=F'$时，$t=p/4$。这个结果表明，双交错辊系的空矫区比单交错辊系缩短一半。如按前面已经讨论过的条材头尾弯曲挠度可与空矫区长度的三次方成正比，则双交错辊系矫直后的条材头尾的矫直质量可提高 7 倍左右，矫直效果的改善是十分明显的。

为了进一步探讨双交错辊系的矫直辊直径与条材的尺寸及材质之间的关系，可按常见的矩形条材来考虑，取其弯矩为 $M_t=BH^2\sigma t/6$，$E=206000\text{MPa}$，$p=1.2D=2.4R$，以及矫直辊的最大接触应力 $p_0=2\sigma_s$ 代入到式 2-13 中，并用μ 值代表辊子弹性极限强度 σ_s 与工件弹性极限强度 σ_t 之比值，即将$\mu=\sigma_s/\sigma_t$ 的关系(μ 可称之为优越系数)代入到式2-13 中，可得 $D/H=141.15/(\mu\sigma_s)^{1/2}$。再将 D/H 命名为单位厚度的工件所需之矫直辊径，并用 d_H代表时可得出

$$d_H=141.15/\sqrt{\mu\sigma_s} \qquad (2\text{-}14)$$

若按一般矫直辊材质优于工件材质的优越系数 $\mu=1.5$ 来计算，则

$$d_H=115.25/\sqrt{\sigma_s} \qquad (2\text{-}15)$$

当工件厚度为 H 时,辊径为

$$D=d_H H \qquad (2\text{-}16)$$

这个辊径值为最小值,而辊径的最大值仍按反弯矫直的可能性来确定，即按文献［1］中式3-6 来计算，其最大的单位厚度所对应的辊径值为

$$d_{H(\max)}=51500/\sigma_t \qquad (2\text{-}17)$$

于是可按式2-15 与式 2-17 作出两条 $d_H-\sigma_t(\sigma_s)$ 曲线示于图2-7。图中曲线Ⅰ代表式 2-17，曲线Ⅱ代表式 2-15。这两个公式中的 σ_t 或 σ_s 代表矫直辊和工件两种材质，但是由于工件材质强度越高越不好

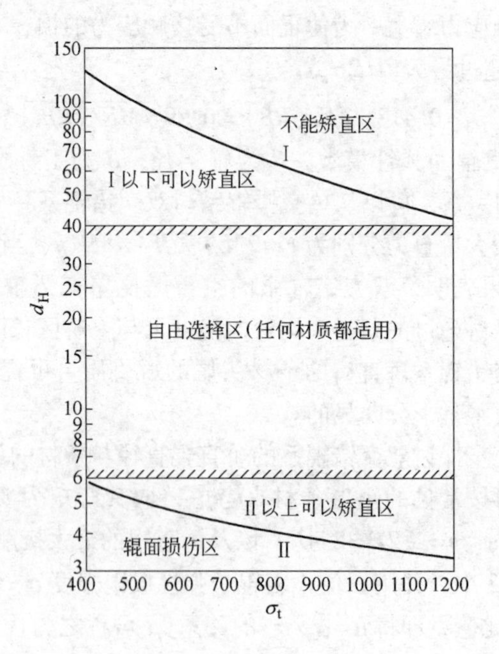

图2-7 d_H与$\sigma_t(\sigma_s)$关系曲线

矫直，即所需辊径越小，故上述两条曲线皆用高强度来计算是更为可靠的。

辊径确定之后，同行辊距 s 为

$$s=1.2D \tag{2-18}$$

异行辊距 t 为

$$t=s/4=0.3D \tag{2-19}$$

上述公式的前提都来源于双交错辊系矫直力与单交错辊系矫直力相等的原则,不过这种原则并不是绝对不变的，当条材断面尺寸较大、头尾弯曲很小时，适当加大 t 值是可以的，加大 t 值之后矫直力可以变小，结构尺寸可以减小，动力消耗也可以减小。这里推荐的 t 值为

$$\left.\begin{aligned} &t=(0.3\sim0.5)D \\ \text{或}\quad &t=(0.25\sim0.42)s \end{aligned}\right\} \tag{2-20}$$

双交错辊系的辊数，如图 2-4 所示，大中型材用 12 辊，中小型材可用 14 辊。

在薄板材矫直工作中没有必要采用双交错辊系矫直机，既没有轴向调整的必要，也没有缩小空矫区的要求。但在中厚板矫直机上不仅有缩小空矫区的要求，也有用变辊位方法扩大矫直机适用范围的重要意义。

双交错辊系型材矫直机的机架结构应以悬臂式结构为主，因为矫直范围扩大，换辊次数增多，换辊的方便性更为重要。所以除板材矫直机之外，尽量采用悬臂式结构。

双交错辊系矫直机的压下装置同单交错辊系一样皆采用单独压下，可以手动压下，也可以机械压下。压下装置改为压上装置时，也是一样，以上辊为基准，下辊单独压上。越是大型矫直机越应该采用压上式结构，不仅可以省略繁重复杂的上辊平衡装置，还可消除前后轴承支撑力因方向相反所造成的孔型摆动，并且可以提高压弯量的精度。由于在机架上部取消了压下装置，也为换辊及调整工作提供了更为宽绰的空间。

2.3 双交错辊系矫直机的力能参数计算

在前面 2.1 节中为了说明双交错辊系的特点，对矫直力进行过计算与对比。现在结合图 2-4 所示的典型辊系可以按最大弯矩 M 算出（与式2-1 相同）矫直力为

$$F_1 = F_2 = F_{11} = F_{12} = M/t$$

$$F_3 = F_4 = F_5 = F_6 = F_7 = F_8 = F_9 = F_{10} = 2M/t$$

这种计算结果都是各辊的最大矫直力，可以避免过载破坏。它们的合成矫直力为

$$F_{\Sigma} = F_1 + F_2 + \cdots + F_{11} + F_{12} = 4 \times M/t + 8 \times 2M/t = 20M/t \qquad (2\text{-}21)$$

这种双交错辊系相当于单交错辊系的7辊矫直机。7 辊矫直机的矫直力为 $F'_1 = 2M/p$，$F'_2 = 6M/p$，$F'_3 = F'_4 = F'_5 = 8M/p$，$F'_6 = 6M/p$，$F'_7 = 2M/p$。其合成矫直力为 $F'_{\Sigma} = 40M/p$。

当 $p = 2t$ 时，$F_{\Sigma} = 20M/t$，总受力相同，空矫区为 $t = p/2$，没有缩短。双交错辊系的主要优越性没有发挥出来。

当 $p = 4t$ 时，$F'_{\Sigma} = 10M/t$，可见 $F_{\Sigma} = 2F'_{\Sigma}$，即双交错辊系的矫直

力增大一倍。由于 $t=p/4$，空矫区也缩短一半。双交错辊系的主要优点得以发挥。此时矫直辊的最大矫直力为 $F'_3=8M/(4t)=2M/t=F_3$，没有改变，在结构强度上安全可行。

双交错辊系的轴向矫直力与式 2-4 相同，即 $Q_1=Q_{11}=M'(s+t)$，$Q_3=Q_9=3M'(s+t)$，$Q_5=Q_7=4M'(s+t)$。其合成轴向力为

$$Q_{\Sigma}=2Q_1+2Q_3+2Q_5=2(Q_1+Q_3+Q_5)$$

即

$$Q_{\Sigma}=16M'/(s+t) \tag{2-22}$$

变辊位矫直时的矫直力计算同式2-2 的方法，即 $F'_2=F'_{12}=M''/(s+t)$，$F'_4=F'_{10}=3M''/(s+t)$，$F'_8=F'_6=4M''/(s+t)$。其合成矫直力为

$$F'_{\Sigma}=2(F'_2+F'_4+F'_6)=16M''/(s+t) \tag{2-23}$$

上述三种矫直力对比之后取其中最大值用于功率计算、轴承选择和结构强度的验算。

为了计算驱动功率首先要明确矫直速度。根据生产需求给定矫直速度 v 后，需折算成矫直辊的转速 n_g。根据矫直力选定轴承后可知轴承内径 d_z，并可查知轴承的摩擦系数 μ_1。一般可按径向与轴向同时压弯时来计算最大驱动功率。首先要计算轴承摩擦功率，并需把矫直力换算成轴承压力。当悬臂式结构的前后轴承间距离为 b，前轴承到矫直力作用点间距离为 a（参看图 2-8），矫直力为 F 时，前轴承力为 F_a，后轴承力为 F_b，它们之间的关系为：$F_a=F(a+b)/b$，$F_b=Fa/b$。当总合径向矫直力为 F_{Σ} 时，前轴承的总合轴承力为

$$F_{a\Sigma}=F_{\Sigma}(a+b)/b \tag{2-24}$$

后轴承的总合压力为

$$F_{b\Sigma}=F_{\Sigma}a/b \tag{2-25}$$

总合轴向矫直力为 Q_{Σ} 时，止推轴承的总合压力仍为 Q_{Σ}，则轴承摩擦功率为：$N_1=\mu_1F_{a\Sigma}\pi d_z n_g/60+\mu'_1F_{b\Sigma}\pi d'_z n_g/60+\mu''_1Q_{\Sigma}\pi d''_z n_g/60$。可改写为

$$N_1=(\mu_1F_{a\Sigma}d_z+\mu'_1F_{b\Sigma}d'_z+\mu''_1Q_{\Sigma}d''_z)\pi n_g/60 \tag{2-26}$$

式中，μ_1、μ'_1、μ''_1分别为前径向轴承、后径向轴承及止推轴承的摩擦系数；d_z、d'_z、d''_z分别为前后径向轴承及止推轴承的内径；n_g 为辊子转速。

工件与辊面的滚动摩擦功率为

$$N_2=fF_{\Sigma}\pi n_g/30 \tag{2-27}$$

式中，f 为工件与辊面间滚动摩擦系数。

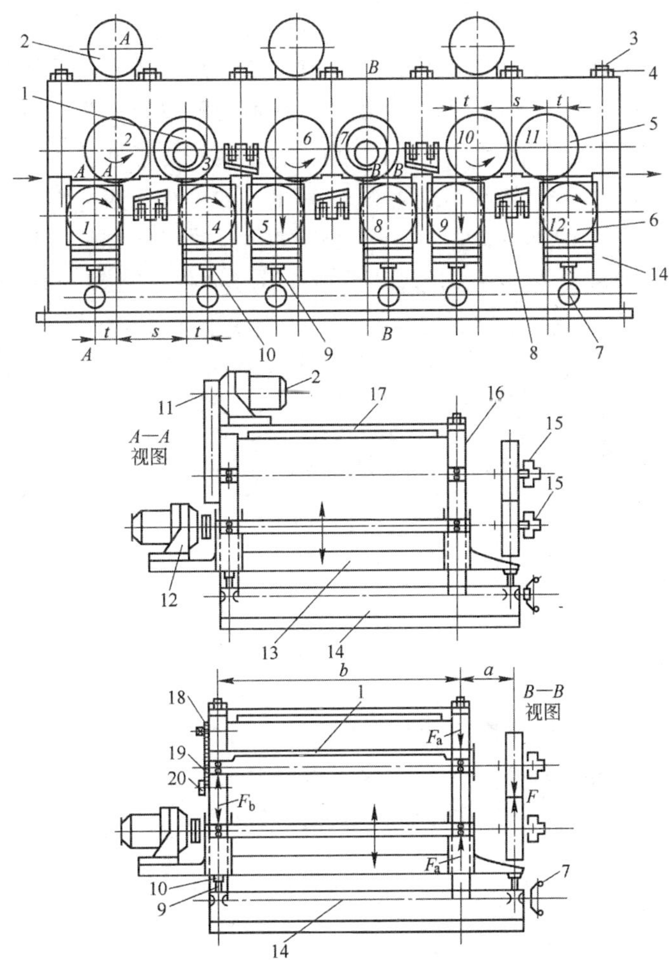

图2-8 压上式12辊双交错辊系矫直机结构示意图

1—偏心套；2—上辊驱动电机；3—拉力杆；4—预紧螺母；5—上辊；6—下辊；7—压上手轮；8—导向板；9—压上螺杆；10—垫块；11—传动箱；12—下辊驱动电机；13—下辊升降座；14—机底座；15—轴向调节螺母；16—上机架；17—上横梁；18—调节偏心套齿轮；19—偏心齿轮；20—压紧块

工件与辊面的滑动摩擦功率为

$$N_3 = \mu_C Q_\Sigma \pi D_C n_g / 60 \tag{2-28}$$

式中，μ_C 为工件与矫直辊孔型侧面的摩擦系数；D_C为矫直辊孔型侧面最大与最小直径差。

工件在反弯矫直过程中因塑性变形所消耗的功率为

$$N_4 = I u_t \bar{u}_J v \tag{2-29}$$

式中,I 为弯曲次数，在双交错辊系中，当辊数为 J 时，弯曲次数为 $I=(J-2)/2$；u_t 为弹性极限变形能，一些典型断面的 u_t 值计算式列于表 2-1 中(参看文献[1] 之表 1-3)；$\bar{u}_J$ 为单位长度工件在某一弯曲程度(某一 ζ 值)时的塑性弯曲耗能比,其平均取值列于表 2-1 中，一般计算时可以采用此平均值。在 N_4 的计算中未将径向方位的弯曲与轴向方位的弯曲分开，其原因是两个相位的弯曲可以合成为单一的倾斜相位的弯曲。只要适当加大弯度，即 ζ 值取小一些，便可一次算出。而且双交错辊系的径向压弯次数与轴向压弯次数基本一致，因此更没有必要进行两次计算。

表 2-1 典型断面的 u_t、$\bar{u}_J$ 值计算式

断面特征	u_t	$\bar{u}_J$	$\bar{u}_J$平均值
矩形（宽 $B\times$高 H）	$BH\sigma_t^2/(6E)$	$(1-\zeta)^2\left[\dfrac{6}{\zeta}+\left(\dfrac{3}{\zeta}-\zeta\right)(2+\zeta)\right]/4$	$\zeta=0.5$ 时 1.5
菱形（高 H）	$H^2\sigma_t^2/(24E)$	$(1+\zeta)(1-\zeta)^3[1+(1-\zeta)^2]/\zeta$	$\zeta=0.32$ 时 1.9
六角（高 H）	$H^2\sigma_t^2/(8.3E)$	$(1-\zeta)^2\left(\dfrac{80}{\zeta}-6-28\zeta-3\zeta^2+6\zeta^3-\zeta^4\right)/25$	$\zeta=0.46$ 时 1.8

注：其他断面皆可按$\bar{u}_J=1.5$ 计算。

矫直总功率为

$$N_\Sigma = N_1 + N_2 + N_3 + N_4 \tag{2-30}$$

矫直机电机驱动功率为

$$N = N_\Sigma / \eta \tag{2-31}$$

式中,η 为传动效率，一般情况下，$\eta \approx 0.8$。

2.4 双交错辊系矫直机的工艺参数计算与调整方法

双交错辊系矫直机的工艺参数除了矫直速度和压下(上)量之外还包括辊位及辊数的改变,以及矫直生产线高度的调整，参看图 2-8，图中给出的压上式 12 辊矫直机结构示意图是比较典型的结构原理图。矫直机的工艺调整必须与结构特点相适应，双交错辊系最适用于压上式调整方法。为了避免负转矩的产生，各辊尽量采取软特性的单辊驱动；为了变辊位的操作方便，各变位辊尽量采用随动方式，因此图 2-8 中第 3、5、7、9 及 11 辊为随动辊。变辊位时第 3 及 7 辊依靠偏心套的转动来退出工作状态。其偏心量为 $e=5\text{mm}$ 左右，第 5 及 9 辊依靠压上螺杆的旋转来取消压弯量。所谓退出工作状态或取消压弯量都可以在接触状态下以轻微压力对工件进行导向性运行。双交错矫直辊的压弯量可以按前面说明的图 2-5 所示的方法进行初算，并在实践中加以修正。矫直速度应该是可调的，不仅可以低速试车，也可在品种改变时相应地改变矫直速度。由于双交错辊系的矫直能力范围可以扩大到 12.5 倍，其矫直速度的调整范围也应有相应的扩大。由于最大辊距增大，即由 s 增加到 $s+2t\approx6t$ 左右，在矫直细材时，料头容易顶撞矫直辊面，为了防止咬入时顶撞的可能性，在大辊距之间增加了导向板装置，如图 2-8 中 8 所示，它在连续工作中并不与工件接触，不消耗动力。轴向辊位的调整方法同图 2-6 中所示方法一致。大型双交错辊系矫直机的压上机构除连接手轮之外还要与电机驱动相连接。

双交错辊系矫直机除了前面提到的可以减小空矫区、扩大加工范围、矫直侧弯、减轻扭曲之外，还可以在工件头尾的原始弯曲并不严重的条件下，采用变辊位的矫直法来矫直各种尺寸的工件。并能减小矫直力，几乎可以成倍地减少动力消耗。可见双交错辊系矫直机蕴藏着很大的优越性，需要在生产中去不断开发。

双交错辊系矫直机推荐采用压上式的结构也带来一个新的麻烦，就是生产线的高度要随工件的高度改变而变化。因此要求矫直机上辊的高度可以改变，但上辊与机架之间的相对位置不能改变，所以需要整个机架能够随工件高度变化而升降。虽然采用现代的液压升降及锁紧方法在技术上并无困难，但在结构上增加了复杂性。在离线生产的矫直机上也可采用升降辊道来适应工件高度的变化。

2.5 双交错辊系的简化方案

双交错辊系矫直机具有优良的矫直性能及宽广的适应能力，各辊的受力并不增加，而其空矫区却可成倍缩短。但是它的缺点是辊数偏多，矫直功率偏大。当结合现场实际情况进行设计时，往往可以发现生产现场工件的弯曲程度是有某种规律性的，如锯切的轧材头部及尾部的弯曲没有马蹄弯，用不着反复多次反弯就能矫直，这时可以把辊系中央双交错辊组简化为单双交错辊组，把原来的12个辊子减少为9个辊子同样可以完成全长矫直的质量要求，如图2-9所示。图2-9a为12辊双交错辊系，其辊数为12个，空矫区长度为t，等曲率区长度为s，辊距为p。为了进行对比，假设各压弯点的弯矩相同皆为M，辊径$D=2.5t$，$s=3t$，$p=5t$。先按双交错辊系可写出其矫直力分别为

$$\left.\begin{aligned}&F_1=M/t,\ F_2=F_1,\ F_3=2F_1,\ F_4=2F_1\\&F_{12}=F_1,\ F_{11}=F_1,\ F_{10}=2F_1,\ F_9=2F_1\\&F_5=F_6=F_7=F_8=2F_1\end{aligned}\right\}\qquad(2\text{-}32)$$

总矫直力为

$$F_\Sigma=20F_1=20M/t\qquad(2\text{-}33)$$

将图2-9a所示辊系简化为图2-9b所示辊系后，条材的头部经第2辊压弯，经第3及第4辊反向压弯，经第6及第7辊再反向压弯，经第8及第9辊第四次反弯，而且是递减反弯，矫直效果是可靠的。条材尾部同样经过上述四次反弯，同样可以达到矫直目的。余下的问题是侧弯矫直问题。图2-9b所示辊系的侧向或轴向有效压弯为两次，第一次是在第1及第2辊系夹住条材之后由第3及第4辊将条材向里或向外压弯；第二次是第6及第7辊将条材向前两辊的相反方向压弯，在轴向形成S形的压弯状态。这种压弯对于原始侧弯比较简单的条材是具有矫直作用的。因为矫直辊在径向的压弯是反复进行5次，每次径向压弯对其正交相位上的纵向纤维都有一次反复弯曲过程，对于较为简单的原始弯曲肯定有矫直作用。这种辊系的矫直力为

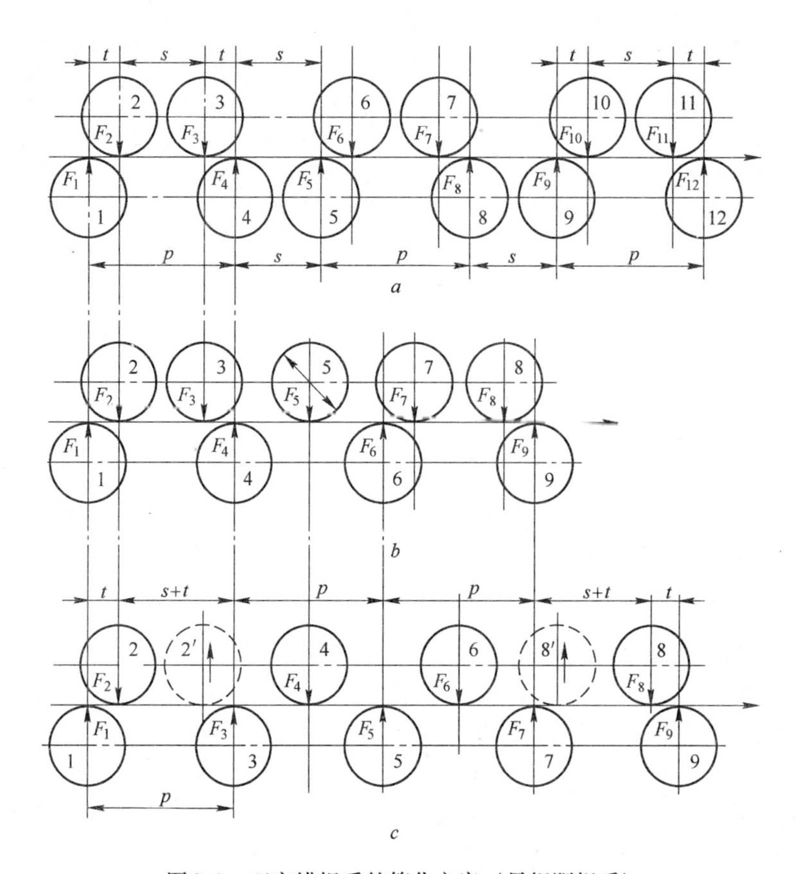

图2-9 双交错辊系的简化方案（异辊距辊系）

$$\left.\begin{array}{l} F_1=M/t,\ F_2=F_1,\ F_3=2F_1,\ F_4=2.8F_1 \\ F_9=F_1,\ F_8=F_1,\ F_7=2F_1,\ F_6=2.8F_1 \\ F_5=1.6F_1 \end{array}\right\} \tag{2-34}$$

总矫直力为

$$F_\Sigma=15.2F_1=15.2M/t \tag{2-35}$$

与图2-9a对比在矫直效果相同的情况下矫直力可以减小24%。

为了探索双交错矫直辊系的进一步简化，作者与阜新冶金备件厂合作研发了一台9辊式异辊距矫直机，其辊系示于图2-9c。当辊子2′及8′退出工作状态后它相当于双交错变辊位之后的图2-4c，主要通过这台矫直机来观察双交错辊系简化到最简单的程度，已经变成单交错异辊距矫直机所能达到的矫直质量水平，而且在人们对双交错辊系尚未认可之前，用这种单交错辊系来进行方钢矫直，比较容易接受，比较适应已有的操作习惯。

这种最简单的已经演变成为单交错异辊距的矫直辊系在各种参数不变的条件下，其矫直力为

$$\left.\begin{array}{l} F_1 = M/t,\ F_2 = 1.5F_1,\ F_3 = 1.3F_1 \\ F_4 = 1.6F_1,\ F_5 = 1.6F_1 \\ F_9 = F_1,\ F_8 = 1.5F_1,\ F_7 = 1.3F_1 \\ F_6 = 1.6F_1 \end{array}\right\} \tag{2-36}$$

总矫直力为

$$F_{\Sigma} = 12.4M/t \tag{2-37}$$

这种结果与图2-9*a* 所示辊系相比可节约矫直力 38%，与图 2-9*b* 所示辊系相比可节约矫直力 18.4%，也就等于节约动力 38% 和 18.4%。图 2-9*c* 所示辊系对侧弯的矫直能力不如前两种，但大型材的侧弯常常为单一方向，利用中央 5 个辊一起向某一方向进行轴向压弯(使条材产生 C 形弯曲)，再经过 6 次径向反复压弯，也可能得到很好的矫直效果。实践证明，这种最简单的异辊距矫直机在生产中取得了很好的成绩，用户十分满意，操作人员感到这台矫直机比过去等辊距的矫直机好得多，矫直质量易于保证。通过这个实践考察，可以肯定今后用图 2-9*b*所示辊系作为简化的双交错辊系来取代旧的单交错辊系矫直机，会在生产中得到很好的发展。当型材断面较细时可在第 4 与第 6 辊中间增加 2 辊达到 11 辊时，可以进行足够的轴向反弯。因此可以说今后发展 9 ~11 辊的简化双交错辊系(或称混合辊系)矫直机可能占据优势。今天可以预见单纯一种辊系的平行辊矫直机的时代快要终结了。今后的平行辊矫直机应该包括：(1) 双交错辊系 12 辊矫直机（图 2-9*a*）用于中小型材矫直，可用变辊位方法扩大矫直范围（见图 2-8）。(2) 混合辊系 9 辊矫直机（图 2-9*b*）用于大型材矫直，也可用变辊位法（第 3 及第 7 辊位）扩大矫直范围。(3) 混合辊系 11 辊矫直机（图 2-9*c*）用以代替 12 辊矫直机，可以改变第 2′及第 8′辊位来扩大矫直范围。今后无论是弹性孔型矫直机、扁钢矫直机还是其他矫直机最好都按上述三种类型来考虑研制。

最后还须提到在一台矫直机上同时完成径向和轴向两种压弯的工作方式一直存在着孔型侧面磨损过快影响孔型寿命的问题。尤其在轴向力增大条件下，孔型侧壁各种半径的圆周速度皆不相同，它与工件侧面的相对滑动是无法避免的，侧向磨损也是无法避免的，轴向压力越大磨损的速度越快。为了减少这种磨损，减少轴向调整的工作量，简化轴向调整机构，减少能耗，应当尽量在一台矫直机上只完成径向压弯矫直，在另一台矫直机仍用径向压弯法来完成轴向压弯矫直，类似过去的平立辊矫直机组。不过过去的平立辊矫直机组内平矫辊系的辊轴垂直于地面，其驱动与传动装置皆在地下，其安装、调整与维护都不方便；前后辊组的孔型对止也较麻烦；立轴的全部重量都压在导轨上，调整费力，磨损较大。所以作者提倡把立矫与平矫用的两台矫直机分开，并把矫直辊都作成垂直压下(上)式，辊轴都采用水平结构。在两台矫直机之间设置一台翻钢机(转架式)可以对工件进行90°的翻转。两台矫直机的间距不小于最长工件的长度，当厂房长度不够时可采用往复式工作方式。

2.6 双交错辊系的改进方案

在前面介绍的双交错辊系的简化方案中主要是为了减少辊数又能缩小空矫区而采取的措施。不过在缩小空矫区方面其效果受限制，很难充分发挥双交错辊系的优越性。现在需要从更多的方面来研讨双交错辊系的优越性。

(1)双交错辊系与单交错辊系的对比。双交错辊系为平行辊矫直机扩大了发展空间，不仅在缩小空矫区方面找到新出路，使平行辊矫直机也获得了全长矫直能力，同时在等曲率反弯、等强度结构设计，以及辊系重组、扩大矫直能力等方面都表现出独特的优势。为了在力学特性、几何特性和矫直性能等方面进一步了解双交错辊系的优越性，需要进行一些对比分析。为此需要设定条材的断面高度为 H，条材的矫直弯矩为 M，同排辊间距离为 p 或 s，异排辊间距离为 t 或 t'，参看图2-10，在一般条件下可设定 $p=s$，$t=p/2$，$t'=t$，各辊的矫直弯矩都是 M。于是可以算出两种辊系矫直力及各辊矫直力的总合（$F\Sigma$）列于表2-2。

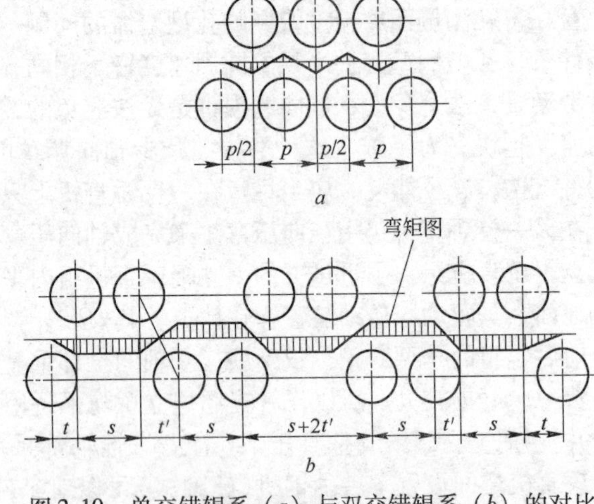

图 2-10 单交错辊系（a）与双交错辊系（b）的对比

表 2-2 两种辊系矫直力及各辊矫直力的总合

各辊矫直力	F_1	F_2	F_3	F_4	F_5	F_6	F_7	F_8	F_9	F_{10}	F_{11}	F_{12}	F_Σ
单交错辊系（M不变）	$\frac{2M}{p}$	$3F_1$	$4F_1$	$4F_1$	$4F_1$	$3F_1$	F_1	—	—	—	—	—	$20F_1 = 40M/p$
双交错辊系（M不变）	$\frac{2M}{p}$	F_1	$2F_1$	$2F_1$	$2F_1$	$2F_1$	$2F_1$	$2F_1$	$2F_1$	$2F_1$	$2F_1$	F_1	$20F_1 = 40M/p$
双交错辊系（$M'=2M$）	$\frac{2M'}{p}$（$2F_1$）	$2F_1$	$4F_1$	$4F_1$	$4F_1$	$4F_1$	$4F_1$	$4F_1$	$4F_1$	$4F_1$	$4F_1$	$2F_1$	$40F_1 = 80M/p$

由表 2-2 中看出，在矫直同一条材时两种辊系的矫直力总合相同，故其动力消耗也基本相同。但是双交错辊系的辊数却增加了 5 个，即增加 41.7%，在投资上及占地面积上都是不利的。但是最大矫直力却是减小了，由 $4F_1$ 减小到 $2F_1$，减小 50%。这说明辊径可以减小，总体结构都可以减小，结果机器的总重量可能略有增加，不会造成较大浪费。不过从最大矫直力减小 50% 来看，表明双交错辊系可以矫直大断面条材，可以矫到弯矩 $M' = 2M$ 的条材，如表 2-2 所示，最大矫直力可以达到 $4F_1$，可以充分发挥机器的矫直能力。这样

利用的结果表明，用一台辊径不变、辊数增加41.7%的矫直机可以矫直弯矩增大100%的条材，这是第一个优越性的显露。第二个优越性是空矫区的缩短，这就需要从矫直弯矩的增大来说明。在M不变条件下所需之辊矩为p，而在辊式矫直机上p要随M增大而增大。M增大一倍，辊距也要相应增大一倍，即$M'=2M$，$p'=2p$，于是空矫区t也要增大，由$t=p/2$增大为$t'=p'/2=2p/2=p$。但是在这台双交错辊系内仍然用$t=t'/2$的空矫区完成矫直任务，即空矫区缩短了50%，结果条材头尾的矫直质量可以提高到$(1/2)^2=1/4$的残留弯度。假设单交错辊系可以矫直到1.5mm/m的残留弯度，现在双交错辊系便可以矫直到1.5/4=0.375mm/m的质量水平，这是一个十分显著的提高。以上两大优点是人们不容易看清的两大潜在优势，只有从对比中才能看清。

（2）等压力双交错辊系的讨论。双交错辊系是一种易于改进的辊系，并可以显示出更多的优点。比如对图2-10*b*所示辊系中异排辊间距离加以改变，使$t=s/8$及$t'=s/4$，则新改进辊系的矫直力在条材不变的条件下，各辊的矫直力可以变得完全相等。我们把这种结构的辊系称之为等压力双交错辊系。其矫直力示于表2-3中（表中$p=s$）。

表2-3　等压力双交错辊系矫直力

矫直力	F_1	F_2	F_3	F_4	F_5	F_6	F_7	F_8	F_9	F_{10}	F_{11}	F_{12}	F_Σ
等辊距双交错辊系	$\frac{2M'}{p}$	F_1	$2F_1$	$2F_1$	$2F_1$	$2F_1$	$2F_1$	$2F_1$	$2F_1$	$2F_1$	F_1	F_1	$20F_1=40M'/p$
等压力双交错辊系	$\frac{4M'}{p}$ $(2F_1)$	$2F_1$	$2F_1$	$2F_1$	$2F_1$	$2F_1$	$2F_1$	$2F_1$	$2F_1$	$2F_1$	$2F_1$	$2F_1$	$24F_1=48M'/p$

由表2-3中看出等压力双交错辊系的最大矫直力并无增加，只有总矫直力增加$8M'/p$，即增加20%。但是空矫区由$p/2$缩小到$p/4$，在出入口处空矫区缩小到$p/8$。如果单交错辊系可以达到1.5mm/m的矫后弯度，新辊系便可达到0.375～0.094mm/m的矫后弯度，这是极高的质量水平。等压力双交错辊系不仅可以达到极高的矫直质量，还可以充分发挥各辊的矫直能力，没有浪费结构性能，充分利用了结构空间。这些成果比起能耗增加20%的付出是一本万利的。等压力双交错辊系比较突出地显示了双交错辊系的优越性。第一它可以

在高速矫直状态下保持质量的稳定，等曲率区保证了塑性变形的充分实现；第二是使空矫区得到最大限度的缩短；第三是使矫直机结构得到最大限度的缩小。

(3) 双交错辊系重组效果的讨论。在等辊距的双交错辊系中把辊间空白处都用矫直辊来填补充实之后就会变成单交错辊系，参看图2-11中 a 及 b。这种变辊系矫直技术在操作上是很简便的。先按多辊矫直的单交错辊系研制一台矫直机，当需要矫直大断面条材时，矫直能力已经不够。此时便可将工作辊数减少，借换辊之机将第3、6、9及12等辊换成小直径的导向辊，它们不参加矫直工作，只参与导向工作，结果便可形成图2-11b 所示的双交错辊系。在保证各辊最大矫直力不变条件下，双交错辊系用于矫直条材的最大弯矩可以增加一倍，即前节所提出的 $M' = 2M$。此时两种辊系各辊矫直力列于表2-4。

表2-4中单交错辊系的辊数在型材矫直中最多采用9辊式，故其矫直力总和变为 $F_{\Sigma} = 28F_1 = 28M/t$。为了提高小型材的矫直质量可以采用10辊式矫直机（其余4辊不参与矫直工作），则其 $F_{\Sigma} = 32F_1 = 32M/t$。当矫直大断面型材 $M' = 2M$ 时，$F_{\Sigma} = 16M'/t = 32M/t$，矫直力不变，各辊的负担也未加重。这样重组辊系可矫直能力提高一倍；而且空矫区仍然为 t，这就等于提高矫直质量可达 $3/4 = 75\%$。这两个优点同前面谈到的一样，很突出。

表2-4　两种辊系各辊矫直力

各辊矫直力		F_1	F_2	F_3	F_4	F_5	F_6	F_7	F_8	F_9	F_{10}	F_{11}	F_{12}	F_{13}	F_{14}	F_{Σ}
图2-11a所示辊系		M/t	$3F_1$	$4F_1$	$4F_1$	$4F_1$	$4F_1$	$4F_1$	$4F_1$	$4F_1$	$4F_1$	$4F_1$	$4F_1$	$3F_1$	F_1	$48F_1 = 48M/t$
图2-11b所示辊系	用 M 表示	$2F_1$	$3F_1$	—	$4F_1$	$4F_1$	—	$4F_1$	$4F_1$	—	$4F_1$	$4F_1$	—	$2F_1$	$2F_1$	$32F_1$
	用 M' 表示	$\frac{M'}{t}$	$\frac{M'}{t}$	—	$\frac{2M'}{t}$	$\frac{2M'}{t}$	—	$\frac{2M'}{t}$	$\frac{2M'}{t}$	—	$\frac{2M'}{t}$	$\frac{2M'}{t}$	—	$\frac{M'}{t}$	$\frac{M'}{t}$	$\frac{16M'}{t}$

如果把辊系进一步重组为图2-11c 所示的单交错辊系时又变成为大辊距（$3p$）的6辊式矫直机，将第2、3、5、6、8、9、11及12等8个辊子换成导向辊不参与矫直工作。此时可矫直的弯矩为 $M'' = 3M$，可以从表2-5所示的矫直力数字表中看到各辊最大矫直力仍未改变。

表 2-5 矫直力数字表

图2-11c所示辊系各辊矫直力	用F''表示	F''_1	F''_4	F''_7	F''_{10}	F''_{13}	F''_{14}	F''_{Σ}
	用M''表示	$\frac{M''}{3t}$	$\frac{M''}{t}$	$\frac{4M''}{3t}$	$\frac{4M''}{3t}$	$\frac{5M''}{3t}$	$\frac{M''}{t}$	$\frac{20M''}{3t}$
	用M表示	$\frac{M}{t}$	$\frac{3M}{t}$	$\frac{4M}{t}$	$\frac{4M}{t}$	$\frac{5M}{t}$	$\frac{3M}{t}$	$\frac{20M}{t}$

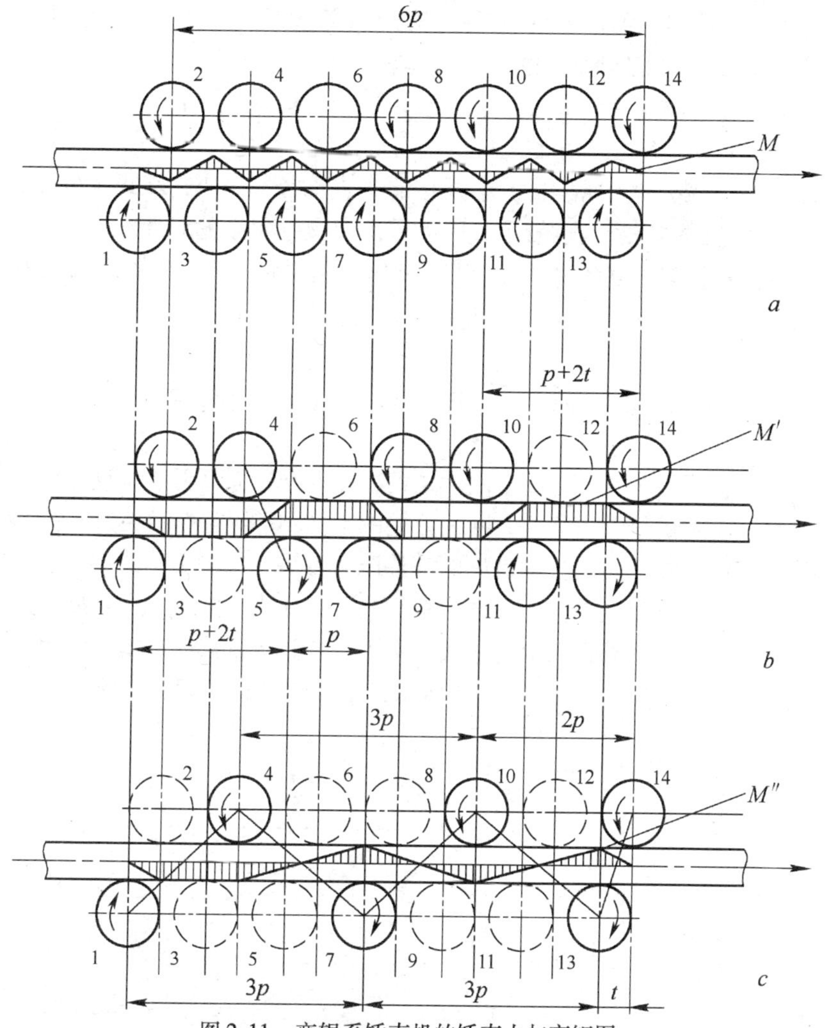

图 2-11 变辊系矫直机的矫直力与弯矩图

a—单交错辊系；b—双交错辊系；c—重组后的单交错辊系

唯有第13辊的矫直力比最大矫直力增大了四分之一。不过这种增大只是概念性增大，由于第13辊的压下量已经接近于纯弹性压弯，弯矩将减小20%～40%，所以第13辊的实际矫直力仍然不会超过最大矫直力。

现在可以肯定辊系经过两次重组之后矫直能力扩大了3倍。这种特性在一机多用的需求条件下可以满足生产要求。它要比变辊距矫直机简单很多，工作稳定性好很多，调整工作简化很多。

双交错辊系的一个缺点是反弯半径，即图2-5中的ρ值偏大，不适合矫直中等厚度以下的板材及小型材，而特别适合于矫直大型材及厚板材。其实矫直薄板材及小型材的矫直辊径都较小，辊距也较小，由此所造成的空矫区也较小，所以采用双交错辊系的必要性也很小，而双交错辊系正好解决了大中型辊式矫直机辊距偏大和空矫区偏大的问题。

2.7 弹性孔型矫直技术的新探索

过去矫直辊孔型都属于刚性结构，在复杂断面型材的矫直过程中孔型与型材的接触由于两者断面公差的不同不能保证全面接触，接触压力不能均匀分布，接触良好的部位压力过大，接触不到的部位可能没有压力，结果全断面的反弯只依靠局部的压力来实现，必然要造成局部压力过大或局部剪应力过大。不仅形成过大的残余应力，甚至可能形成断面的畸形。如图2-12所示，工字钢在上下辊缝中被压弯时

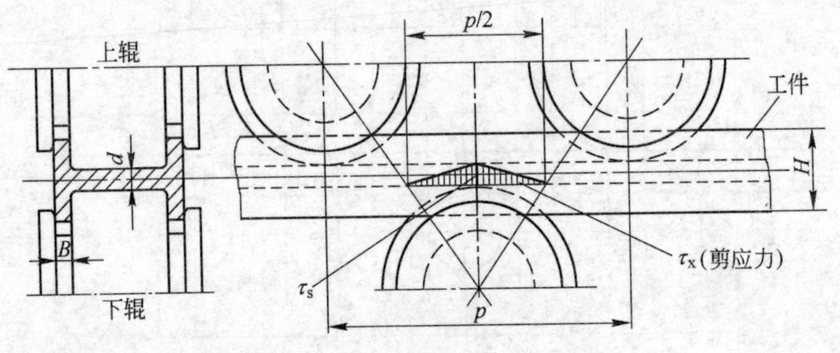

图2-12 工字钢受剪力拉弯缘板

主要依靠腹板压力产生反弯，结果在腹板与缘板的连接处产生很大的剪切力，有时可使工字钢内部受到损伤，往往在晶界缺陷处或钢内白点处造成内裂纹，从而形成隐患。图2-12中τ_s处最容易造成内伤。另外在两个上辊、中间及下辊的上部工字钢的两个缘板受弯曲力作用，上缘板被拉伸，下缘板被压缩，处在自由状态的缘板必然失稳，既可能向外倾斜，也可能向内倾斜。虽然在下辊的扇形槽内的部分缘板可以稳定一些，但其余部分的缘板都是不稳定的，形成向内或向外的倾斜状态。此外缘板的弯曲主要依靠缘板与腹板过渡处的剪应力所产生的拉力，当腹板厚度为d、辊距为p时，在半个辊距$p/2$内剪应力必然是三角形分布，其合成的剪应力为

$$T=\tau_s pd/4$$

一般材质的工字钢可采用$\tau_s=\sigma_s/2$，于是有

$$T=\sigma_s pd/8$$

缘板的高度为H、厚度为B时，其最大弯矩为$M_{max}=BH^2\sigma_s/4$，产生这种弯矩所需要的矫直辊压力为$F=8M_{max}/p=2BH^2\sigma_s/p$。上述的$T$力需要达到$F$力大小时才能矫直缘板，即$T=F$或$pd\sigma_s/8=2BH^2\sigma_s/p$，故得出

$$p=4H\sqrt{B/d} \tag{2-38}$$

此式反映出辊距大小完全与工件断面尺寸有关，而且是临界关系，辊距不能再小。例如矫直50号工字钢时，其$H=158$mm，$B=20$mm，$d=12$mm，算出$p=816$mm，即$p_{min}=816$mm。在生产中矫直50号工字钢的矫直机之辊距$p=1000$mm，这说明$p_{min}:p=816:1000=0.816$，即缘板与腹板过渡处的应力达到$0.816\sigma_s$，安全系数已经很小，仅有18.4%的余量，容易形成内伤。所以从缘板变形和过渡处内伤的角度来考虑，工字钢矫直辊孔型确实应该加以改进。文献[1]中已经提出弹性孔型的设想，现在用图2-13表示这种孔型的结构原理。工字钢的腹板压在刚性矫直辊上，工字钢缘板压在弹性轴承外环上。弹性轴承主要依靠空心的弹性滚柱在内外环之间受到压力后产生的弹性压扁来适应工字钢缘板因公差过大对弹性轴承产生的过大压力。因此要求弹性轴承内空心滚柱所产生的弹性压扁量要与矫直辊凸起高度h'与缘板腿高h之间的差距相等。当轴承外环受到压力为

F、轴承半径为 R(直径为 D)、每个空心滚柱所占弧长为 l、空心滚柱长度为 B、其壁厚为 δ、其外圆半径为 r 时，则每个空心滚柱的弹性压扁力为 $F_y=0.65B\delta^2\sigma_s/r$（参看图2-14）。空心滚柱压扁力在轴承直径方向上单位长度的均布压力为 $q=F_y/l$，则总压力为 $F=2Rq=2RF_y/l=2R\times0.65B\delta^2\sigma_s/(lr)$，即

$$F=1.3RB\delta^2\sigma_s/(lr) \tag{2-39}$$

每个空心滚柱的弹性压扁量(参看文献[3] 之4～154 页)为

$$b_y=0.149\frac{F_yr^3}{EI} \tag{2-40}$$

式中，E 为空心滚柱的弹性模数；I 为空心滚柱外皮横截面的惯性矩，即 $I=B\delta^3/12$，代入上式后可得

$$b_y=1.16\frac{r^2\sigma_s}{E\delta} \tag{2-41}$$

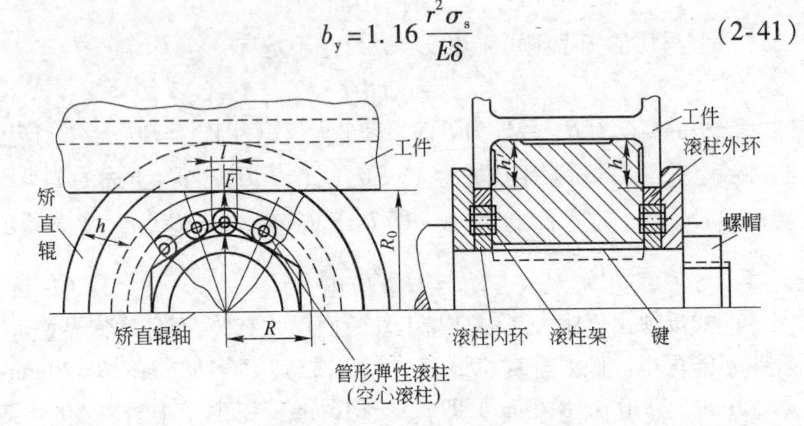

图2-13 工字钢矫直用弹性孔型及其空心滚柱轴承

如前所述，弹性孔型的压扁量应该与图 2-13 中 $h-h'$的绝对值相等，即要求它们之间要互相适应，如果工字钢缘板高 h 值的误差范围较宽时，把矫直辊的凸起高度 h'作成在 h_{max} 与 h_{min} 之间的平均高度，这个平均高度与 h_{max} 之间差值为上差，用+Δ 表示，与 h_{min} 之间差值为下差，用−Δ 表示。弹性孔型要适应±Δ 的变化，因此希望±Δ 值要尽量减小，则 $b_y=2\Delta$ 的值才能减小，才可以减小 r 值和加大 δ 值(见式2-41)，从而增大 F 值(见式2-39)。增大 F 值后才能把腹板的压力分散到缘板上，但又不能分散太多以防缘板的边缘被压溃(用接触应力

来限制）。考虑到这些因素之后便可以设计空心滚柱（参看图2-14）用于制作弹性孔型的空心滚柱轴承。由于理论计算可能存在误差，所以在研制这种轴承时需要经过实测并加以修正之后才可用于生产。

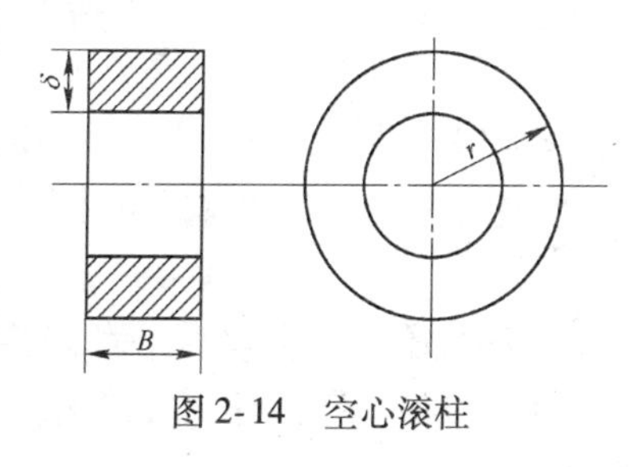

图 2-14 空心滚柱

2.8 弹性芯对矫直质量的影响

弹性芯的问题是个全新的课题，凡是采用反弯方法进行矫直时在中性层两侧都要留下弹性变形区。这个区域内金属的变形永远属于弹性变形，也就永远有弹性应力与其相伴，在这种情况下所取得的矫直结果必然是已经获得塑性变形部分的金属要余出一部分内力与弹性芯的应力相平衡，而这部分内力又是保持条材矫直状态的内力，取消这个内力，条材又必然变弯，这种变弯的力就是弹性芯的弹性恢复力。所以我们得到的矫直结果只是外形上的矫直。而实质上是要把塑性变形部分矫成一种过弯状态，再由弹性芯的内力把这种“过弯”状态矫直，其结果是一种外层的过弯曲与弹性芯的欠弯曲相互平衡的新状态。这种状态在温度变化、外力变化和时间变化之后就可能失去稳定，这就是矫后时效变弯现象。这是矫直金属条材存在的一种隐患。此隐患究竟有多大，如何减小这种隐患，需要通过深入分析才能有所了解。

由于金属条材的断面形状不同，不可能也不必要做全部的分析，只就最常见的矩形断面进行分析就可以触类旁通了。设定矩形断面宽度为 B，高度为 H，弹性极限强度为 σ_t，其弹性极限弯矩为 M_t。在加大反弯时，其弹性区高度缩小到 H_t，此时弹性芯内最大弯矩为 M_ζ，即

$$M_\zeta = \frac{BH_t^2}{6}\sigma_t$$

由于 $H_t = H\zeta$，故上式变为

$$M_\zeta=\frac{BH^2}{6}\sigma_t\zeta^2=\zeta^2 M_t \tag{2-42}$$

我们已知弯矩与曲率半径的关系,即弹性极限曲率半径为 $\rho_t=EI/M_t$，弹性芯弯矩可能造成的条材弯曲半径为 $\rho_\zeta=EI/M_\zeta=EI/\zeta^2 M_t$，故

$$\rho_\zeta=\rho_t/\zeta^2 \tag{2-43}$$

如果把弹性芯理解为一种隐患,当矫后条材失效可能产生的最大弯曲，即最大隐患用弯度 δ_ζ 表示时，用弦长为 1m 的弦高公式计算为

$$\delta_\zeta=\rho_\zeta-\sqrt{\rho_\zeta^2-250000} \tag{2-44}$$

参看图2-15a，塑性区面积用剖线表示，空白的弹性芯贮存一种势能 M_ζ，在外界的平衡力失效后这种势能要使条材产生 δ_ζ 的弯度。现在可以结合具体材质 $\sigma_t=1000$MPa、$E=206000$MPa，具体断面 $H=10\sim100$mm 及 $\zeta=H_t/H=0.2\sim0.4$ 来考虑 δ_ζ 的变化情况。由于 $\rho_t=EH/(2\sigma_t)$，$\rho_\zeta=EH/(2\zeta^2\sigma_t)=103H/\zeta^2$，则在各种 H 值条件下的隐患值 δ_ζ 列于表 2-6 中。

表 2-6 各种 H 值条件下的隐患值 δ_ζ

H/mm		10	20	30	40	50	60	70	80	90	100
δ_ζ/mm	$\zeta=0.2$	4.85	2.43	1.62	1.21	0.97	0.81	0.69	0.61	0.54	0.49
	$\zeta=0.3$	10.93	5.46	3.64	2.73	2.18	1.83	1.56	1.37	1.21	1.09
	$\zeta=0.4$	19.45	9.71	6.47	4.85	3.88	3.24	2.77	2.43	2.16	1.94

从表中结果看，即使采用很大的反弯，矫后的隐患仍然偏大，失效后可能产生的弯度一般都超过 1mm/m。为了克服这个缺点需要在矫直辊径向压弯的同时增加轴向压弯，如图 2-15b 所示。轴向压弯时的弹区比 ζ 与径向压弯时一样(便于对比),则轴向压弯后的弹性芯面积为 $H_t\times B_t$，真正能保留原始弯曲的部分就是这个弹性芯，它的最大内力矩为 $M'_\zeta=\frac{B_t^2 H_t}{6}\sigma_t=\zeta^3\frac{B^2 H}{6}\sigma_t$，这个弯曲隐患在外层金属的残余应力失效后将使条材产生弯曲半径 $\rho'_\zeta=EI/M'_\zeta=EI/\zeta^3 M_t=\rho_t/\zeta^3$。新的隐患值变为

$$\delta'_\zeta=\rho'_\zeta-\sqrt{\rho'^2_\zeta-250000} \tag{2-45}$$

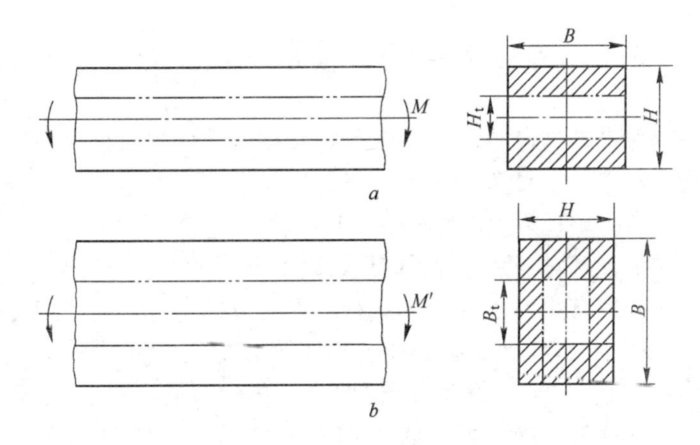

图 2-15 矩形断面的弹性芯

仍按表2-6 办法算出新隐患值列于表 2-7 中。

表 2-7 轴向压弯后的新隐患值 δ'_ζ

H 或 B/mm		10	20	30	40	50	60	70	80	90	100
δ'_ζ/mm	$\zeta=0.2$	0.97	0.49	0.32	0.24	0.19	0.16	0.14	0.12	0.11	0.1
	$\zeta=0.3$	3.28	1.64	1.09	0.82	0.66	0.55	0.47	0.41	0.36	0.33
	$\zeta=0.4$	7.77	3.88	2.59	1.94	1.55	1.29	1.11	0.97	0.86	0.78

对比表 2-7 与表 2-6 可知，增加轴向压弯后矫直隐患可以明显减小。即使采用较小的反弯($\zeta=0.3$)，失效后的弯曲也是较小的，即小于 1mm/m。由此可以得出结论：采用平行辊矫直时即使很容易达到矫直目的，出厂交货也没有问题，但其日后的隐患总要比在正交方位两个方向都进行过矫直的条材隐患大。结合这个结论再联系前面讨论过的双交错辊系矫直机，由于它在轴向压弯方面的合理性及操作上的方便性，采用双交错辊系矫直机在减小矫后隐患方面也有重要意义。

当隐患减小到 $\delta_\zeta \leqslant 0.5 \sim 1$mm/m 时，即使失效后其矫直质量也是基本合格的，这种隐患至少是无害隐患，应该是允许的。所以控制弹性芯的真正目的应该是使隐患值达到允许值。

2.9 扁钢矫直技术的新探索

用弹性芯的理论与双交错辊系矫直技术结合起来讨论扁钢矫直可以得出一些更加明确的结论。

先以方钢矫直为例，参看图2-16*a*表示采用平矫法对方钢进行矫直，图中上下辊对方钢进行径向压弯时上下两侧产生塑性变形，而其中性层两侧留有弹性区H_t。用这种孔型对方钢进行轴向压弯是很困难的。采取小压弯量时，方钢侧向弯曲较小很难达到塑性变形；采取大压弯量时，方钢进入孔型要遇到困难，即使勉强咬入孔型，辊子突缘对方钢侧面的磨损也很严重。想得到充分的轴向压弯(侧向矫直)是困难的,因此矫直后的弹性芯基本上是H_t厚的扁条状，很难形成方柱状，侧向矫直效果不好。所以在生产实践中都采用图2-16*b*所示的立矫法。立矫孔型既可以容易咬入，又可以较好地进行轴向压弯，结果是方钢在两个正交方位上都可以得到矫直。断面内的弹性芯基本上为正方形，而且在垂直方向及水平方向的塑性变形区(剖线部分)都是可以调控的,质量是有保证的。

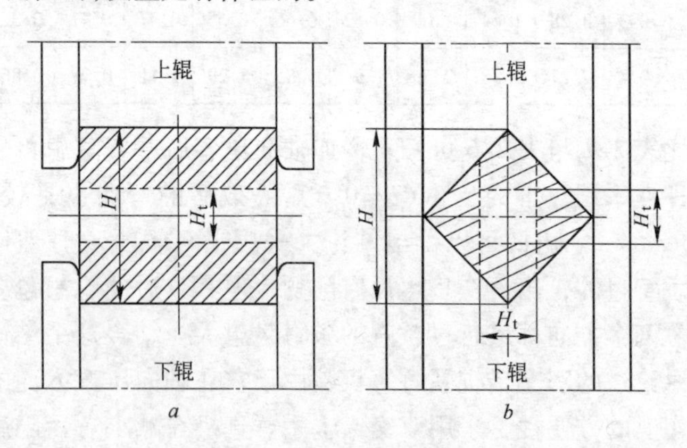

图2-16 方钢平矫与立矫方法对比

但是正像前面讨论过的单交错辊系要想真正做好轴向压弯必须是上下两辊一起向外压或一起向内压，这样就要求辊数达到10个左右。而且采用双交错辊系要比单交错辊系好得多。所以方钢矫直不仅要采用立矫法，而且还应采用双交错辊系来进行立矫。

下面再讨论扁钢矫直，它属于矩形断面，同方钢有相似之处，它的矫直也先按平矫法来讨论。参看图2-17*a*，平矫时由于扁钢厚度 H 较小其轴向压弯(矫侧弯)更加困难,不仅是压弯量大时难以咬入孔型，即使咬入之后扁钢的边缘也是宁溃不弯的。因为边缘厚度(H)较小,接触应力增大时必然先压溃而难压弯。所以扁钢内的弹性芯必然是扁条状态，在 B 的方向上不能矫直。当采用斜矫孔型时，如图2-17*b* 所示，由于轴向压弯时压力分散到边缘 H 及平面 B 两个面上，单

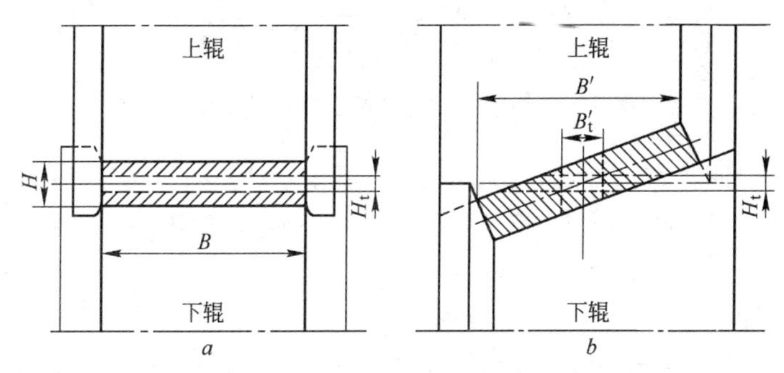

图2-17 扁钢平矫与斜矫方法对比

位压力必然减小很多，而且在拐角处因平面双向压力所构成的互相抵消(屈雷斯加屈服准则所规定的)的结果使得边缘部分一般不会压溃。此时扁钢断面内所留下的弹性芯，即图中 $B'_t \times H_t$ 面积可能很小，不仅可以达到矫直的目的，而且其时效后的隐患值也可能减小。隐患值的大小取决于两个正交相位上的压弯量是否充足。我们已经知道真正有效的轴向压弯需要采用双交错辊系来实现，因为双交错辊系中最小的辊间距离可以缩小到最大辊间距离的四分之一，即 $t \leqslant p/4$，参看图2-18。相邻的上下辊间的水平距离 t 的减小有利于辊缝对扁钢的夹紧，也有利于对扁钢进行轴向压弯。所以具有倾斜孔型的双交错辊系用于扁钢矫直应该是很有前途的，其优点为：(1)空矫区较小，即 t 值较小；(2)等曲率区较长,即 s 区较长，矫直质量好，耗能小；(3)从入口侧开始上下辊间的压弯量最大,它们对扁钢夹得最紧，因此对扁钢的轴向压弯(侧向压弯)也越大,然后递减压弯可使径向与轴

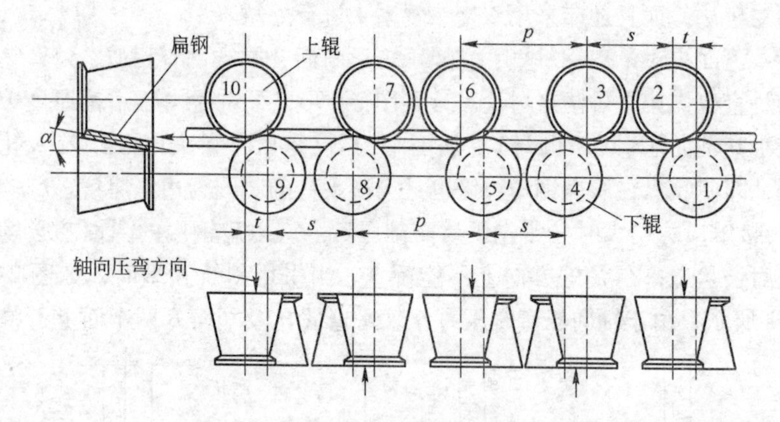

图 2-18 用双交错辊系矫直扁钢的方案图

向(侧向)同步达到矫直目的,矫直效率高；(4)孔型斜度较小(在咬入不发生困难条件下减小图2-18 中的 α 角),辊径差较小，辊面相对滑动较小，可减小损失并可降低表面粗糙度。这些优点表明，采用双交错辊系矫直扁钢比过去已有的矫直方法都好。

一般常见的扁钢宽度不大于 160mm，采用悬臂式双交错辊系结构矫直机是可行的。矫直辊的调整最好采用压上装置。轴向压弯的调节装置最好采用图 2-6 所示的缺口螺母加楔板的调节装置。

2.10 钢轨矫直技术的新探索

钢轨的常用矫直方法多为立矫，采用 9 辊单交错辊系矫直重轨除了两端矫直质量偏低之外，总体矫直质量是比较好的。但是传统的质量要求是在现有矫直技术基础上制订的。第一是放宽钢轨两端的直度要求；第二是放宽轨高的尺寸要求。例如轨身的残留弯度不得大于 1mm/m，而轨端则放宽为 1.5mm/m。又如轨高的矫后尺寸允许降低 2mm 以内，等等。其实轨高的普遍降低对铁路运行效果影响也是不大的，不过由于轨高的较大塑性变形会引起内部残余应力的增大，尤其可能引起内裂的产生，所以其后果是严重的。而且轨高的降低是不均匀的，轨端在矫直辊下受力是轨身的 1/4，轨端的高度基本不会降低，这样不一致的轨高即使在无接缝的轨道上也会对火车运行质量产生影响，而且运行速度越高，其影响越明显，所以高速轨道交通不仅要求路基平整，而且要求轨高一致。这就提高了对轨端弯度及轨端高度的质量要求。从精益求精的观点出发，提高钢轨的矫直质量势在必行。过去有用卧矫与立矫的联合矫直法即平立辊矫直法来改善矫直质量，已经取得一些效果，但是空矫区及轨高不均问题仍未解决，而且设备庞大、占地增加，又带来了新问题。现在结合双交错辊系来探索钢轨矫直已经在理论上取得了进展。参看图 2-19，仍然采用最简单的双交错辊系，矫直方式为卧矫。钢轨卧矫与工字钢卧矫相似，需要采用弹性孔型。对轨头可以不依赖腹板的弯曲而直接由矫直辊的外圈(图中13)将其压弯。而轨底的压弯便不可单独依靠底板的弯曲来带动腹板的弯曲，因为底板边缘的厚度很小，很容易被辊面(图中槽形环16 内与钢轨的接触面)压溃。因此，在槽形环 16 内装入一个空心滚柱轴承(可由轴承厂订货)，并要求空心滚柱(管状)轴承在钢轨底板边缘压溃时已经产生弹性压扁而将矫直力转移到矫直辊外圈13 上。可见空心滚柱轴承既要有明确的弹性极限压力又要有符合变形要求的压扁量。轴承内空心滚柱的压扁必然形成轴承外套的偏移，从而使矫直力经过腹板而压到矫直辊外圈上。矫直辊的内、外圈(14 与 13)都带有突缘将钢轨的轨头与轨底夹在中间，在轴向压弯时正好由这两个突缘来完成向左或向右的压弯工作。双交错辊系的优点之一就是上下辊一起完成同一方向的压弯工作，使轴向压弯获得有效结果。其优点之二就是轴向压弯的辊距为 $p+s$，要比单交错压弯辊距 p 大，即 $p+s>p$，正好可以减小立矫的矫直力。

矫直辊的轴向调整要依靠缺口螺母 19 来拉动矫直辊左右移动，调定孔型位置后用螺栓 18 将楔铁 17 挤入螺母 19 与矫直辊内圈 14 之间，使两者之间不发生相对转动，以保证孔型位置的稳定。这里的缺口螺母与图 2-6 中的缺口螺母基本相同，故不再叙述。

钢轨采用双交错辊系同时完成两个正交相位上的矫直工作比现在的其他矫直法都要好些。相信这种方案上的优越性会在实践中得到证明。

为了更好地解决钢轨矫直质量问题需要推荐复合辊系矫直法及等

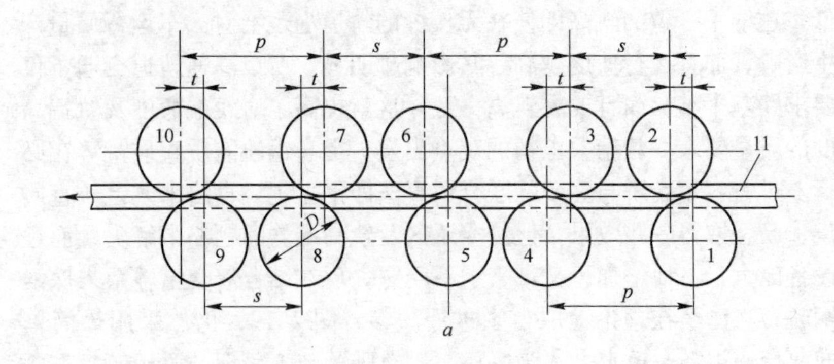

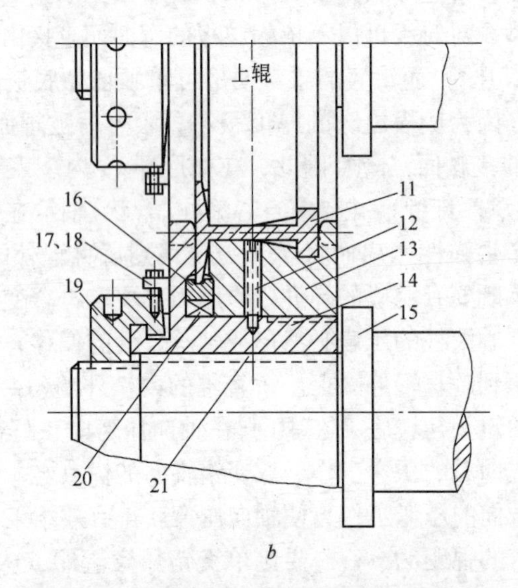

图 2-19 用双交错辊系矫直钢轨的方案图

a—辊系图；*b*—孔型放大图

1~10—矫直辊；11—工件；12—防转销；13—矫直辊外圈（内螺纹）；14—矫直辊内圈（外螺纹）；15—辊轴；16—厚壁槽形环；17—L 形楔铁；18—楔铁螺栓；19—缺口螺母（见图 2-6）；20—空心滚柱轴承；21—键

压力（等强度）小盲区矫直技术。复合辊系是两个正交相位上的两个矫直辊系复合起来同时完成两个正交相位上的矫直任务，并且还可以顺便完成轴向的矫扭任务，以达到三联矫直的目的。等压力小盲区矫直需要采用双交错辊系，并在辊系出入口处矫直辊与其上（下）成对矫直辊间水平距离要比其他上（下）成对矫直辊间距离小一倍条件下可以获得压弯相同和压力相同的受力条件。参看图2-20中t与$2t$，或t'与$2t'$的关系，这种关系是保证各辊矫直力相同或各辊结构受力强度相同的重要手段，也是保证钢轨在各辊处受到同样压缩变形的重要方法。于是便可以克服过去辊式矫直机出入口第一辊压力仅为第二辊压力的三分之一、仅为第三辊压力的四分之一的明显差距。这样改进之后，原来出入口处第一辊对钢轨高度的压缩变形只限于弹性变形，矫直后便可恢复原来的高度。而离开钢轨两端半个辊距以外的轨高，由于受到增大2~3倍的压力常常会造成轨高的塑性压缩，有时可能达到2~3mm。所以等压力矫直对保持轨高一致是十分必要的。出入口处辊距的缩小还可以使空矫区（图中t与t'）明显减小。一般情况下，空矫区缩短二分之一时，其两端的矫直质量可以提高4倍，很容易达到全长矫直效果。过去由于无法达到全长矫直效果而采用超长矫直法，使轨长达到50m甚至100m，给运输造成很大困难。今后可以打消这种顾虑，解除这种困难。至于轨高的一致性对于高速列车的运行也是很有好处的，它是列车平稳行走的重要基础。

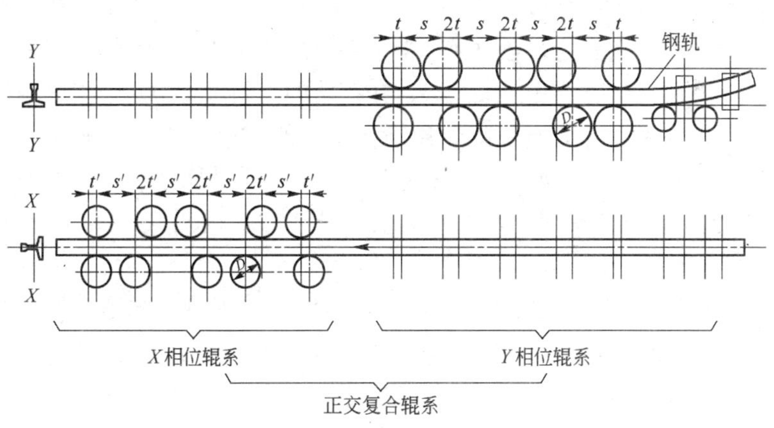

图2-20　双交错等压力正交复合辊系矫直机示意图

现在需要进一步来考虑这种复合辊系矫直法尚需改进的一些问题。如前后相互接力的两个正交辊系在调整孔型时只能以一条钢轨棱线为基准，在实践中又很容易被忽略，使矫直质量受到影响。又如卧矫辊的轴承座都压在它们的水平导轨上，很容易造成单面磨损，给维修和调整都带来较大困难。所以作者推荐采用两个正交辊系分开工作方式，即把卧矫辊系也变成立矫辊系，在两个辊系之间加入翻钢机构，并将两个辊系的矫直机并列起来，将第一台矫完的钢轨横移到第二台处，翻转 90°后进入第二台矫直机完成两个正交相位上的矫直，参看图 2-21，两台矫直机安装在往复生产线上可使占地长度缩短，两台矫直机皆可独立调整互不干扰。

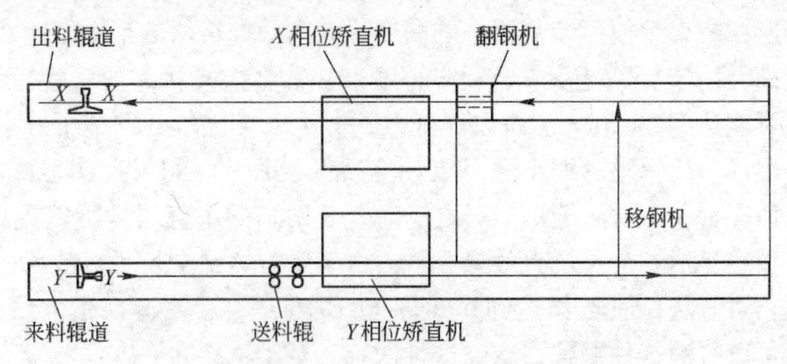

图 2-21 按正交相位工作的往复矫直生产线

这样改进之后的综合效果包括了钢轨的全长矫直、钢轨的等高矫直及钢轨的三联矫直等三大效果。在钢轨的三联矫直中两个正交相位的矫直可使弹性芯的面积减到最小，又可使其形状达到最正（不变成扁形和菱形），有助于提高矫直质量和矫直质量稳定性。三联矫直中的扭曲矫直在双交错辊系中也比在单交错辊系中容易取得较好效果。

这些优点都是过去人们梦寐以求而得不到的成果，争取在钢轨矫直中加以实现将带来极大的效益。希望有识之士携起手来共同实现这一新探索。

2.11 三联矫直技术与变辊系矫直技术的新探索

三联矫直与变辊系矫直是两个新概念，过去既没有这两个名词，也未曾涉及它们的实质内容。不过在实践中却有可能在矫直辊的轴向调整时无意识地获得了矫直扭曲的效果，后面的讨论便可能帮助我们理解这种现象的存在。这里首先要明确三联矫直能力包括在垂直方向（矫直辊径向）的矫直能力、水平方向（矫直辊轴向）的矫直能力及绕条材纵轴的反复扭转矫直能力。这三种能力联合在一起由矫直机来同步完成。参看图2-22*a*，图中单交错9辊式矫直机在矫直工字钢，径向压弯7次用于矫直*Y*相位上的弯曲是足够用的，其实只进行4～5次反弯就可以实现矫直目的。但是轴向矫直即*X*相位上的弯曲矫直是必须通过上下相邻两辊的同向反复压弯才能达到目的。因此将1辊及2辊、3辊及4辊、5辊及6辊、7辊及8辊组成四组再加上第9辊形成三次双交错轴向压弯效果，可以完成三步矫直任务，使该辊系可以胜任二联矫直工作。由于四组矫直辊都是一上一下配置，则在两组辊子之间，即上辊与上辊之间和下辊与下辊之间必然形成一推一拉的轴向力作用关系，如图中Q_2与Q_3，Q_4与Q_5，Q_6与Q_7，Q_8与Q_9的力偶关系，这个力偶矩就是T_{23}、T_{45}、T_{67}及T_{89}。它们必将工字断面扭动，绕*Z*轴形成反复矫直扭曲的效果。这即是前面提到的在无意识调节轴向压弯量时恰巧出现的矫直现象。不过这种矫扭过程，由于工字钢上下棱线间的相互扭转是绕着斜轴Ⅰ、Ⅱ、Ⅲ、Ⅳ进行的，这些斜轴互相平行，上下扭动的棱线长度相等，扭动幅度也必然相等，很难产生矫扭作用。但是到达换向区即*X*相位面的3—4、5—6、7—8区间内上下棱线交叉，各自的扭角不再平行，从而产生两棱线之间的相互扭转，以及剪刀形的扭角差。由这些扭角差所产生上下棱的相对转动所带来的矫扭作用是肯定存在的，但是比较小，并不理想。因此又想出来采用双交错辊系的径向压弯与轴向压弯技术来达到三联矫直目的。参看图2-22*b*，在此双交错辊系中共有10个矫直辊，在径向可以实现4次反弯，在轴向也可以实现4次反弯，基本上可以满足两个正交相位上的三步矫直需要。这种辊系的矫扭能力也是依靠上下相邻二辊同时同向进行反复的轴向压弯，而压力作用斜线（轴线）Ⅰ、Ⅱ、Ⅲ、Ⅳ、Ⅴ不再像图2-22*a*中那样互相平行而是互相交叉。每两条斜线之间的各条水平纤维也不再平行而是互相斜交并不停地扭动，结果便形成图中上缘与下缘的由相交到相扭而扭角的开口越来越大。由大再变小，相交后又变大，这种变化使矫扭的作用将明显大于图2-22*a*。因此用双交错辊系来实现三联矫直技术要比单交错辊系好，也可以说双交错辊系帮助我们在辊式矫直机上实现三联矫直成为可能。

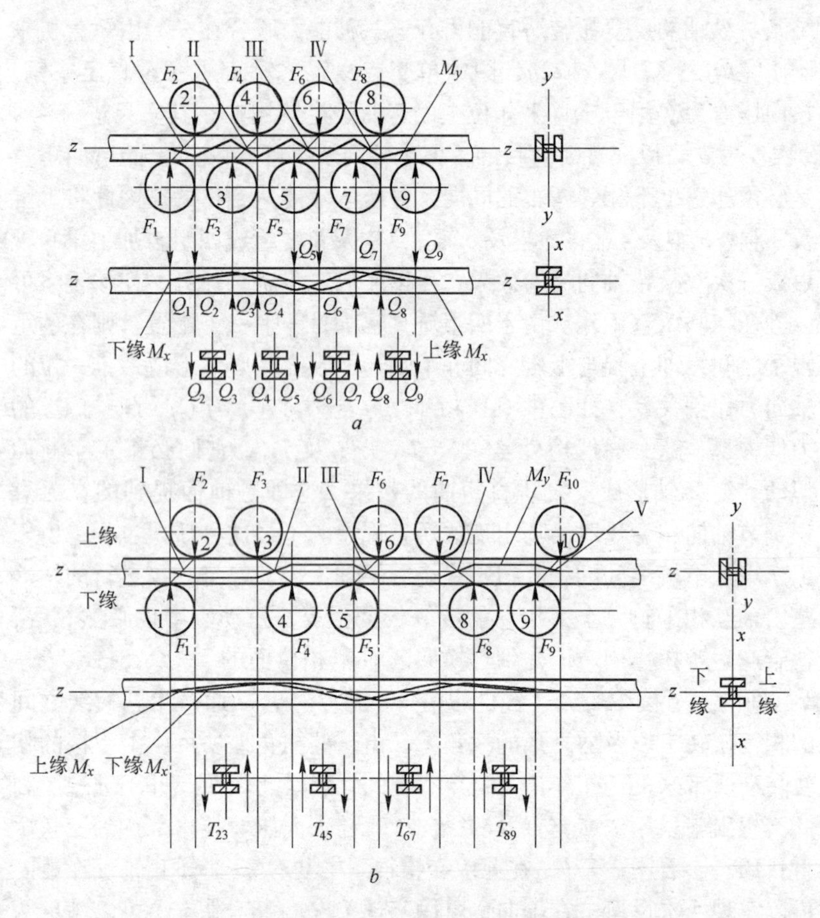

图 2-22 单交错辊系与双交错辊系三联矫直能力的对比

a—9 辊单交错辊系的三联矫直能力，y 向反弯 4 ~7 次，x 向反弯 4 次，绕 z 轴扭转 4 次；
b—10 辊双交错辊系的三联矫直能力，y 向反弯 4 次，x 向反弯 4 次，绕 z 轴扭转 4 次
F—径向矫直力；Q—轴向矫直力；T—z 轴扭矩

不过必须指出凡是平行辊矫直机不管其辊系如何都存在轴向压弯对咬入的影响问题。只要孔型的两侧面为平直侧面，在咬入条材时该侧面对条材的垂直侧面必将产生啃蚀，侧弯越大，啃蚀也越严重。其

结果既损害条材表面也损伤矫直辊的寿命，所以矫直辊孔型的垂直侧面要改成上有圆角下有斜度的侧面，而且孔型要耐磨。

既然从三联矫直能力上看到双交错辊系优于单交错辊系，又从2.6节看到单交错辊系与双交错辊系混合应用的优越性，因此可以顺理成章地把单交错与双交错两种辊系揉合在一起，根据需要有意识地将某些辊子安排为径向压弯辊，某些辊子安排为轴向压弯辊，某些辊子兼为径向压弯与轴向压弯。辊系既可以是单交错工作，也可以是双交错工作。其结果不仅具有三联矫直能力，而且矫直能力又可以扩大2~3倍，是一举多得的技术措施。现在以普通14辊矫直机为例，来逐步根据需要演变其辊系，改变其驱动，调整其压弯并达到其三联矫直能力及扩大到三倍矫直能力的目的。参看图2-23，图中的基础辊系为14辊单交错平行辊系。用这个基础辊系可以演变成三种径向压弯及一种轴向压弯的辊系。

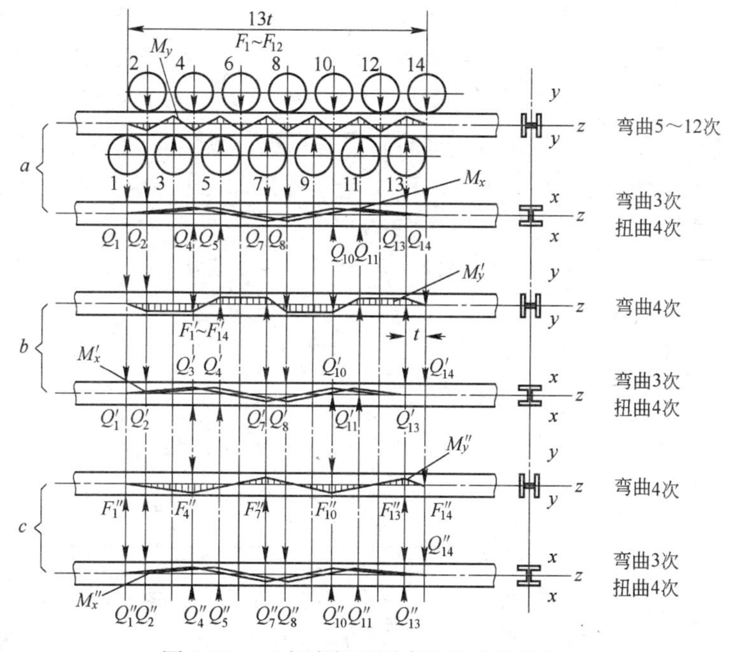

图2-23　14辊变辊系矫直机的功能分析

首先看图2-23a所示为单交错14辊平行辊系，用于条材在Y相位面上的弯曲矫直，一般用到 7 辊压弯便可完成矫直任务。其余各辊在径向不参加矫直工作，而在轴向要有第 1、2、4、5、7、8、10、11、13 及 14 等 10 辊参加矫直工作，完成轴向的双交错压弯矫直及扭曲矫直工作。其径向矫直力为 $F_1 \sim F_{14}$，轴向矫直力为 Q_1、Q_2、Q_4、Q_5、Q_7、Q_8、Q_{10}、Q_{11}、Q_{13}及 Q_{14}共 10 个。已知条材的矫直弯矩为 M_y 及 M_x 时，其各种矫直力列于表 2-8。

表 2-8　条材的矫直弯矩为 M_y 及 M_x 时的各种矫直力

矫直弯矩	F_1	F_2	F_3	F_4	F_5	F_6	F_7	F_8	F_9	F_{10}	F_{11}	F_{12}	F_{13}	F_{14}	F_{Σ}
M_y	$\frac{M_y}{t}$	$3F_1$	$4F_1$	$3F_1$	F_1	—	—	—	—	—	—	—	—	—	$12F_1 = 12M_y/t$
矫直弯矩	Q_1+Q_2			Q_4+Q_5			Q_7+Q_8			$Q_{10}+Q_{11}$			$Q_{13}+Q_{14}$		Q_{Σ}
M_x	$\frac{M_x}{3t}$			$\frac{M_x}{t}$			$\frac{4M_x}{3t}$			$\frac{M_x}{t}$			$\frac{M_x'}{3t}$		$\frac{4M_x}{t}$

再看图 2-23*b*，当条材矫直弯矩增大一倍左右时其 $M'_y = 2M_y$，将辊系换成双交错辊系，令第 3、6、9 及 12 各辊脱离接触不参加矫直工作。由于前种辊系的轴向矫直力都很小，故图 2-23*b* 所示辊系的 M'_x 也可增大一倍达到 $M''_x = 2M_x$。于是图 2-23*b* 所示辊系的矫直力可列于表 2-9。

表 2-9　图 2-23*b* 所示辊系的矫直力

矫直弯矩	F'_1	F'_2	F'_4	F'_5	F'_7	F'_8	F'_{10}	F'_{11}	F'_{13}	F'_{14}	F'_{Σ}
M'_y	$\frac{M'_y}{t}$	F'_1	$2F'_1$	$2F'_1$	$2F'_1$	$2F'_1$	$2F'_1$	$2F'_1$	F'_1	F'_1	$16F'_1 = \frac{16M'_y}{t}$
矫直弯矩	$Q'_1 + Q'_2$		$Q'_4 + Q'_5$		$Q'_7 + Q'_8$		$Q'_{10} + Q'_{11}$		$Q'_{13} + Q'_{14}$		Q'_{Σ}
M'_x	$\frac{M'_x}{3t}$		$\frac{M'_x}{t}$		$\frac{4M'_x}{3t}$		$\frac{M'_x}{t}$		$\frac{M'_x}{3t}$		$\frac{4M'_x}{t}$

若矫直辊最大受力为 $4F_1 = 4M_y/t$ 时，图 2-23*b* 所示辊系的 F'_4 也按此最大受力计算，则 $2F'_1 = 2M'_y/t = 4M_y/t$，故 $M'_y = 2M_y$，即图 2-23*b*所示辊系可矫条材的弯矩可以增大一倍。而其轴向受力由于辊距增大，使其受力变小，M'_x 也可增大。由于轴向力主要作用在条材

的上下棱线上，而且上下相邻二辊的压力点对于条材形成一条斜线，故只能按二力的合力作用在斜线中点的等效关系来计算。因此，$Q_1+Q_2+\cdots+Q_{13}+Q_{14}$ 以及 $Q'_1+Q'_2+\cdots+Q'_{13}+Q'_{14}$ 等合力的计算结果，可按中央附近的最大合力必然平均分配到上下相邻二辊，即 $Q_7=Q_8$。止推轴承可按 Q_7 或 Q_8 来验算其强度。

当条材断面进一步增大时，辊系还可再演变一次成为图 2-23c 所示辊系，此时辊距增大到 $6t$，径向可压弯三次，从矫直精度来说虽可完成三步矫直要求，但缺少保证性，一旦遇到严重的原始弯曲便可能降低矫直质量。不过对于大型断面条材这种危险性是不多的，仍然可以用于生产。这种条材的矫直弯矩为 M''_y 及 M''_x，其各辊的矫直力列于表 2-10。

表 2-10 图 2-23c 所示辊系的矫直力

矫直弯矩 M''_y	F''_1	F''_4	F''_7	F''_{10}	F''_{13}	F''_{14}	F''_Σ
	$M''_y/(3t)$	M''_y/t	$4M''_y/(3t)$	$4M''_y/(3t)$	$5M''_y/(3t)$	M''_y/t	$20M''_y/(3t)$
矫直弯矩 M''_x	$Q''_1+Q''_2$	$Q''_4+Q''_5$	$Q''_7+Q''_8$	$Q''_{10}+Q''_{11}$	$Q''_{13}+Q''_{14}$		Q''_Σ
	$M''_x/(3t)$	M''_x/t	$4M''_x/(3t)$	M''_x/t	$M''_x/(3t)$		$4M''_x/t$

表 2-10 中 $F''_{13}=5M''_y/(3t)$，是最大值，但是考虑到出口第二辊的压下量已经很小，基本维持在弹性极限弯矩左右，故矫直力将减小 30% 左右，所以最大矫直力仍以 F''_7 计算。当三种辊系的最大矫直力都基本相等时，有 $4M''_x/(3t)=4F_1=4M_y/t$，故 $M''_y=3M_y$。这表明图 2-23c 所示辊系的径向矫直力是图 2-23a 所示辊系的三倍。这种结果说明变辊系矫直技术可以使该辊系的矫直力提高到三倍。这种矫直技术不仅可以获得一机多用的效果，而且可以实现三联矫直任务。

这三种辊系中矫直 X 相位弯曲的矫直力虽然是基本不变的，但其矫直力很大，从图 2-23c 所示辊系的两个最大矫直力 $F''_7=4M''_y/(3t)$ 及 $Q''_7+Q''_8=4M''_x/(3t)$ 来看，当 $M''_x=M''_y$ 时，两个矫直力相等，即条材的弯矩 $M''_y=3M_y$，其 M''_x 也必然可以达到 $3M_x$。这表明条材弯矩普遍增大三倍后，仍然可以用这种矫直机进行三联矫直工作。

这种矫直技术既是充分发挥辊式矫直机潜在能力的新技术，也是辊系结构的创新发展。

2.12 用封闭孔型矫直机矫直异型薄壁管材技术的新探索

过去异型薄壁管材的矫直多用拉伸矫直法，也有采用平动矫直法来矫直。前者效率低，但简易可行，后者结构复杂，调整难度较大，但效率较高。平动式矫直也有人称之为振动矫直，最早应用于德国，在中国尚未见实用先例。现在综合起来考虑，平动式矫直机的封闭孔型能保护反弯处的断面尺寸与形状，是很可取的。但其各封闭孔型之间用平动形成交错压弯在运动学上显得相当复杂，不如改用在两个正交相位上的交错压弯以达到矫直目的方法简单。这种想法可以简单地表示在图 2-24 上。

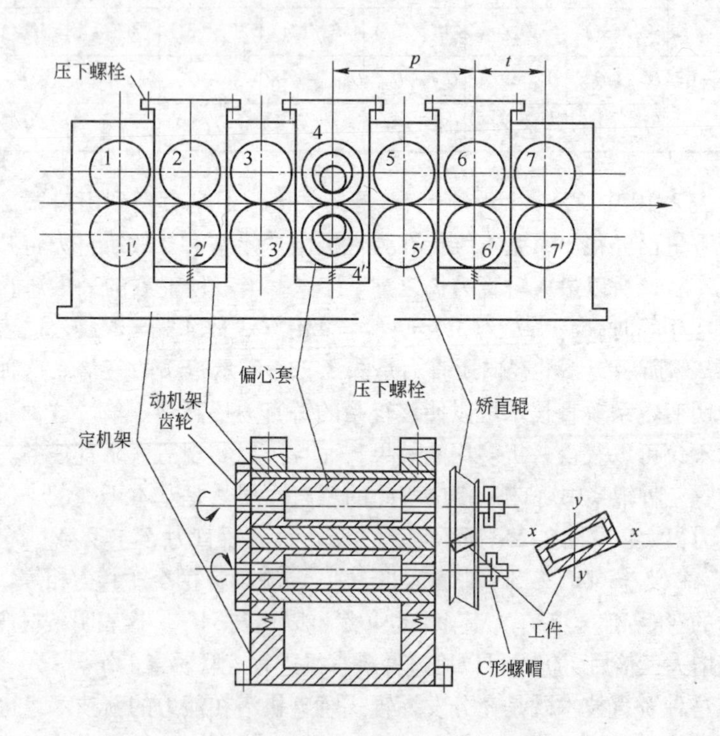

图 2-24 14 辊式封闭孔型矫直机结构方案示意图

图2-24中每对上下辊构成一个封闭孔型，如图中矩形薄壁管孔型，孔型要靠上下辊轴外侧的偏心套同步转动来实现偏心套之间距离的改变，以压紧工件或松开工件。当工件被封闭孔型夹紧后再利用压下螺栓来调节相邻辊组之间的压下重叠量，用于对工件进行反复压弯达到矫直目的。除了径向即Y相位的压弯之外，还需要轴向即X相位的压弯，经过这两个正交相位的反复压弯可以实现全方位的矫直需要。当一次通过后矫直效果不太理想时，可以调转方向由工件尾部送入辊缝再次进行矫直，从而改善矫直质量，轻微扭曲皆可矫直。

这种矫直机的空矫区(t)是很难缩短的，在生产中应尽量保护两端的直度免受外力打击和冲撞。同时两端的形状因为壁薄很容易受到损害，都需要得到很好的保护。这种异型材的两端直度和形状都是难以矫直和整形的部位。应尽量保持其良好状态，少受到意外损伤。在难以修复情况下，可以切掉头尾，尽量减少损失。

3 旋转反弯矫直技术与理论的新探索

前面讨论过的平面反弯属于在一个平面内一边前进一边进行反复弯曲，最后达到矫直目的的二维矫直技术。现在要讨论的旋转反弯是在三维空间内一边前进一边进行旋转反复弯曲，最后达到矫直目的的矫直技术。

一个平面内的反弯矫直结果必然形成一个平面内的一条直线。如果这个平面本身存在着弯曲，还需在垂直于这个平面的方位上进行反复弯曲达到矫直目的，最后可使这条直线在平面方位上和在与其正交方位上都变成直线。由于任何弯曲都可以分解为在两个正交平面上的弯曲，所以只有用两个正交方位上的矫直才能达到真正矫直的目的，这也是方位数最少的可靠矫直。至于原始弯曲不是一般的弯曲而是单一相位上的弯曲即平面上的弯曲，矫直时便可在此单一相位内进行反弯而没有必要在正交相位上再多做一次反弯矫直。严格来说，真正单一相位的原始弯曲是很少的。所以平行辊矫直机都带有轴向调整功能，这是第 2 章已经讨论过的内容。

旋转反弯矫直首先是在一个旋转面上进行反弯矫直。这个旋转面实质上是一个螺旋面而不是一个旋转着的平面。在一个螺旋面上进行反弯矫直的结果必然形成一条与螺旋面完全一致的没有任何不同弯曲的螺旋线。当这个螺旋面的中心线存在弯曲时则必须在螺旋面的正交方位上进行反弯矫直，使该中心线变成直线，使该直线周围的任何一条螺旋线都互相平行地包围在中心线的外层，从而达到矫直的目的。这就是说旋转反弯矫直除了使在单一螺旋面内各种弯曲的纤维得到矫直之外，螺旋面本身的各种弯曲必须在其正交的螺旋面上进行反弯矫直才能达到真正矫直的目的。所以可以得出结论，不管是平面反弯矫直，还是旋转反弯矫直都必须同时在两个正交相位上完成反弯矫直才能达到真正的矫直目的。所以平行辊矫直机与斜辊矫直机在本质上是相互一致的。

3.1 斜辊矫直与平行辊矫直技术的内在联系及其特点

斜辊矫直时工件在旋转前进中进行反弯矫直，正好是在螺旋相位上进行的。平行辊矫直是在平面前进中进行反弯矫直。这两种矫直方法在形式上是不同的。具体分析起来，可以说它们的共同点包括：都是依靠反弯进行矫直；都是至少通过3次反弯达到矫直目的；都是通过正交相位上的反弯才能得到真正的矫直。正因为它们之间存在着本质上的一致性，在斜辊矫直机出现之前，型材与圆材都是用平行辊矫直机来矫直的。后来由于型材的原始弯曲总是在不对称相位上表现明显，而在对称相位上表现轻微，所以矫直机可以按不对称相位进行反弯矫直，而在对称相位上即矫直辊的轴向稍加调整便可达到矫直目的。但是在矫直圆材时却遇到了困难。圆材断面是全圆周对称的，矫直辊的径向反弯与轴向反弯都必须达到足够的弯度，而且在矫直过程中自转现象不好控制。在这种情况下比较容易想到的办法就是平立辊矫直法。它等于在圆材的正交相位上各设置一台矫直机，一台负责垂直相位的反弯矫直，一台负责水平相位的反弯矫直，而且在矫直机出入口处各设置一对夹送辊以防圆材的自转，结果取得很好的实效。但是这种矫直机结构庞大，辊数较多，占地很大，并不理想。自从发明了斜辊矫直机，圆材矫直走进了新时代，把平面相位上的反弯矫直变成为螺旋面相位上的反弯矫直，在技术上形成一次飞跃，其直接的效果有：

(1) 辊数显著减少，用5个辊子就可以矫直。参看图3-1a，当辊间距离$\left(\frac{p}{2}\right)$大于$2t$（t为导程）并等于$\frac{kt}{4}$（k为奇数）时，可按正交方位进行反弯矫直，在每个辊下进行正反3次弯曲，即可对该方位的弯曲完成矫直工作。因此可用第2及第3辊完成正交方位的矫直工作。第4辊只作轻微压弯来补充第2辊矫直质量上的不足，如图3-1a所示。或者把第1、第3及第5辊作为支撑辊仅利用第2及第4辊进行正交方位的反弯矫直，也可以达到矫直目的，此时第2及第4辊间距离要保持$p=\frac{kt}{4}$，或者使两辊间距离$\frac{p}{2}=\frac{kt}{3}$，则每个辊子的压弯点之间都相差60°或120°，结果三个矫直辊（第2、第3及第4辊）各自进行矫直的相位面之间相距60°或120°，可以获得比正交相位更好的矫直效果，如图3-1*b*所示。

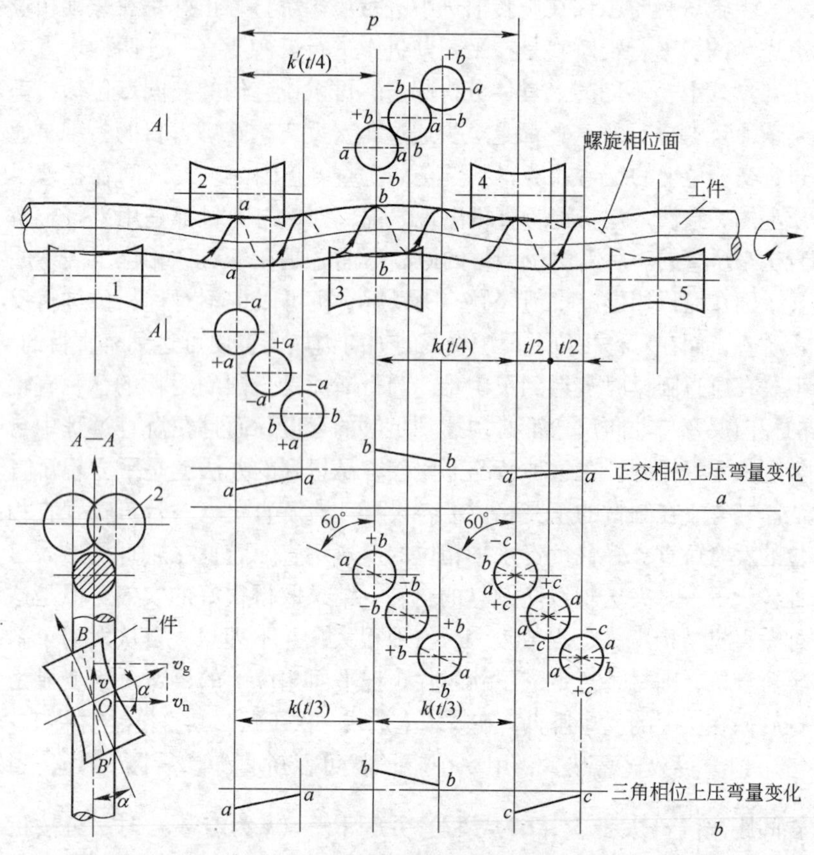

图3-1 5斜辊矫直过程与防自转原理

1~5—矫直辊

5辊式斜辊矫直机的辊子斜角调整与压弯量调整是两项重要的工艺参数，斜角调整是改变导程（t）值的主要方法。$t=\pi d\tan\alpha$，式中d为圆材直径，α为辊子斜角。而压弯量的调整在定量上难以计算，如图3-1*a*中第2辊下*aa*截面的弯曲量最大，它可使原始弯曲的弯曲方向及弯度得到基本的统一（1、2辊之间已经旋转两周以上，弯度差已经缩小)，再转半周$\left(\frac{t}{2}\right)$之后 aa 截面受到较小的反弯便可能得到矫直。再转半周$\left(\frac{t}{2}\right)$之后 aa 截面受到更小的反弯，矫直效果可能得到改善。因为这 3 次弯曲都是互相影响的，所以必须调整恰到好处才能矫直。斜辊矫直只用 5 个辊子就可以完成正交方位上的全面矫直任务，不再需要轴向调整，不再需要平立辊系。与平行辊式 5 辊矫直机相比可以说是青出于蓝而胜于蓝。辊数减少、结构减轻和矫直质量提高证明了斜辊矫直机的综合优越性和生命力。

(2) 彻底消除圆材自转的可能性，参看图 3-1 中 $A—A$ 剖视图，图中矫直辊 2 将工件压紧后在辊面与工件之间形成$\overline{BB'}$接触线，其线段 OB 的压力使圆材逆时针转动，线段$\overline{OB'}$使圆材顺时针转动，由于这两种旋转力大小基本相同，方向相反，圆材不仅不会转动，而且它们所产生的摩擦力还能防止其他外力形成的旋转力。尤其 5 个矫直辊都有这种防转动作用，可以说即使在辊缝内加上润滑油，圆材也只能随矫直辊旋转前进。

(3) 辊数增加后矫直效果更好。已知平行辊矫直机的辊数由于提高矫直质量和改善轴向压弯方法的需要已经增加到 7 ~ 9 辊（中小型矫直机已增加到 11 ~ 13 辊)。斜辊矫直机也有这种需要，其主要目的是解决图 3-1 中由一个辊子完成 3 次递减压弯所带来的困难。改进为在一个相位面上由 3 个辊子分别完成 3 次递减压弯，再在其正交相位面上由另外 3 个辊子分别完成 3 次递减压弯。如图 3-2 所示，在这个 8 辊矫直机上由上排 2、4、6 各辊完成一个螺旋相位上 3 次递减反弯。由下排 3、5、7 各辊完成其正交螺旋相位上 3 次递减反弯。只要保持同排相邻两辊间距为半个导程的奇数倍，即 $p=k\left(\frac{t}{2}\right)$；以及异排相邻两辊间距为$\frac{t}{4}$导程的奇数倍，即$\frac{p}{2}=\frac{kt}{4}$，便可达到上述矫直目的。上面的两个条件$\frac{p}{2}=\frac{kt}{4}$即 $p=\frac{kt}{2}$，两者是相同的，即各辊距都必须相等。增加辊数的结果是各辊的压弯量都可单独调整，互相的影响减少，矫直质量更容易保证，矫直效果可以更好。这种辊系在入口侧增加一个夹紧辊后变成很有名的 9 辊式矫直机，可使咬入更有效，夹送更稳定。它的辊数比起平立辊系的 12 ~ 16 个辊子仍然有所减少而且性能更为优越。

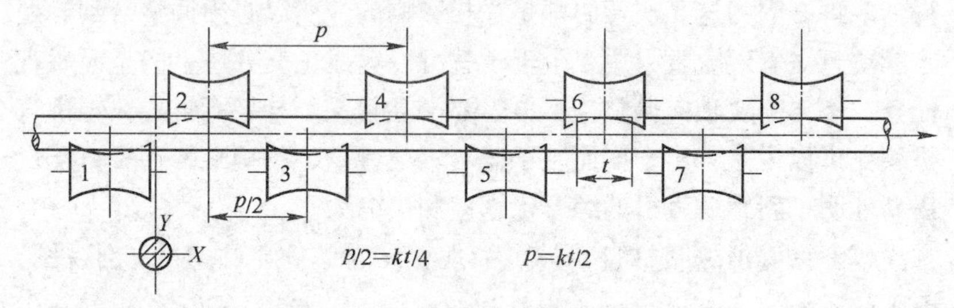

图 3-2 多斜辊矫直机的改进

k—奇数；t—导程

（4）增加辊子长度后矫直效果也更好。仍以 5 辊式矫直机为例来说明，如图 3-3 所示，将第 2 及第 4 辊作成长辊，第 1、3、5 各辊作成短辊，只起支撑作用，矫直工作由第 2 及第 4 辊来完成。而且要求第 2 及第 4 辊的工作长度不小于 $2t$，它们之间的辊距为 $p = \frac{kt}{4}$（k 为奇数）。在矫直过程中第 2 辊及第 4 辊必然可以完成其正交螺旋相位的反弯矫直工作。这种 5 辊矫直机在生产中应用很广泛，第 2 及第 4 辊皆为单独调整，容易控制矫直质量。

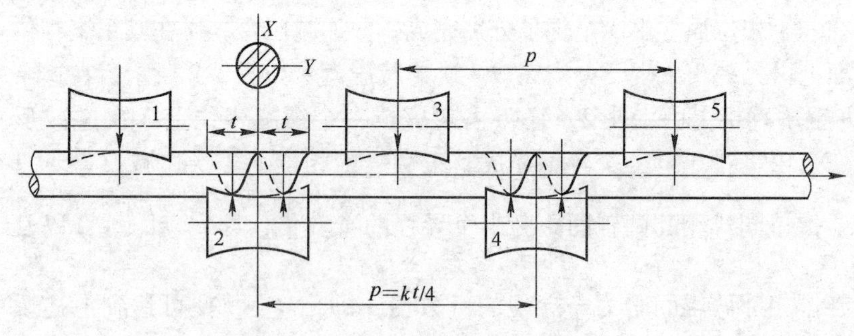

图 3-3 辊长为两个导程的矫直

k—奇数

（5）螺旋形弹性芯对矫直质量的提高有帮助。在平行辊矫直机上进行正交相位上的矫直之后所留下的弹性芯呈方柱形，如图 3-4*a* 所示。

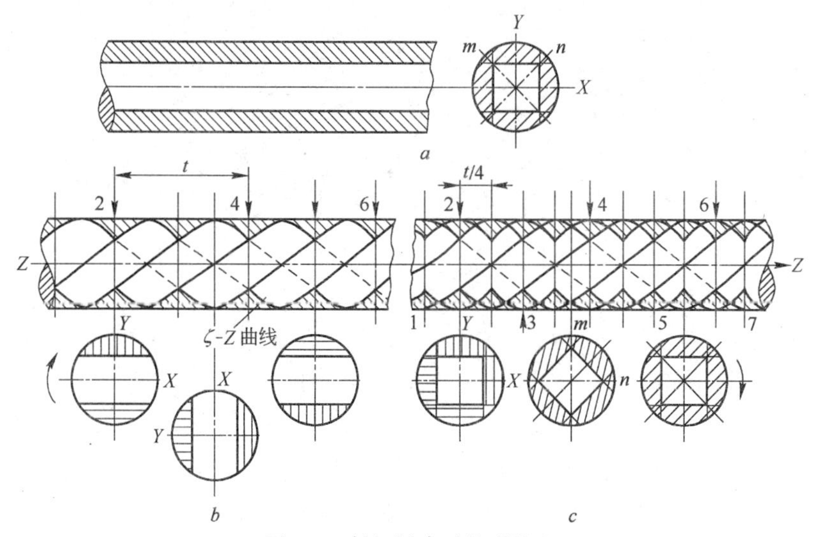

图 3-4 斜辊矫直时的弹性芯

在斜辊矫直机上进行单一螺旋相位的矫直时所留下的弹性芯为螺旋扁柱形，如图 3-4*b* 所示。若进行正交螺旋相位的矫直，所留下的弹性芯必然是螺旋方柱形，如图 3-4*c* 所示。这两种弹性芯对矫后质量的影响有所不同。一般圆材的原始弯曲虽然在方位上具有随机性，弯曲方向很不固定，但其弯曲方向的变化是很小的，不可能有连续螺旋形的弯曲，更不可能有与矫直时螺旋导程相同的弯曲。因此弹性芯的原始弯曲在螺旋形反弯过程中必然按导程分段地被矫直或被压弯。结果矫直段即图 3-5 中直线段，未矫直段即图 3-5 中弧线段，它们连接之后形成 *ab′*折线状态，而弹性芯本身必然按其原始弯曲方向不变地保留下来，具有 *ab″*的弯曲状态。这两种弯曲状态都要使已矫直的塑性外壳产生弯曲，结果直方柱形弹性芯使工件产生的残留弯曲必然大于螺旋方柱形弹性芯所产生的残留弯曲。后者矫直质量明显好于前者。

（6）斜辊矫直机在矫直管材时还表现出一个新优点。用平行辊矫直管材时没有圆整作用，而斜辊矫直管材要压弯必有压扁，压扁状态下进行旋转必有圆整作用，圆整的结果必然增加矫直效果，提高矫直质量。

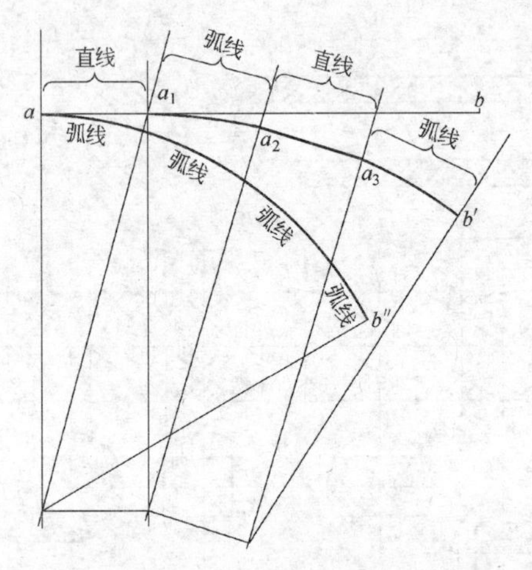

图3-5 弹性芯的弯曲

ab′—矫后螺旋柱弹性芯的弯曲；ab″—矫后直方柱弹性芯的弯曲

上述6个特点已经充分显示出斜辊矫直比平行辊矫直具有无比的优越性，因此斜辊矫直在生产实践中获得了快速的发展。

由于社会对质量的要求是好上加好，矫直技术的发展必然是不断前进。过去的斜辊矫直在高质量要求下已经暴露出不少的缺点，如：

(1) 工件的头尾得不到矫直，形成空矫区的长度约等于相邻两个压弯点间的距离。只能在矫直后进行补充矫直，否则无法克服。或者在矫直后切去头尾，造成很大浪费。

(2) 矫直机的调整比较困难，尤其是辊子斜角的调整稍有出入时，矫直质量便马上下降。有时矫后出现慢弯，即使重新矫直两遍也不能消除，严重影响矫直质量。

(3) 矫直机的压弯量不加大，便不能矫直，过大的反弯造成能量的浪费，还可能形成断面的畸变或直径的胀缩。

这些缺点的克服有赖于新技术的出现，这些缺点产生的原因也将在新技术的研究中不断得到解答。

3.2 斜辊矫直机辊子斜角的调节方法

辊形研究一直是斜辊矫直技术中的重点内容。斜辊的直棒包络辊形属于双曲线辊形，是最早用于矫直圆材的辊形，也是应用时间最长的辊形。虽然前后也曾出现过一些其他辊形，但是都普遍存在一个与矫直需要之间的差距。这个差距首先表现为辊形不能满足矫直过程三步走的要求，即“先统一、后矫直、再补充”的要求。其次是每一步的反弯量都需要符合解析计算结果的要求。用这两个要求来对照双曲线辊形，它是达不到要求的辊形。之所以能用于矫直就是它具有一种能包容圆材直筒形表面的辊面，能把圆材压弯而不跑偏，再根据经验来改变压弯量及斜角而达到矫直目的。至于压弯量、压弯形态、压弯后的矫直质量、压弯斜角与质量的关系等内容都是不可知的，也是无法求知的。从严格意义上说双曲线辊形不是压弯工具而是导向工具，用它来进行反弯矫直是勉强而为之的事情。矫直技术同其他技术一样都需要从幼稚走向成熟，在辊形方面是由文献［1］的出版完成了这个历史任务，不仅为辊形计算可以按矫直三步走的需要提供了科学方法，而且进一步提出单向反弯与双向反弯的两种互相分工的辊形计算理论，从而形成导向性与压紧性的双曲线辊形、粗圆材单向反弯矫直辊形及细圆材双向反弯矫直辊形等三种基本辊形，它们可以满足常见的矫直需要。所以对这三种辊形的斜角调节必须给予明确说明。

（1）双曲线辊形的斜角调节。这种辊形在过去都是应用于多斜辊矫直机。在辊系出入口两端的矫直辊主要用于圆材的夹紧与导向工作，对它的要求是辊缝与圆材的良好接触。在辊系中央的各辊主要是完成对圆材的压弯并在压弯当中与圆材的良好接触。当全辊系的辊子斜角保持一致时，压弯辊的两端必然要将圆材压成 S 形弯曲（在水平面上看）而不会形成等曲率的弧形弯曲。当这个 S 形弯曲也具有等曲率条件并且其等曲率段的长度又不小于一个导程时，矫直效果才能得到保证。但实际上并不容易达到上述理想状态，而只能依靠集中压弯在两个正交相位面上分别完成“先统一、后矫直、再补充”的三步矫直任务，才能达到矫直目的，这就需要对辊子斜角进行一定的调节，以使相邻两辊间的辊距正好等于四分之一导程的奇数倍。例如前后两辊间距为 p，圆材直径为 d，辊子斜角为 α，导程为 $t=\pi d\tan\alpha$，k 为奇数时，则需要保证 $p=kt/4=k\pi d\tan\alpha/4$。由于一般矫直机的辊距 p 都是固定参数，所以要保证 $p=kt/4$ 关系只能通过改变斜角 α 来达到目的，即需使 α 值变为

$$\alpha=\arctan[4p/(k\pi d)] \tag{3-1}$$

不过改变斜角 α 也是要照顾原始的设计条件。一般矫直机辊形设计都需要按给定的斜角 α 来进行。所以用现有辊形进行矫直时若改用新的斜角 α 就可能造成辊缝对圆材的接触不良。这时为了达到矫直质量要求就需要舍弃一些接触条件，宁肯放弃一些表面质量要求。这时所允许的斜角调节主要是微调范围内的调节，而不应采用过大的角度变化。当改变斜角 α 之后最好再重算其 k 值，即

$$k'=4p/\pi d\tan\alpha \tag{3-2}$$

有时反算出的 k' 值与奇数差距较大时，需要改用新的斜角 α'，并再考察它们的关系是否成立为

$$\alpha'=\arctan[4p/(k'\pi d)] \tag{3-3}$$

反复计算的目的是达到 k' 与奇数的接近，以及 α' 与原始 α 值的接近，越接近越好。

这里需要举个实例来了解其调节方法。设棒材直径为 $\phi15\sim30$mm，矫直机的辊距为 $p=200$mm，辊子斜角为 $\alpha=30°$。

先按 $\phi15$mm 棒材矫直验算奇数值 k 为

$$k=4p/(\pi d\tan\alpha)=4\times200/(\pi\times15\times\tan30°)=29.4$$

29.4 与奇数 29 有差距。再看看按 $k=29$ 算出的斜角与 30°会有多少差距，即

$$\alpha'=\arctan[4p/(k\pi d)]=\arctan[800/(29\times\pi\times15)]=30.3°$$

可见按 $\alpha'=30.3°$调节辊子斜角是可行的。这个斜角稍大于设计斜角，在压弯状态下可能获得良好接触。

当棒材直径增粗时一般皆需增大斜角才能获得良好接触，同时又都要保持 k 值为奇数。从两个方面来保持在 d 值不断增大条件下 k 值接近奇数。α 值接近 30°的增加值。在 α 值偏离 30°过大时，k 值可选两个相邻的奇数并计算相邻的 α 值而选用其中最合适的数值。下面

通过一个计算数表（表3-1）来了解 α 与 k 值的选定方法。

表3-1 计算数表

棒径 d/mm	算出的 k	采用的 k	采用的 α/(°)	棒径 d/mm	算出的 k	采用的 k	采用的 α/(°)
15	29.4	29	30.3	23	19.2	17	33
16	27.6	27	30.5	24	18.4	17	32
17	25.9	25	30.9	25	17.6	17	30.9
18	24.5	23	31.6	25	17.6	15	34.2
19	23.2	23	30.2	26	16.96	15	33.1
19	23.2	21	32.5	27	16.3	15	32.2
20	22	21	31.2	27	16.3	13	36
21	21	21	30	28	15.8	13	35
21	21	19	32.5	29	15.2	13	34
22	20	19	31.4	30	14.7	13	33.1
22	20	17	34.2	30	14.7	11	37.7

表中凡是有两个数值可用的则可选用其中一个，而且要优先选用与设计斜角相近的斜角。这里要强调斜角调节的准确性是十分重要的，有时只差不到1°，而矫直质量却相差很大。

这里需要认识辊系出入口矫直辊对圆材没有集中压弯能力，而辊系中央各辊对圆材具有集中压弯能力。在这两种辊下的圆材矫直速度各不相同，前者低于后者，故在调角时应该使出入口处辊子斜角适当加大。而真正需要加大的是出口辊子斜角。

（2）单向反弯辊形的斜角调节。由于等曲率反弯辊形的等曲率区长度不小于一个导程，这就意味着等曲率反弯矫直是全方位的矫直，再也不必考虑在两个正交相位上分别完成三步走的矫直任务。而只在一个辊面上分出三段等曲率区，圆材通过辊缝之后便可完成全长矫直任务。不过只用一种辊缝来矫直具有一定直径范围的圆材时，其辊缝对不同直径的矫直适应性必然不同，矫直细圆材时质量得到保证，而在矫直粗圆材时就不一定合适。因此这种情况要求辊缝不仅要适当加大，而且斜角也应有所改变。首先可以直观看出，当圆材直径增大时，矫直所需的反弯量必将减小，因此要求凸辊斜角也需减小，凹辊斜角则可增大。这样调角的结果又将使圆材在辊缝内严重地跑偏，致使辊缝导板产生严重的单侧磨损。可见为了扩大矫直范围要付出相当代价。当我们设法减少这种付出时，可以只减小凸辊斜角而不加大凹辊斜角，则跑偏力将减小一半。若凹辊也与凸辊同步减小斜角，而且辊端对圆材表面又不产生明显压痕时，则矫直工作可以稳定进行。但圆材矫后容易产生胀径现象。同理在矫直细圆材时可以直观地看出凸辊应该加大斜角，凹辊应该减小斜角，跑偏现象在相反方向严重存在。这时两个矫直辊都不可以改变斜角，更不可以同步加大或减小斜角。所以等曲率反弯辊形在矫直细棒时应尽量减少采用调角的方法而采用增加滚压力的方法，以增大弯曲表面的塑性变形达到等效增弯的效果，也可以达到矫直的目的。一般在辊形设计时以某一直径（d）为准，则在矫直直径 $d\sim2d$ 的圆材时可采用减小凸辊斜角或使凹辊斜角保持不变或适当减小凹辊斜角的办法来完成粗棒矫直任务。而在矫直 $d/2\sim d$ 的圆材时，各辊斜角可基本保持不变，只增大滚压力以完成细棒矫直任务。所以这种矫直机的矫直范围为 $d/2\sim2d$，直径可增大到4倍。

（3）双向等曲率反弯辊形的斜角调节。双向等曲率反弯辊形在辊面上既有凸辊部分也有凹辊部分，由凸凹辊面完成双向的正反压弯。这种辊形也是按着给定的斜角及三段矫直需要的反弯量来设计的，严格地说它只适用于一种材质、一种尺寸的圆材矫直。为了扩大它的矫直范围，只能用改变辊缝压弯量的办法来适应圆材的变化，而无法改变辊子斜角，因为当圆材变粗时对凸辊来说应该减小斜角，对凹辊来说应该增大斜角。但是凸凹两种辊形都存在于一个辊身上，将无法使其斜角同时变大又变小而只能保持不变。所以双向反弯辊形就是天生的不宜变角的辊形，而只靠改变压紧力来适应圆材直径的改变。但是一种辊形在矫直工作中总有其主导的辊形部分，这就是辊腰部分的辊形。因此在棒径增大时也可以将中凸辊形的斜角适当减小，而将其中凹辊形的斜角或者不变或者也适当增大，都以提高矫直质量和达到矫直目的为准。双向反弯辊形在斜角调节方面受到限制，故其适用范围很难扩大，一般以两倍直径为限，即棒径为 $d \sim 2d$。矫直范围向小直径方向扩大也是采用加大滚压力方法，也有可能完成 $d/2$ 的棒材矫直。由于双向反弯的矫直力偏大，很适合于滚光矫直，所以在滚光矫直的二辊矫直机上辊子的设计斜角要偏小，其$\alpha \leqslant 15°$。

3.3 斜辊矫直过程中因压弯量不同产生速度差所造成的机械内耗、圆材胀径与缩短问题的讨论

在文献［1］中讨论过平行辊矫直机在矫直生产中造成条材长度缩短与断面胀粗，以及在传动机构中产生负转矩的原因。无独有偶，在斜辊矫直过程中同样存在这类问题。因此需要结合斜辊矫直过程再进行一次具体的讨论。

斜辊与圆材的接触相当于用椭圆弧面的辊子与圆材接触并将其压弯。因此仍可以按大弧面平行辊矫直过程来讨论，参看图 3-6。

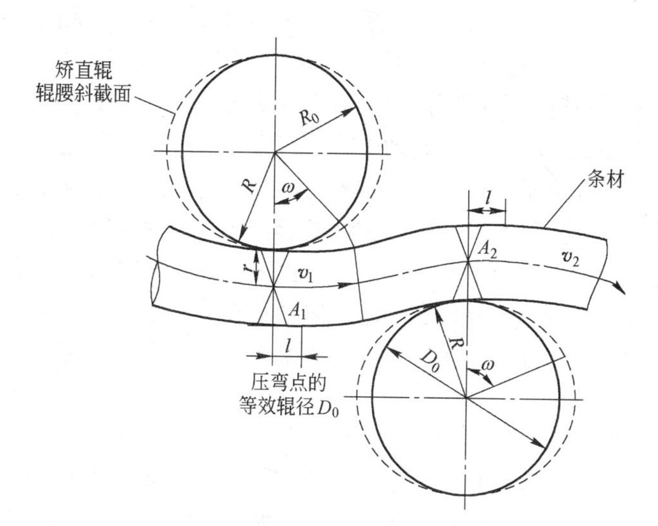

图 3-6　矫直辊压弯处矫直速度变化

当矫直弧半径为 R、角速度为 ω 时，圆材被压弯的内弯侧与辊面接触，不管两个矫直辊的各自压弯量如何，它们同圆材接触点处的前进速度都是 $R\omega$。但是接触点处圆材内弯侧是在压缩状态下被辊面推

向前进，其压缩量取决于压弯曲率（角）A，曲率（角）越大压缩量也越大。当圆材半径为 r 时其边层的压缩量为 rA，由于曲率（角）是单位弧长所对应的弧心角，故其压缩量也是单位弧长的压缩量。当内弯侧走过 $R\omega$ 长度时，总的压缩量为 $R\omega rA$。由于内弯侧是在压缩状态下走过 $R\omega$ 长度，所以实际走过的长度为 $R\omega + R\omega rA = R\omega(1 + rA)$。当矫直辊对圆材的压弯曲率（角）分别为 A_1 及 A_2 时，它们各自压弯内侧所走过的长度，分别为 $R\omega(1 + rA_1)$ 及 $R\omega(1 + rA_2)$。由于这些长度都是单位时间走过的距离，所以各自压弯处的圆材前进速度分别为

$$v_1 = R\omega(1 + rA_1) \tag{3-4}$$

$$v_2 = R\omega(1 + rA_2) \tag{3-5}$$

于是两个矫直辊处的矫直速度差为

$$\Delta v = v_2 - v_1 = R\omega r(A_2 - A_1) \tag{3-6}$$

这种速度差是不可小看的，它在数量上可达到单位时间相差几十或几百毫米。在大型大压力的矫直辊缝中如何缓解这么大的速度差往往都要付出很大的代价，如圆材受到镦粗胀径。压弯量大的辊子不仅要承受最大的矫直力还要推动其他矫直辊转动，而且在集中驱动系统中后一辊要克服前一辊的制动阻力，造成极大内耗，有时还会造成重大事故。幸好由于传动系统及辊缝内部并非刚性系统，辊面与圆材之间可以打滑，圆材本身既可以弹性变形又可以塑性变形，从而缓解了不小的矛盾，也掩盖了不少的险情。由于斜辊辊面同圆材的接触区较长，单位压力较小，故两者间的摩擦噪声较小。另外，斜辊辊系中常有成对矫直辊将圆材夹紧，使两者间打滑困难，因而胀径现象较多，断轴事故也不少。

根据矫直需要各辊的压弯曲率是可算出的，各辊的矫直速度及各辊间矫直速度差都可算出。这就表明生产中可以预知各辊处的矫直速度差，既可以作预防性的改进措施、调好各辊的转速，也可采用自适应调速方法以防止速度差积累之后产生的破坏作用。现在举个实例来考察，假设条材断面高度 $H = 150\text{mm}$，其材质 $E = 206\text{GPa}$，$\sigma_s = 1000\text{MPa}$，辊面速度为 $v = 60\text{m/min} = 60000\text{mm/min}$。其弹性极限曲率半径为 $\rho_t = EH/(2\sigma_s) = 206000 \times 150/(2 \times 1000) = 16480\text{mm}$。按三步

矫直法，“先统一”所需之反弯曲率半径为 $\rho_1 = 0.3\rho_t = 4944\text{mm}$，“后矫直”所需之反弯半径为 $\rho_2 = 0.6\rho_t = 9888\text{mm}$，“再补充”所需之反弯半径 $\rho_3 = 0.9\rho_t = 14832\text{mm}$。与它们相对应的曲率（角）为 $A_1 = 1/\rho_1 = 0.0002\text{rad}$，$A_2 = 1/\rho_2 = 0.0001\text{rad}$，$A_3 = 1/\rho_3 = 0.000067\text{rad}$。由式 3-6 可知最大速度差为

$$\Delta v_1 = v(A_1 - A_0)$$

由于 $A_0 = 1/\rho_\infty = 0$，$v = r\omega = 60000\text{mm/min}$，故

$$\Delta v_1 = vA_1 - 0 = 60000 \times 0.0002 = 12\text{mm/min}$$

其余的速度差为

$$\Delta v_2 = vA_1 - vA_2 = 12 - 60000 \times 0.0001 = 12 - 6 = 6\text{mm/min}$$

$$\Delta v_3 = vA_2 - vA_3 = 6 - 60000 \times 0.000067 = 6 - 4.02 = 1.98\text{mm/min}$$

若这些速度差都由条材的长度伸缩或辊面打滑来予以抵消，则咬入辊与第 1 个压弯辊之间的速度差 Δv_1 一般要由咬入辊面的打滑来补偿。第 1 个压弯辊到第 2 个压弯辊之间速度差为 Δv_2，由于这两个矫直辊压力都较大打滑比较困难，故将以塑性缩短为主要的补偿方式来解决这段的速度差。第 2 个压弯辊与第 3 个压弯辊之间速度差 Δv_3 在第 4 辊为出口辊压力较小情况下，第 4 辊下条材很容易打滑，第 3 辊下条材也可能有少量打滑。第 2 及第 3 辊之间条材便可能既有压缩又有打滑以达到对 Δv_3 的补偿。当各辊的矫直力都很大时，打滑难以发生，缩尺胀径便是唯一出路。而当使条材产生缩尺胀径所需的矫直辊扭矩已经超出其扭转强度时便会发生传动轴的断裂，造成重大设备事故。

过去只把矫直速度作为工艺参数来对待是不够用了，必须把各辊矫直速度差作为一项动态工艺参数来处理，而且在控制系统中还要制定相应的控制方案，把各辊速度差所引起的隐患消灭在萌芽状态。比如用软特性的直流电机单独驱动各矫直辊；又如用反馈控制的变频电机单独驱动各个矫直辊。在实践中人们也许会想出更多办法来解决这种速度差问题。

还有一种速度差就是将在第 3.15 节中提到的，当圆材被矫直辊压弯后圆材对辊面的包角增大，致使辊端接触点对圆材的送料分速度低于辊腰接触点的送料分速度（见图 3-45 中 $v_b < v_a$），这种速度差

(v_a-v_b) 完全由于几何关系变化所形成，它的影响比较小。而图 3-6 中的速度差（$\Delta v_1-\Delta v_3$）完全是由塑性变形不同所造成，它的影响是较大的，必须给予足够重视并加以解决。

3.4 等曲率反弯矫直技术与理论的新探索

前面提到的斜辊矫直机的缺点都是本质性的缺点。这些缺点的主要根源在于旧式斜辊矫直机是依靠集中压弯来达到反弯矫直目的的。如图 3-7 所示，图中三个压弯点 1、2、3 皆用箭头表示，压弯点两侧皆为对称的弯曲变形区。变形区内的塑性变形部分皆用影线表示（其轮廓曲线见第 1 章之式 1-37），其中竖影线表示压缩变形，横影线表示拉伸变形。该图只表示在单一的 Y 相位（螺旋形）上进行反弯矫直。Y 相位由 1 点转到 2 点正好转完一周，前进一个导程 t。1—1 截面的下半圆由压缩变形增加成压缩加拉伸变形，其上半圆由拉伸变形增加成拉伸加压缩变形，可以完成统一弯曲方向及弯曲程度的任务。至少再转半周到达 b 截面处才可能矫直。而且这种矫直只能是单一的Y—Y螺旋相位面内轴向素线的矫直。至于 X—X 螺旋相位面内各条轴向素线并未矫直。尤其是两个弧形外皮（S）中间的扁形空白区完全处在弹性状态（图中用 T 表示的区域）。这个弹性夹芯虽然在 Y—Y 相位上已经被矫直，但在 X—X 相位上仍保持原状。于是还需在其 X—X 相位上进行反弯矫直，即在与 1—1 截面相距$\frac{kt}{4}$处进行反弯矫直（k=奇数），才能达到全面的矫直目的。于是全面矫直后的弹性夹芯便成为图 3-8a所示的方形弹性芯。矫直目的达到了，但是这个弹性芯却存在着不少的问题。第一个问题是有效的矫直塑性变形区为 $D\sim m$ 的环形面积，四个弧形块面积 $m\sim B$ 的塑性变形是白白浪费掉的，以 m 为直径的圆形面积与以 B 为边长的方形面积相差 57%。可见这两种弹性芯的耗能相差 50% 左右（见图 3-10 中的圆形弹性芯），这就是前面所提到的第三个缺点。第二个问题是两个正交方位主要是通过辊子斜角的调整来保证它们之间 90°夹角的准确性。但在实际调整中不仅不重视减小调整误差，有时在工件直径改变之后仍按

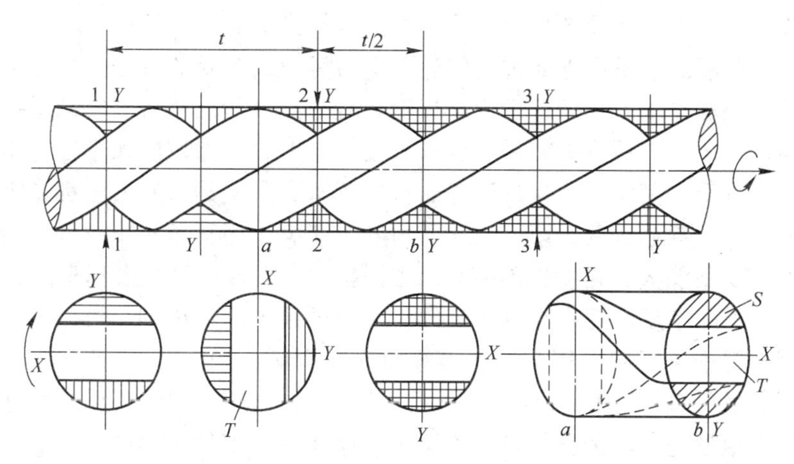

图 3-7 单一相位的矫直

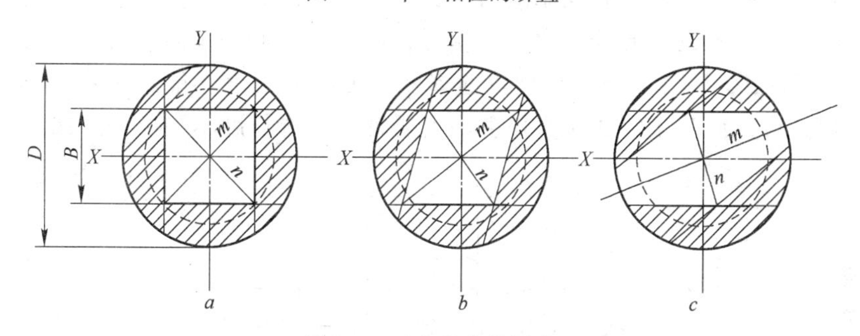

图 3-8 正交相位的矫直

原斜角进行矫直，所带来的结果是轻者会出现图 3-8b 所示的现象，即方形弹性芯的两条对角线一长一短，在长对角线 m 的方位上矫直效果降低，矫后圆材的长度方向上会有断续的不直部位超过允许不直度；重者会出现图 3-8c 所示的现象，在 m 相位上没有矫直能力。假设工件在某一方位上存在较大的原始弯曲，当弯曲部位转到 n 相位时可以被矫直，转到 m 相位时则不能矫直，结果原始弯曲虽能得到减轻而不能消除，在矫后留下一种慢弯，而且反复矫几遍都不能消除。这就是前面提到的第二个缺点。第三个问题是集中压弯的最大缺点，即在两个压弯点之间没有矫直能力。如图 3-2 所示，在两个压弯辊之间 $\frac{p}{2}$ 长度内工件的头尾都处在一端悬空状态，受不到反弯，或受不到充分的反弯而得不到矫直。这就是前面说的第一个缺点。

在解决空矫区方面过去作过不少的努力，主要的方法是用圆弧辊形在较小的斜角条件下用这种辊缝对圆材进行反弯矫直，结果确实取得了全长矫直的效果。也有用接触线上的三点按圆弧半径作出拟合辊形，其结果更接近于等曲率反弯矫直。但是这些方法都是近似的，又都是很受局限的。前者角度不能大，而且角越小越好。后者弧长不能大，角度也不能大，否则接触点要改变而失去真实性。

等曲率反弯矫直在第 2 章的双交错辊系中已经讲到，可以通过两个辊子进行同向压弯以获得等曲率反弯区，如图 3-9*a* 所示。也可通过具有等曲率辊形的一个辊子而得到，如图 3-9*b* 所示。但是前者辊形与圆材的接触是不连续的，保证不了工件头尾的矫直。后者的等曲率反弯没有强制能力，达不到全长矫直的目的。要实现等曲率反弯不仅要有等曲率反弯辊形，还要有等曲率反弯辊缝。可参看图 3-10 及图 3-11。任何等曲率反弯辊缝的长度不能小于一个导程（t），而为了完成矫直任务则需要辊子工作长度不小于 $3t$。如图

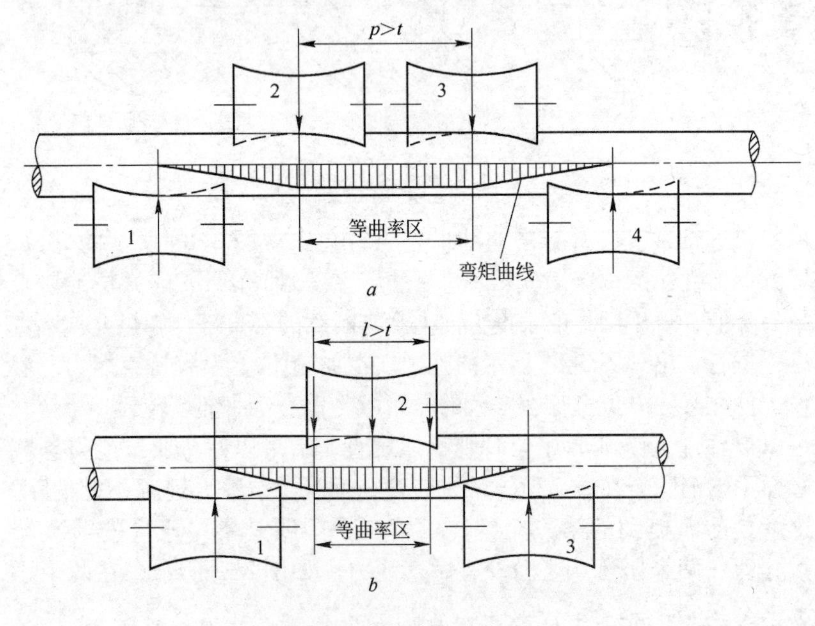

图 3-9 等曲率反弯的形成

3-10 所示，考虑到辊形的对称性（便于安装及使用），中央辊形的反弯半径 ρ_1 在走完一个导程后可以保证工件既统一了弯曲方向又统一了弯度。两侧的 ρ_2 辊形在入口侧可以帮助 ρ_1 完成“统一”任务，在出口侧可以完成矫直任务。圆材在辊缝中旋转一个导程后便可产生一个导程长度的全圆周等厚度的塑性变形区，实质上形成一个塑性变形管，而中心部分留下一个圆柱形的弹性芯，因此再也没有弹性芯的对角线问题。除非有调整上的错误，否则也不会有耗能的浪费问题。除非辊缝压力不足，否则也不会有明显的空矫区问题。等曲率全导程的反弯矫直，不会漏掉任何长度和任何相位而达到真正全长度和全方位的矫直目的。现在可以认为前述的斜辊矫直的三大缺点全部得到解决。可以说等曲率反弯矫直法是当代最好的矫直法。

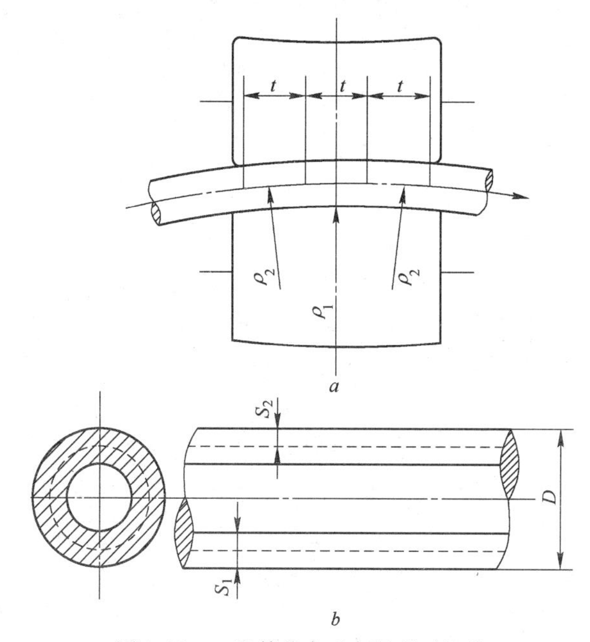

图 3-10　二段等曲率反弯辊形及辊缝

S_1—由 ρ_1 形成的塑性区；S_2—由 ρ_2 形成的塑性区

为了提高矫直精度，尤其对高强度工件进行矫直时，矫直辊的矫直能力可增加为三段反弯矫直，即由图 3-10 所示的二段矫直增加为

图 3-11 所示的 ρ_1、ρ_2 及 ρ_3 三段反弯矫直。所以等曲率反弯矫直的全称应该是分段等曲率反弯矫直。

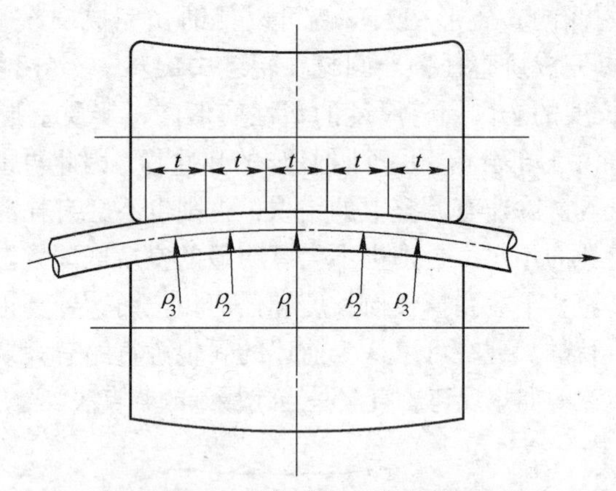

图 3-11 三段等曲率反弯辊形及辊缝

圆材的弹性极限反弯半径为 ρ_t，$\rho_t=\dfrac{Er}{\sigma_t}$，式中 E 为弹性模数，r 为圆材半径，σ_t 为圆材弹性极限强度（$\sigma_t \approx \sigma_s$）；矫直反弯半径 $\rho_1=(0.2\sim0.3)\rho_t$；$\rho_2=(0.5\sim0.6)\rho_t$；$\rho_3=(0.9\sim1)\rho_t$。圆材直径越粗越要取大值。这种三段等曲率辊形只用在难矫圆材的二辊矫直机上。一般用二段等曲率辊形也可以满足高精度矫直要求，因为二辊矫直机的出入口处都设置导向装置，它可以对 ρ_2 段矫直质量通过递减反弯有所补充和改进，参看图 3-12。不管辊形是三段的或是二段的等曲率反弯辊形都反映出用两个辊子就可以完成矫直工作，而且辊子斜角不再受限制，既可以采用小斜角，也可以采用大斜角，即矫直速度可以高也可以低。从而可以预知二斜辊矫直机有取代多斜辊矫直机的能力。如果推广二辊矫直机则辊数明显减少，结构大大减轻，会带来极大的好处。但是新式二辊矫直机也存在一些不足之处，还不能全部代替多斜辊矫直机（详见后面的多斜辊矫直机部分）。

等曲率反弯辊形在矫直机中可以不调斜角，减少许多麻烦。由于在圆材直径变化时凸辊与凹辊的调角方向正好相反，所以无法调角。不调斜角对矫直机工作范围必然有所限制。根据实践考查在工件直径变化范围为 2 倍时，不调角是可以正常工作的。在工件直径变化范围

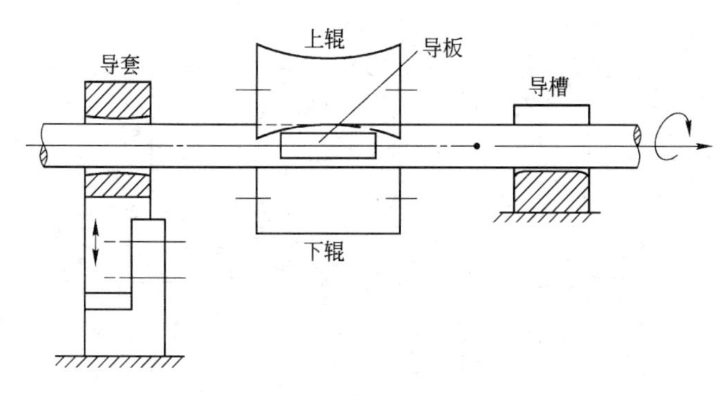

图 3-12 二辊矫直导向系统

为 4 倍时，小直径的圆材可以在不调角情况下依靠滚压力来增大反弯效应，也能达到矫直目的（见滚压加反弯的矫直技术一节）。再大的矫直范围则不宜推荐，因为矫直耗能与工件直径的 3 次方成正比。相差 64 倍的耗能由一台矫直设备来承担，除非在特殊情况下否则不能允许。

等曲率反弯辊形的矫直机有一个缺点，就是辊缝的两侧需要设置导向板。因为在辊缝内进行反弯矫直时只有上下两种压力作用在圆材表面，稍有偏移便将失稳，尤其圆材在旋转中受此压力作用更不可能稳定，必须采用导向板加以支撑，如图 3-12 所示。有了导向板在辊缝两侧完全可以使辊缝内的反弯矫直工作得以平稳进行。但在辊端的出入口处，工件头部刚送入辊缝时尾部必然甩摆；在尾部将要走出辊缝时头部也必然甩摆。因此入口的导向套和出口的导向槽也是必不可少的。可见等曲率反弯矫直机的三导装置都是重要的组成部分。参看图 3-12中矫直机与三导装置的组成关系。

等曲率反弯辊形的辊子斜角基本不受限制，可以加大（但一般不超过 35°，以免造成很大的辊径差），于是辊缝的弯度也随之增大。它要求辊缝导板必须顺应辊缝形状加以设置，如图 3-13 所示。把导板作成曲线形比较困难，而作成两块分开式导板是容易的，而且导板的倾斜方向可以随辊缝而改变。由于圆材在辊缝中的旋转是不稳定的，它对导板的压力也是不稳定的。四块导板的磨损是不均匀的，四块导板的单独调整是合理的，四块导板在结构上也是可以实现的。

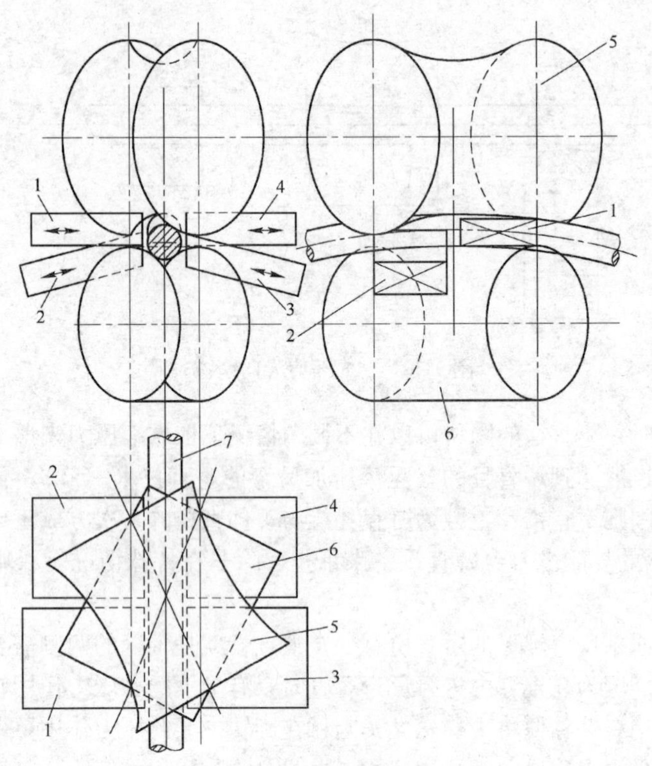

图 3-13 辊缝导板

1—右平导板；2—右斜导板；3—左斜导板；4—左平导板；
5—上辊；6—下辊；7—圆材

等曲率反弯矫直为带有黏弹性金属的矫直创造了良好条件，带有黏弹性金属的变形滞后于应力现象已经在第2章中讨论过。斜辊矫直的等曲率区同样把变形过程拉长，使金属条材在反弯过程中增加很大的延时间隔而容易获取充分的塑性变形。

在等曲率反弯矫直细圆材时，由于反弯量增大，在矫直辊的出入口处工件产生较大倾斜，给生产带来不便。虽然可用倾斜辊道来适应这种变化，但是在斜度较大情况下的倾斜辊道也很难解决，于是才有双向反弯辊形的出现，如图3-14所示。图中辊形为三段等曲率辊形，第一段辊形的曲率半径为 ρ_1，第二段为 ρ_2。ρ_1 与 ρ_2 之间的拐点按 $\rho_2 : \rho_1$ 的比值确定 s_d 与 s'_d 的比值，拐点位置便可确定。由于双向反弯时矫直力增大很多，故 s_d 取值要偏大，如 $s_d=t$，则 $s'_d=s_d\rho_2/\rho_1=t\rho_2/\rho_1$（这个结果只供参考，为了减小矫直力希望辊形加长，为了减小辊径差又希望辊子缩短，设计者可根据具体情况加以安排）。第三段辊形之凸辊辊形反弯半径采用 $\rho_3=0.9\rho_t$，凹辊辊形反弯半径采用 $\rho'_3=\rho_t$，虽然辊形是等曲率的，但它们的辊缝却是变曲率的，是递减反弯的。在为比较容易矫直的金属条材设计辊形时，可以取消这段辊形，用出口导槽来完成递减反弯也可达到矫直目的。辊长减小之后，直径差减小，辊面相对滑动减小，结构尺寸减小，效果明显。所以要尽量采用二段等曲率辊形。至于单向反弯辊形，它在矫直粗圆材及粗管材时可以减小很多的矫直力，而且弯度又不大，所以完全可以采用单向反弯辊形。因此，在粗棒矫直及许多管材矫直中都是采用单向反弯辊形。

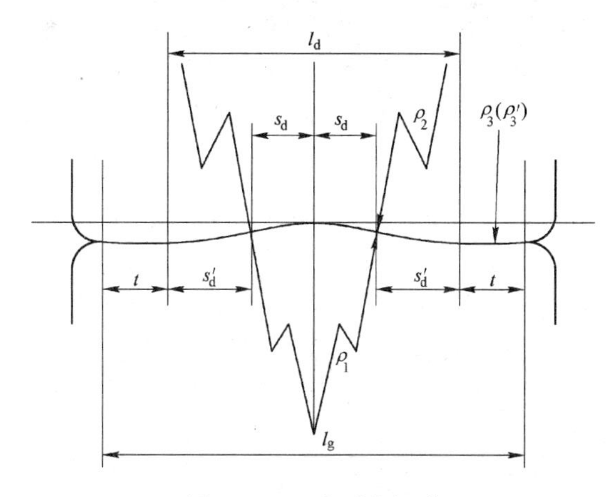

图 3-14 双向反弯辊形

3.5 等曲率反弯辊形的计算

计算等曲率反弯辊形的前提是给出被矫圆材的直径（d）、弹性模数（E）、弹性极限强度（σ_t）、原始弯度及矫后的直度要求。在设计矫直辊时还需明确圆材表面状态及矫后的表面粗糙度要求。具体步骤如下：

（1）计算圆材的弹性极限弯曲半径 ρ_t，即

$$\rho_t = Ed/(2\sigma_t) \tag{3-7}$$

（2）根据原始弯度大小及统一弯度的需要计算第一次反弯半径 ρ_1。工件的原始弯度可以测出，即某一弦长范围内的弦高。当弦长为 l 时，用塞尺可以测出其中央处的弦高，当然也可采用先进的光学测量法测出弦高 δ_0。利用勾股弦定理算出原始弯曲半径 ρ_0，即

$$\rho_0 = \delta_0/2 + l^2/(8\delta_0) \tag{3-8}$$

l 值可以根据工件直径大小及弯曲变化频率来确定，一般直径的圆材及一般的弯曲变化频率者采用 $l=1000$mm，于是

$$\rho_0 = \delta_0/2 + 125000/\delta_0 \tag{3-9}$$

圆材直径较细，弯曲变化又较频繁者 l 值要减小，尽量按两个波峰之间距离取值。

现在以比较常见的圆材直径、材质及原始弯度为例计算其原始曲率比及第一次反弯半径列于表 3-2。由于实测弦长 l 值必须随直径而改变才能切合实际，故设 ϕ50mm 棒材的原始弯度为 30mm，算出的弯曲半径为 $\rho_0 \approx 4000$mm。其他可随棒径而增减，即随 ρ_t 而增减。

表 3-2 原始曲率比及第一次反弯半径计算实例

d/mm	ρ_t/mm	A_t/mm^{-1}	ρ_0/mm	A_0/mm^{-1}	C_0	C_Σ	C_w	ρ_1/mm
10	1030	0.00097	800	0.00125	1.29	5	3.71	278
20	2060	0.000485	1600	0.000625	1.29	4.9	3.61	571
30	3090	0.000324	2400	0.000417	1.29	4.8	3.51	880
40	4120	0.000243	3200	0.000313	1.29	4.7	3.41	1208
50	5150	0.000194	4000	0.00025	1.29	4.6	3.31	1556
60	6180	0.000162	4800	0.000208	1.29	4.5	3.21	1925
70	7210	0.000139	5600	0.000179	1.29	4.4	3.11	2289
80	8240	0.000122	6400	0.000157	1.29	4.3	3.01	2738
90	9270	0.000108	7200	0.000139	1.29	4.2	2.91	3186
100	10300	0.000097	8000	0.000125	1.29	4.1	2.81	3665

注：$\sigma_t = 1000$MPa；$E = 206$GPa；$A_t = 1/\rho_t$；$A_0 = 1/\rho_0$；$C_0 = A_0/A_t = 1.29$；$C_\Sigma = 4 \sim 5$；$C_w = C_\Sigma - C_0$；$\rho_1 = \rho_t/C_w$；棒径 $d = 10 \sim 100$mm。

表中的原始曲率比 C_0 值统一为 1.29 是人为规定的，实际上也将随 d 值增大而减小，但减小的梯度是很小的，即对 ρ_1 减小的影响不

大。由于C_0及C_Σ的波动性使C_w值也很难定得准确，所以实际上推荐按表3-3采用C_w值。

表3-3 不同d值下采用的C_w值

d/mm	<10	10~30	40~60	70~100	>100
C_w	5	4	3.7	3.5	3.3

注：$\sigma_t \leqslant 1000$MPa；$E=206$GPa。

表3-2与表3-3都是取值方法上的参考而不是硬性规定。

（3）根据矫直需要确定第二次反弯半径ρ_2。第一次的反弯属于大变形反弯，因此反弯后的弹复量也是较大的，棒径越细弹复量越接近最大值。由于圆材的最大弹复曲率比为$C_{fmax}=1.7$。在$C_w=3.3\sim5$时，相当于$C_\Sigma \geqslant 4$，可以查知其$C_f=1.65\sim1.7$。此时残留曲率比$C_c=C_w-C_f>3.3-1.65=1.65$。所以第二次反弯时的原始曲率比$C_0=C_c=1.65$。此1.65矫直所需之反弯曲率比为$C'_w=1.62$，故第二次反弯半径$\rho_2=\rho_t/1.62\approx0.62\rho_t$。可按$\rho_2=(0.6\sim0.62)\rho_t$取值。

（4）根据补充矫直的需要确定第三次反弯半径ρ_3及ρ'_3。一般凸辊按$\rho_3=0.9\rho_t$设计辊形，凹辊按$\rho'_3=\rho_t$设计辊形，它们之间的辊缝必然形成递减变化的曲率值。而且可以采取调整压紧量的方法来改变递减梯度。除难矫金属条材外，可以用出入口的导向槽来完成递减反弯工作，从而可以不设第三段反弯辊形。

（5）辊子斜角的设定。辊子斜角是指辊轴与圆材轴线间夹角。斜角大小直接决定圆材前进速度与旋转速度的大小和比值，如图3-1中v_g为辊面线速度，v_n为圆材表面线速度，v为圆材前进速度。当v_g确定之后$v_n=v_g\cos\alpha$，$v=v_g\sin\alpha$，即v_n与v的大小与α角有关。v_n与v的比值等于$\cot\alpha$。过去近似的等曲率二辊矫直机的斜角一般$\alpha\leqslant15°$。新的等曲率辊形的二辊矫直机的斜角可以成倍加大。不过考虑到减少辊面滑动的需要，一般采用$\alpha=20°\sim35°$。

（6）最大导程计算。等曲率反弯辊形每段等曲率区的长度不能小于一个导程，而且这个导程必须是最大导程，即在矫直最粗圆材并按最大斜角工作时所走的导程。可按下式计算

$$t_{max}=\pi d_{max}\tan\alpha \tag{3-10}$$

由于等曲率反弯矫直辊的斜角基本不调整，其 α 值就代表最大值。

（7）矫直辊工作长度的计算。首先对于单向反弯矫直辊的工作长度很容易计算，即每段反弯的矫直辊形占用一个导程。由于辊形是对称的，辊腰的一段辊形可按两侧各 $t/2$ 分配，故二段等曲率反弯辊形的工作长度为 $l_g=3t$（见图 3-10），三段等曲率反弯辊形的工作长度为 $l_g=5t$（见图 3-11）。其次是双向反弯辊形，如图 3-14 所示，在 ρ_1 与 ρ_2 换向处两侧辊腰段等曲率区长度为 s_d，辊腹段等曲率区长度为 s'_d。为了减小矫直力一般采用 $s_d=t$，$s'_d\approx 2t$，因为 $\rho_2/\rho_1\approx 2$（如 $\rho_1=0.3\rho_t$，$\rho_2=0.6\rho_t$）。ρ_3 段为变曲率区，其长度为 $s_b=t$。因此二段等曲率双向反弯辊形之工作长度 $l_g=6t$；三段等曲率双向反弯辊形之工作长度 $l_g=8t$。圆材直径越粗，其反弯半径 ρ_1 与 ρ_2 的差值以及 ρ_1 与 ρ_3 的差值越小，矫直越容易，所以粗圆材的矫直由于 ρ_1 增大，ρ_2 与 ρ_3 差值更小，只用二段等曲率反弯辊形就可以达到矫直目的，其辊长 $l_g=6t$，以免采用 $8t$ 长度造成辊子结构庞大。另外圆材越粗，其反弯力越大。故应尽量采用单向反弯辊形，其辊长 $l_g=3t$，可使结构大大减轻。

（8）矫直辊直径的计算。矫直辊直径既要满足结构上的需要和强度上的要求，也要满足等曲率反弯矫直的需要。从结构上说，辊端直径必须大于轴承所依托的轴承座外径。而计算辊形直径要从辊腰开始，辊腰直径与辊端直径的关系又因凸辊与凹辊的区别而不同。在设定辊腰直径时还需考虑辊长的变化，长辊的直径应该大于短辊的直径。根据经验及强度上的可靠性，在辊长 l_g（辊子工作长度）确定之后，计算单向反弯辊形时，辊腰直径 D_{01} 可取为

$$D_{01}\approx 0.8l_g \tag{3-11}$$

计算双向反弯辊形时辊腰直径 D_{02} 可取为

$$D_{02}\approx 0.7l_g \tag{3-12}$$

辊形算好之后，辊端直径自然算出，并要用轴承外径 D_z 来考核辊端外径 D_d，即需满足下面条件

$$D_d\approx 1.2D_z \tag{3-13}$$

经验算可知，满足上述关系的辊径值一般在强度上都是可靠的。

另外等曲率反弯辊形还有凸凹辊之分，凸辊辊腰直径要大于凹辊，凸辊辊端直径要小于凹辊。若设定凸辊腰径为 D_0，端径为 D_d，

凹辊腰径为 D'_0，端径为 D'_d，则可按下列关系计算

单向反弯者： $D'_{01} \approx 0.7l_g$ (3-14)

双向反弯者： $D'_{02} \approx 0.6l_g$ (3-15)

按 D'_0可计算出 D'_d值，此时在凸凹辊之间可大致按

$$D_0 \approx (D'_0 + D'_d)/2 \tag{3-16}$$

关系来考核各辊径间的关系，因此在设计辊形直径时应先计算凹辊的 D'_0及 D'_d，再计算凸辊的 D_0及 D_d。最后按式3-16 考察它们之间的关系，再根据实践经验，决定采用偏大或偏小的取值。

辊腰直径确定之后，便可以进行辊形直径的计算，具体内容如下：

1）单向反弯辊形直径的计算。参看图 3-15，设圆材在辊腰段内完成第一次大变形的反弯，其反弯半径为 ρ_1，我们可以想象圆材是按 ρ_1弯成的圆环，其环心必将在辊腰横截面的垂直中心线 $x—x$ 上的 o_1点。通过环心的环中央平面必然包括圆材轴线 $o'q_1$及 o_1点而形成环中面$o'q_1o_1$平面。此时环面与辊面的接触点为 m_1，由 m_1点作接触面的法线 m_1p_1必然通过辊轴且交于 p_1点。环中面与 m_1p_1之间夹角为 φ_1，q_1处环的横截面与 $x—x$ 轴间夹角为 β_1。环中面与辊中面（垂直方向的中面）之间的夹角为 α。β_1角代表 q_1处圆材的倾斜度。当圆环的环段由 q_1处改变用 ρ_2半径反弯时，反弯到 q_2点，环面与辊面的接触点转移到 m_2，新环段 q_1q_2的中心必然由 o_1点向上延伸到 o'_2构成新的扇形 $o'_2q_1q_2$，而且 $o'_2q_1 = o'_2q_2 = \rho_2$。通过 m_2点的新法线 m_2p_2与环中面之间夹角为 φ_2。q_2处环段的倾斜角增大为 β_2。当环段 1 及 2 用 i 表示段数后，在每段内用递增方法求解其相应的 β 角时，设递增的步数用 j 表示，则第 i 段第 j 步处的倾斜角为 β_{ij}。根据文献［1］的坐标变换方法及投影几何原理可以写出

$$\beta_{ij} = \arcsin\left[\frac{(\rho_i - L_{i-1})\sin\beta_{i-1} + z_{ij}}{\rho_i}\right] \tag{3-17}$$

式中，L_{i-1}为辊腰垂直轴线与环中面上 q_{i-1}点处环半径 ρ_{i-1}的交点 o_{i-1}到 q_{i-1}的距离；z_{ij}为第 i 段环内第 j 步处环轴坐标值；β_{i-1}为前一段环末端的倾斜角；ρ_i为第 i 环段的弯曲半径。

第 i 段终点的环半径与坐标轴线 $x—x$ 交点到辊腰处圆材中心 o'的距离为 Q_i，在此段内第 j 步的距离 Q_{ij}也是用文献［1］的几何方法

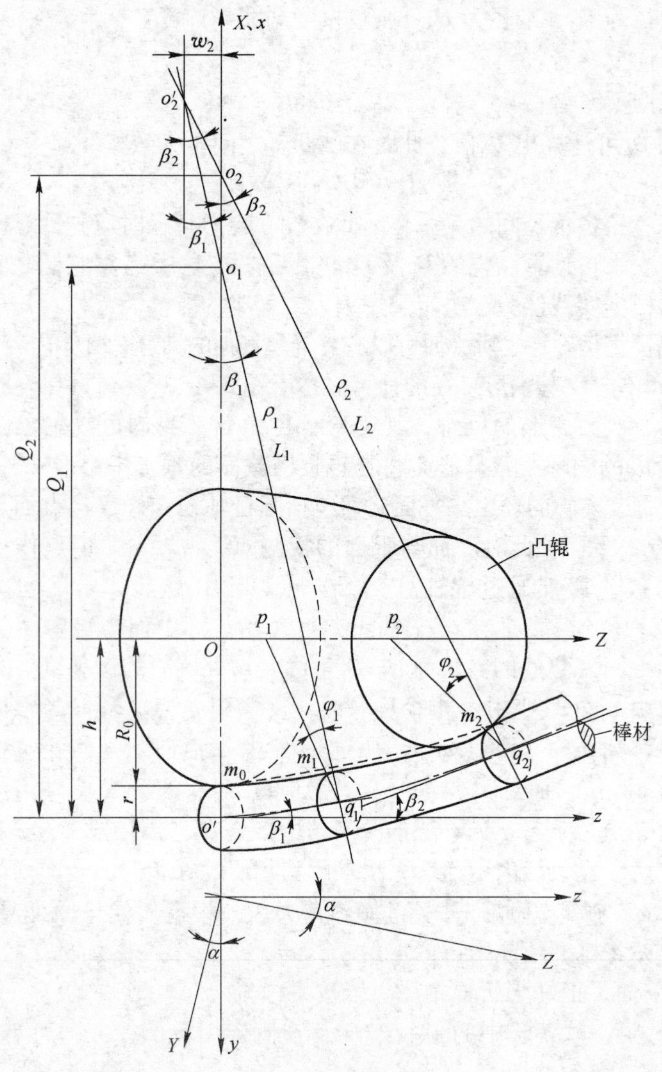

图 3-15 凸辊辊形

写出为

$$Q_{ij}=Q_{i-1}+(\rho_i-L_{i-1})\left(\cos\beta_{i-1}-\frac{\sin\beta_{i-1}}{\tan\beta_{ij}}\right) \tag{3-18}$$

式中，Q_{i-1}为前一环段终点半径与 x—x 轴交点到 o'轴的距离。

第 i 环段终点处的环半径与 x—x 轴交点到环轴 q_i 的距离为

$$L_{ij}=\rho_i-(\rho_i-L_{i-1})\frac{\sin\beta_{i-1}}{\sin\beta_{ij}} \tag{3-19}$$

第 i 环段终点棒面与辊面接触点法线与环中面间夹角为

$$\varphi_{ij}=\arctan\left[\frac{(Q_{ij}-h)\sin\beta_{ij}\tan\alpha}{h-Q_{ij}+L_{ij}\cos\beta_{ij}}\right] \tag{3-20}$$

式中，h 为辊腰处辊轴与棒轴间距离。

上述各种参变量算出之后便可以求算各段内每一步接触点 m_{ij} 的三维坐标。如接触点的 Z 轴坐标为

$$Z_{ij}=L_{ij}\sin\beta_{ij}\cos\alpha+r(\sin\varphi_{ij}\sin\alpha-\cos\varphi_{ij}\sin\beta_{ij}\cos\alpha) \tag{3-21}$$

式中，r 为棒材半径。

接触点的 X 轴坐标为

$$X_{ij}=Q_{ij}-h-L_{ij}\cos\beta_{ij}+r\cos\varphi_{ij}\cos\beta_{ij} \tag{3-22}$$

接触点的 Y 轴坐标为

$$Y_{ij}=-L_{ij}\sin\beta_{ij}\sin\alpha+r(\sin\varphi_{ij}\cos\alpha+\cos\varphi_{ij}\sin\beta_{ij}\sin\alpha) \tag{3-23}$$

用这三个坐标值便可求算该接触点处的辊形半径为

$$R_{ij}=(X_{ij}^2+Y_{ij}^2)^{\frac{1}{2}} \tag{3-24}$$

这个半径可以代表棒环与辊面接触段内各点的辊子半径，若每一步的间距很小，所算出的 R_{ij} 值之间将有很好的连续性，将它们连接起来便可构成圆滑的辊形。各环段的长度不小于一个导程 t，所以允许将各环段所对应的辊段长度按不小于 t 来计算。

上面计算的是图 3-15 中的凸辊辊形，下面还要计算图 3-16 中的凹辊辊形。从图 3-16 中看到凹辊矫直棒材时，棒材弯成圆环的环心在辊子下面，正好与凸辊相反。若按 z—z 轴以上为正，则 z—z 轴以下为负，将上述各式中的 ρ、L、Q 及 β 值皆用负值代入便可算出凹辊的辊形半径值。

由于等曲率反弯辊形与设定的辊子斜角及棒材直径密切相关，凸凹二辊的辊形很有可能都是凹形，这时可称之为浅辊与深辊，用浅深代替凸凹更为切合实际。尤其下面将要讨论的双向反弯辊形，用凸凹来称谓更加不切合实际，姑且以深浅辊形来区分之。

2）双向反弯辊形直径的计算。前面已经明确凸凹辊形的计算方

法，而且已经说明辊形要对应分段反弯的需要而进行分段计算。因此当第一段辊形为凸辊时，在进入第二段后变为凹辊辊形，则只需将第二段的ρ、L、Q及β值改为负值便可设计出双向反弯的浅辊。若第一段辊形为凹辊，即其ρ、L、Q及β等值已改为负值，则第二段辊形计算时再把这些参数变回正值便可设计出双向反弯的深辊。

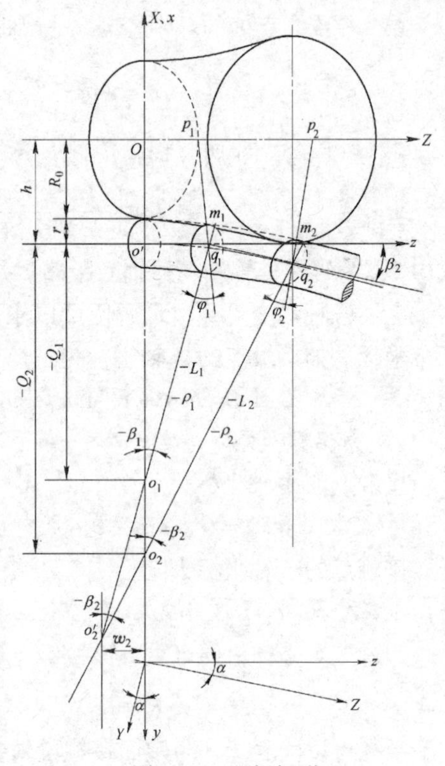

图 3-16 凹辊辊形

以上都只是讨论二段等曲率反弯辊形，当需要采用三段等曲率反弯辊形时，只需在前面的公式中把i扩大到1、2、3，然后在每一段中再分步计算辊形。辊形的第三段虽然在其辊缝内不会达到等曲率反弯，但凸凹二辊的辊形仍然按等曲率设计，故仍可称为三段等曲率反弯辊形。

如果读者需要了解这些公式的推导过程，可参看文献［2］之185页及文献［1］之255~263页内容。

了解辊形计算方法之后，我们有条件结合实际的矫直辊来讨论矫直时圆材直径变化范围为2倍左右时的矫直可能性。

计算实例为ϕ10~20mm细棒，其$\sigma_t=1000$MPa，$E=206$GPa，辊子斜角$\alpha=25°$，最大导程为$t=30$mm，采用二段等曲率双向反弯辊形，辊子工作长度$l_g=6t=180$mm，先按ϕ10mm棒材计算其弹性极限反弯半径为$\rho_t=1030$mm。在原始弯曲较大情况下，如$C_0=1.5$，则按$C_w=5-1.5=3.5$来压弯，其$\rho_1=\rho_t/C_w=1030/3.5=294$mm。第二次反弯可按$\rho_2=\rho_t/1.66=620$mm来进行。辊腰直径按凹辊计算为$D'_0=$

$0.6l_g=108$mm，其 $R'_0=54$mm，圆材半径 $r=5$mm，拐点在 $s_d=30$mm 处。首先用 ϕ10mm 棒材设计辊形，在棒轴坐标系 z 上计算，在辊轴 Z 上选用步距为 $\Delta Z=10$mm，算出的凹辊半径如表 3-4 所示。

表 3-4　凹辊半径计算值

z/mm	0	10.8	21.3	32	43	54	65	76	87	98
Z/mm	0	10	20	30	40	50	60	70	80	90
β/(°)	0			−6.25						−0.14
R/mm	54	54.4	55.5	57.3	59.6	61.9	64.3	66.7	69.2	71.7

注：$\rho_1=-294$mm；$\rho_2=620$mm；$R_0=54$mm；辊端压力角 $\varphi=35.4°$。

与其相对的凸辊半径如表 3-5 所示。

表 3-5　凸辊半径计算值

z/mm	0	11.1	22.2	33.3	44	54.8	65.6	76.4	87.2	98
Z/mm	0	10	20	30	40	50	60	70	80	90
β/(°)	0			6.5						0.5
R/mm	62	62	61.8	61.6	61.6	62.2	63.2	64.7	66.7	69

注：$\rho_1=294$mm；$\rho_2=-620$mm；$R_0=62$mm。

其次，用 ϕ20mm 棒材计算辊形，而且要用 $\alpha=25°$ 及 $\alpha=23°$ 计算两种辊形，与前辊形对比，取其接近者定案。

计算的两套辊形中第一套如表 3-6 所示。

表 3-6　用 ϕ20mm 棒材计算的凸凹辊半径值（$\alpha=25°$）

凹辊（$\rho_1=-588$mm；$\rho_2=1240$mm；$R_0=54$mm）	z/mm	0	10.5	21	31.5	42.3	56.2	64	74.9	85.8	96.7
	Z/mm	0	10	20	30	40	50	60	70	80	90
	β/(°)	0			−3.1						−0.1
	R/mm	54	54.3	55	56.3	57.9	59.7	61.7	63.8	66.1	68.5
凸辊（$\rho_1=588$mm；$\rho_2=-1240$mm；$R_0=62$mm；$\varphi=33°$）	z/mm	0	11	21.9	32.8	43.5	54.1	64.7	75.4	86.1	96.9
	β/(°)	0			3.2						0.2
	R/mm	62	62	62.2	62.4	62.9	63.8	65	66.5	68.4	70.6

第二套如表 3-7 所示。

表 3-7 用 ϕ20mm 棒材计算的凸凹辊半径值（$\alpha=23°$）

	z/mm	0	10	20	30	40	50	60	70	80	90
凹辊（$\rho_1=-588$mm；$\rho_2=1240$mm；$R_0=54$mm）	Z/mm	0	10.4	20.8	31.2	41.9	52.6	63.4	74.1	84.9	95.6
	β/(°)	0			−3						0
	R/mm	54	54.2	54.9	56.1	57.5	59	60.7	62.5	64.5	66.5
凸辊（$\rho_1=588$mm；$\rho_2=1240$mm；$R_0=62$mm；$\varphi=30°$）	z/mm	0	10.9	21.7	32.5	43	53.5	64	74.6	85.1	95.7
	β/(°)	0	0								−0.3
	R/mm	60	62	62.1	62..2	62.5	63.2	64.1	65.4	67	68.8

把这些数据画在辊形图上，如图 3-17 所示。从这张图上，首先来看 $\alpha=25°$时用一种辊形即实线辊形矫直 ϕ10～20mm 棒材，矫 ϕ10mm

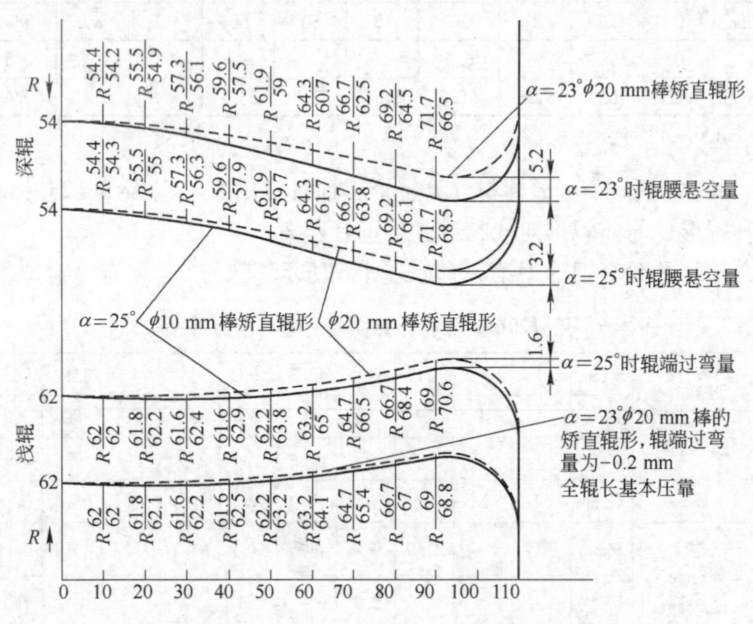

图 3-17 ϕ10～20mm 棒材矫直辊辊形实例

（图中实线辊形为适应细棒的矫直辊形，虚线为适应粗棒的矫直辊形；半径线上面数字为实线辊半径，下面数字为虚线辊半径）

棒材时是完全对口的。在直径达到 ϕ20mm 时，凹辊辊腰处不能压靠并产生 3.2mm 的悬空，凸辊辊腰压靠之后辊端将出现 1.6mm 的悬空。这种状态是 ϕ20mm 棒材矫直所需要的状态。但是辊缝尚有余量，这个余量就是下辊端的过弯量。如果将下辊压靠，则上辊的悬空必然减少 1.6mm 还剩下 1.6mm。但是粗棒受到过大的反弯，过弯量为 1.6mm。这种过弯量不仅浪费矫直功率，而且会因过量反弯而不能矫直。这时需要有经验的操作者适当抬起上辊找到合适的压弯量，才可以完成矫直任务。为了简化控制过程，在矫直粗棒时适当调小辊子斜角，如使 $\alpha=23°$ 时，即使把凸辊压靠，亦不会产生过弯现象，参看图中最下面的凸辊在 $\alpha=23°$ 时辊形，与 ϕ20mm 棒材矫直所需要的辊形基本一致。当然这时上辊辊腰处的悬空量将达到 5.2mm。这种悬空量偏大之后对小波浪形弯曲的矫直是不利的，而且容易产生胀径现象，矫后棒径增粗。所以不调角度的矫直可以扩大压弯空间，有利于多波浪形原始弯曲的矫直，有利于减小胀径。这时的辊缝与圆材的压紧关系如图 3-18b 所示，在辊端压紧之后，圆材的内弯侧产生塑性压缩，在凸辊辊腰直径大于凹辊辊端直径条件下辊腰处凸辊对圆材的轴向推送速度大于辊端的推送速度，使压缩的塑性变形积累性增加，很快达到极限状态而使直径增大。当胀径严重时还可以用增大辊子斜角 α 的办法来使凹辊辊腰与凸辊辊腰对压，这时不仅不会胀径，有时还会出现缩径现象，如图 3-18a 所示。

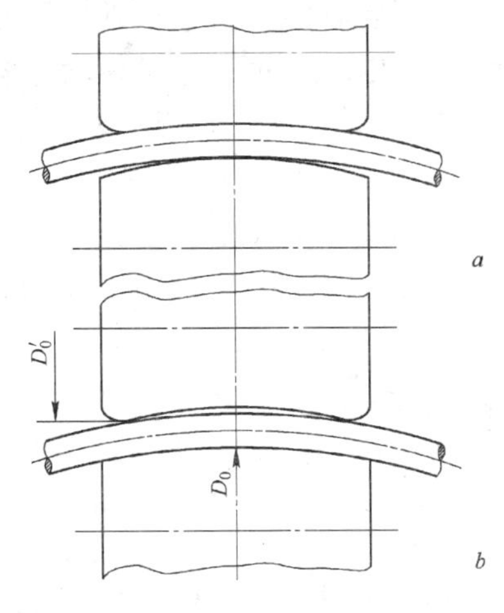

图 3-18 胀径与缩径的调节

总之，用一种辊形矫直 2 倍径的圆材时，即使不调斜角，其过弯量及悬空量都不会太大（1.6mm），其矫直效果是良好的，实践也证明了这一结论。

3.6 等曲率反弯矫直技术在多斜辊矫直机上的实现方法

二辊矫直技术从来就存在一个缺点，就是辊缝离不开导板。导板装置不仅在结构上增加复杂性，在操作上增加麻烦，而且在能耗上也增加消耗。因此在多斜辊矫直机上能否减少导板或取消导板已经成为一个需要解决的课题。另外还有以下几种情况采用多斜辊矫直法更为合适：

（1）细圆材矫直所需之反弯半径较小，尤其在高强度及高弹性（E 值偏小，弹性变形 ε_t 偏大）材料矫直过程中辊缝内圆材常常不能旋转也不能前进造成矫直失败。因为辊缝中圆材弯曲后的转动阻力矩远远大于依靠摩擦而产生的转动力矩，这时急需另外增加夹送辊。

（2）二辊矫直工作范围最好采用工件直径的 2 倍，即矫直范围为 $(1\sim2)d$。当借助滚压矫直能力后矫直范围可增到 $(1\sim4)d$，但多少会有缩径现象。若再扩大矫直范围，除非缩径不受限制，否则将无法实现。但此时若能在二辊之外再增加 1 对二辊矫直，则加工范围可以扩大到 4 倍以上，而且不缩径。

（3）薄壁管矫直若用二辊矫直机则需要加大辊长，必然要增大辊径差，辊面滑动增大，磨损表面浪费能量，而且也增加矫直辊的加工制造成本。因此若能用 2 ~3 对矫直辊代替原来的 1 对矫直辊则可克服上述缺点。

（4）中等直径棒材矫直若采用双向反弯辊形时，矫直力很大，选用轴承困难，矫直辊结构偏大；若采用单向反弯辊形矫直则辊缝出入口的斜度偏大，输送辊道的斜度也随之加大，调整困难，尤其在棒料长度过大时，在操作上十分困难。如果把双向反弯辊形分散到两对辊子上，则反弯力将明显减小，出口倾斜度也将明显减小，矫直质量可以很高。

以下结合上述问题提出一些在多斜辊矫直机上实现等曲率反弯矫直的方法：

（1）在六辊矫直机上实现细圆材的等曲率双向反弯矫直。如图 3-19所示，在等曲率双向反弯二辊的两侧各增加一对夹送辊，这里的夹送辊是无反弯的双曲线形夹送辊，辊形完全相同。在设计时要求中央凸辊与四个夹送辊的辊腰直径相同，工作时没有速度差。中央凹辊直径与凸辊直径不同，因此令其空转随动，自适应地随同棒材旋转，可把滑动摩擦降到最小。这样驱动可使圆材偏向右侧，故导板设置必须以右侧为主以防跑偏。但左侧出口部位圆材有抬头能力也必须有导板防止左偏。不过这块导板仅在进出辊缝时可以发挥导向作用，在正常工作时可有可无，不受力不磨损。这种矫直机可称之为双向等曲率反弯三导板六辊式矫直机，可以保证细圆材的顺利矫直。由于左侧导板并不经常受力，磨损很少，不必经常调整，所以应尽量设置在传动侧，同时应把右侧导板设置在操作侧以便于调整和更换。

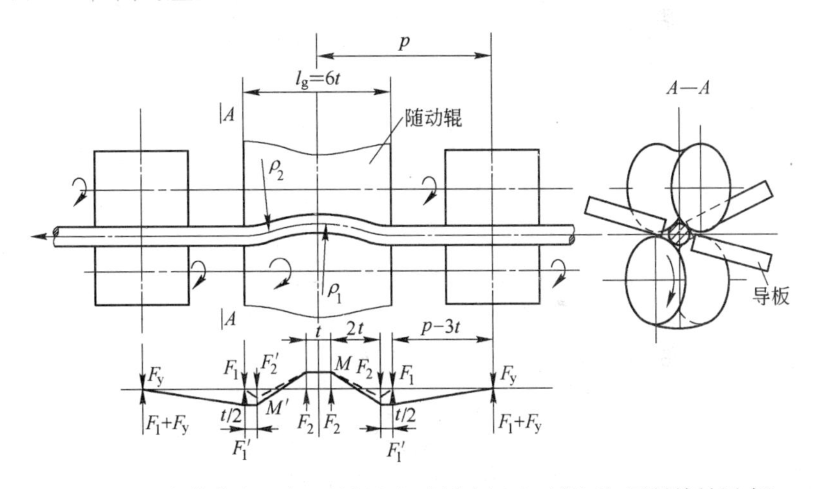

图 3-19 双向等曲率反弯三导板六辊式矫直辊系（保证细圆材旋转矫直）

（2）用八辊式矫直机可扩大矫直工作范围，并可保证矫直机出入口平直无倾斜，如图 3-20 所示。这种矫直辊系等于两套二辊矫直机，它们在反弯辊形上分工为第 3 及第 4 辊矫直小直径圆材，第 5 及第 6 辊矫直大直径圆材，矫直范围至少为 4 倍直径（2×2=4），也可扩大到 9 倍直径（3×3=9），必要时可扩大到 16 倍直径（4×4=16）。这种辊系中两个凹辊 4 及 5 的辊端必须做成大圆角过渡形辊端，以避免对圆材表面产生螺旋形压痕，并且有利于料头进入辊缝。

这种八辊矫直机对于中等直径圆材矫直比较有利，既可实现双向反弯矫直又可达到减小矫直力的目的。

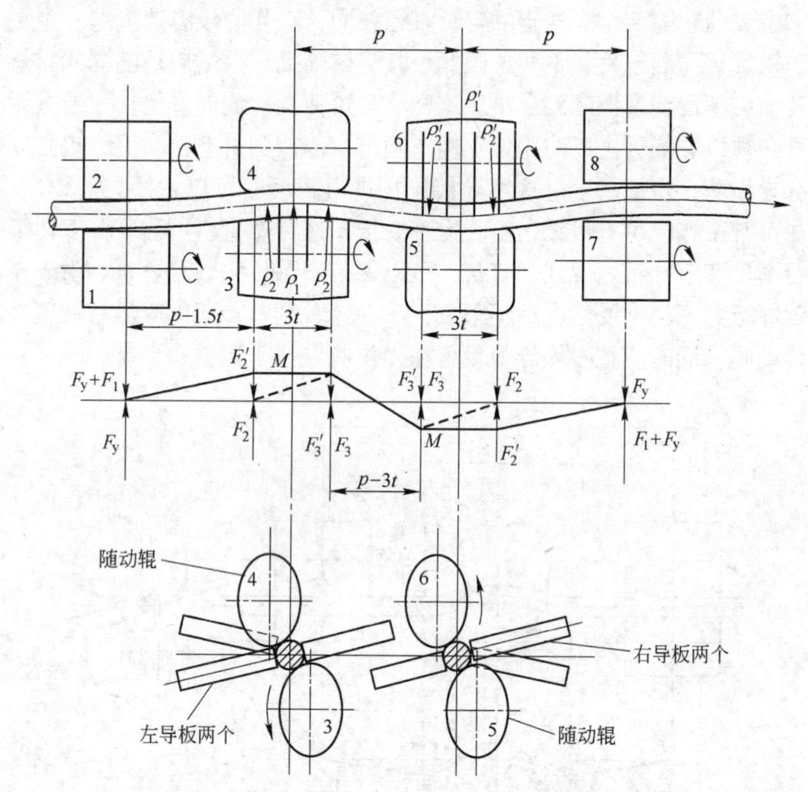

图 3-20 单向等曲率反弯三导板八辊式矫直辊系

（矫直中等棒径扩大矫直范围，保证出入口平直）

（3）用辊腰处的无反弯辊形来设计凸辊辊形时凸辊也变成马鞍形（参看图 3-21），可以保证工件在凸辊面上压弯时的稳定性，而且取消凹辊，将凹辊变为无反弯辊形，圆材在辊缝内没有反弯压力则不会失稳。料头进入到辊缝 a 处开始被凸辊 3 压弯并在一个导程 t 内被弯成 ρ_1 状态，走到 b 处 ρ_1 的弯曲被减小，最多达到 ρ_∞。由于粗棒材的 ρ_2 值接近于 ρ_t 值，而 ρ_t 值与 ρ_∞ 都属于弹性范围的弯曲，所以由 b 点走出后有可能被矫直，至少棒材头部的弯度得以减小。当料尾进入辊缝后走到 a 处开始反弯，走到 b 处达到 ρ_1 反弯，超过 b 点反弯逐渐减小，基本上可以实现递减反弯而达到矫直目的。但是由于最后一段

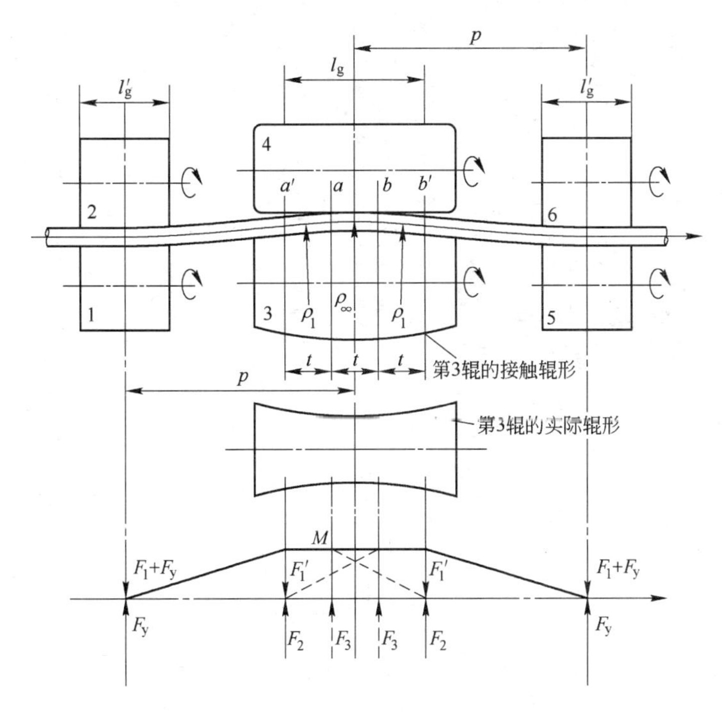

图 3-21 等曲率压弯无导板六辊棒材矫直辊系
（用于矫直粗棒）

t 的长度在 bb'之间未能全部经历 ρ_1 反弯便开始递减弯曲，最后达到的矫直质量可能有所降低，但因 t 的长度有限，影响是很小的。这种无导板等曲率压弯辊系用于矫直粗棒材和粗管是可行的。

用同样方法矫直薄壁管材时，只需把辊长适当加大，把 t 值换成 l_w（参见式 3-47）值重新算出辊形便可用于矫直薄壁管，参看图 3-22。

既然六斜辊压弯矫直机可以取消导板，在八斜辊压弯矫直机上也应该可以取消导板，当然也要放宽一点对头尾矫直质量的要求，并减小一点矫直范围，因为压弯用的凸辊辊腰两侧采用两段等曲率（ρ_1 及 ρ_2），反弯时由于它们同无反弯能力的凹辊之间不能形成等曲率辊缝而达不到强制性反弯要求，其 ρ_2 段反弯等于虚设。因此把 ρ_2 反弯设在第 6 辊，将辊数增为 8 个，棒材经第 3 及第 4 辊压弯后到第 5 及第 6 辊才能矫直，参看图 3-23。

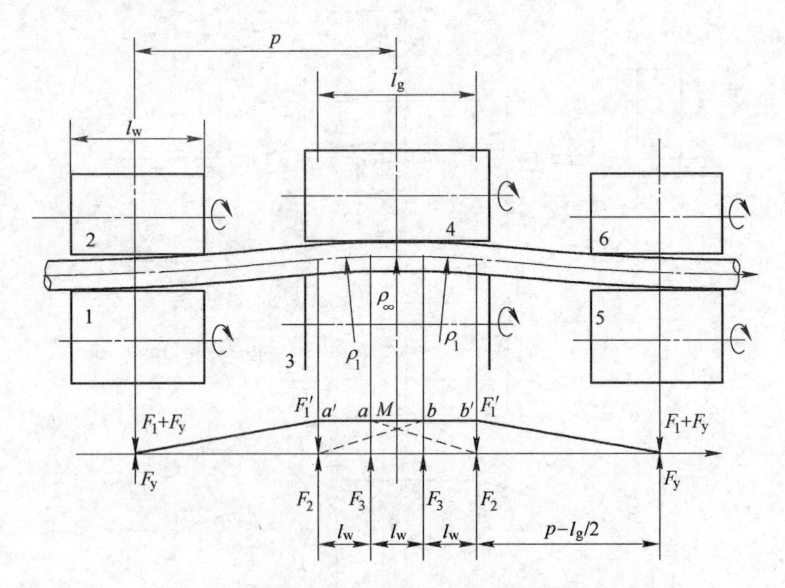

图 3-22　等曲率压弯无导板六辊式管材矫直辊系
（保证薄壁管的矫直和圆整）

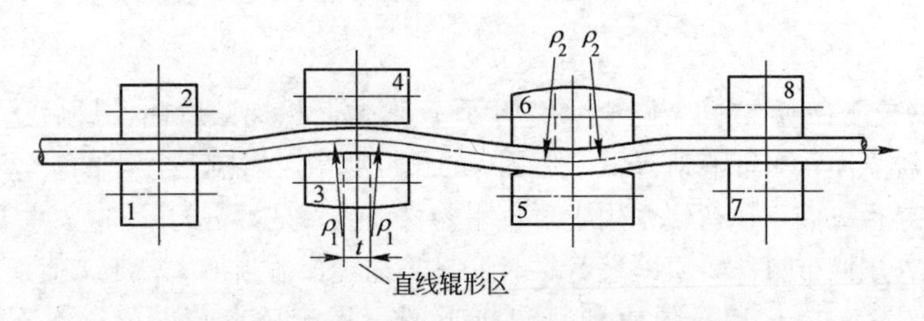

图 3-23　等曲率反弯无导板八辊式矫直辊系

不过上述无导板的压弯矫直缺乏辊缝内的强制压弯而不适用于小直径的原始弯曲复杂的矫直需要。

所有这些等曲率反弯辊形的矫直机除了按其辊形设计时所对应的圆材直径外，都可以像旧式多斜辊矫直机一样不依靠辊缝曲线而依靠辊距内的压弯进行不大于最大设计直径的各种圆材的矫直工作，矫直质量与旧式矫直机相同。

3.7 等曲率反弯辊形的投影几何原理

等曲率反弯辊形自2005年冶金工业出版社出版的文献［1］正式提出后，在生产实践中已经取得良好的成绩，为工业生产解决了许多难题，获得了全长矫直、全方位矫直以及高精度矫直等良好效果。不过读者反映这种辊形在理解和计算上比较困难，所以借本书再版机会再从投影几何学原理方面加以论述，以便广大机械专业人员从机械制图方面来获得深透的理解。

等曲率反弯辊形与被矫直圆材的关系可以理解为等曲率的环形工件倾斜地套在辊段外面或靠在辊段外面，前者为凸辊，后者为凹辊。

现在先以凸辊为例，图3-24所示的环段H套在辊段G的外面，并呈 α 角的倾斜（见图中 b）。环段长度为 $o'q$，环段处于 xoz 坐标面内。ox 轴与辊面坐标轴 ox 为公共坐标轴，它与环段纵轴 $o'z$ 组成为 $o'xyz$ 坐标系，并与辊段纵轴 oz 组成 $oXYZ$ 坐标系。利用辊面与环面接触点 m（两个坐标系共用点）可以实现两个坐标系的转换，再结合矢量关系可以算出所需的坐标值。设定辊腰中心到 m 点的距离 om 为矢量 $\boldsymbol{f}$，过 m 点的环面法线也必然是辊面法线，由 m 到辊轴 p 点的矢量为 $\boldsymbol{c}$，由 m 到环段轴心 q 点的矢量为 $\boldsymbol{r}$（即环截面半径）。在公共坐标轴 ox 上的辊腰中心 o 与环段中心 o' 之间距离为矢量 $\boldsymbol{h}$。矢量 $\boldsymbol{f}$ 的真实长度得不到反映，但是它三个分矢量 f_X、f_Y 及 f_Z 就是 m 点的三个坐标值 X_m、Y_m 及 Z_m。用其 X 及 Y 坐标值正好可以算出过 m 点辊子横截面的辊形半径，即 $R_m=(f_x^2+f_y^2)^{1/2}=(X_m^2+Y_m^2)^{1/2}$ 及该截面的位置 Z_m。不过 $\boldsymbol{f}$ 的三个分矢量要通过与其相关的矢量 $\boldsymbol{h}$、$\boldsymbol{b}$ 及 $\boldsymbol{r}$ 来合成。而矢量 $\boldsymbol{r}$ 又要利用其同向同轴矢量 $\boldsymbol{c}$ 来算出。因此首先来分解矢量 $\boldsymbol{h}=[h_X、h_Y、h_Z]=[-h、0、0]$，式中 $-h$ 为 h_X 矢量值，因为 $\boldsymbol{h}$ 方向在辊腰中心以下。在 $oXYZ$ 坐标系中定其 o 点以上、以右及以前方向为正。其次来分解矢量 $\boldsymbol{b}=o'q=[b_x、b_y、b_z]$，由于 b_x 为 $o'q$ 的正投影，由图3-24a 及 c 可知 $b_x=-\rho(1-\cos\beta)$，式中 ρ 为环的弯曲半径，β 为环段的弧心角。b_y 矢量要利用其过渡矢量 $b'=\rho\sin\beta$ 来计算（见图3-24b），于是 $b_y=b'\sin\alpha=\rho\sin\beta\sin\alpha$。$b_z$ 矢量也要利用 b' 来计算，则 $b_z=$

$b'\cos\alpha=\rho\sin\beta\cos\alpha$。接着要讨论矢量 $\boldsymbol{c}$，它是 mp 矢量，可写成 $\boldsymbol{c}=[c_x、c_y、c_z]$。由于 c_x 是过渡矢量 $c'=c\cos\varphi$（参看图3-24中 e）的 x 轴上投影，故 $c_x=-c'\cos\beta=-c\cos\varphi\cos\beta$。$c_y$ 为矢量 vm，vm（见图3-24中 b）又是由两个矢量 $vs+sm$ 组成，vs 可用过渡矢量 kn 求出，即 $vs=kn\sin\alpha$，sm 可用过渡矢量 nm 算出，即 $sm=nm\cos\alpha$。再由矢量图3-24e，可知 $kn=pn\sin\beta$，$mn=pm\sin\varphi=c\sin\varphi$，由于 $pn=pm\cos\varphi=c\cos\varphi$，故 $kn=c\cos\varphi\sin\beta$。于是有 $c_y=vm=vs+sm=kn\sin\alpha+mn\cos\alpha=c\cos\varphi\sin\beta\sin\alpha+c\sin\varphi\cos\alpha$。余下的矢量 c_z 就是图3-24b 中的 $kv=ns-nk=mn\sin\alpha-nk\cos\alpha=pm\sin\varphi\sin\alpha-pn\sin\beta\cos\alpha=c\sin\varphi\sin\alpha-c\cos\varphi\sin\beta\cos\alpha$（对照图3-24中 b 及 e）。由于矢量 $\boldsymbol{r}$ 与 $\boldsymbol{c}$ 为同向同线矢量，只是长度不同，故把长度 c 换成 r 后便可以写出矢量 $\boldsymbol{r}$ 的三个分矢量，即 $r_x=-r\cos\varphi\cos\beta$，$r_y=r(\cos\varphi\sin\beta\sin\alpha+\sin\varphi\cos\alpha)$，$r_z=r(\sin\varphi\sin\alpha-\cos\varphi\sin\beta\cos\alpha)$。

现在有条件来计算矢量 $\boldsymbol{f}$ 的三个分矢量，即

$$f_x=h_x-b_x-r_x=-h+\rho(1-\cos\beta)+r\cos\varphi\cos\beta$$

$$f_y=h_y+b_y-r_y=\rho\sin\beta\sin\alpha-r(\cos\varphi\sin\beta\sin\alpha+\sin\varphi\cos\alpha)$$

$$f_z=h_z+b_z+r_z=\rho\sin\beta\cos\alpha+r(\sin\varphi\sin\alpha-\cos\varphi\sin\beta\cos\alpha)$$

已知 $X_m=f_x$，$Y_m=f_y$，$Z_m=f_z$，该处辊形半径为 $R_m=(X_m^2+Y_m^2)^{1/2}$，该处的 Z 轴位置在 Z_m。

这个辊段G作为一个辊片时，则可将若干个辊片合成为一段辊形便具有矫直能力。如果这段辊形长度不小于一个导程，则此段辊形便具有全方位和全长度的矫直能力。但是要实施矫直工作还需一个与其相配套的凹辊辊形。由凸凹辊形构成的等曲率反弯辊缝才是矫直的充分条件。

现在要讨论凹辊辊形的计算，前面已经提到等曲率反弯的凹辊就是压在环形工件外侧的辊形，参看图3-25。

辊轴与工件轴间夹角为 α，环形工件的环半径为 ρ，工件半径为 r，辊腰中心到工件轴心的距离为 h。以通过此二中心的连线 h 为公共坐标轴 $X(x)$，与 $X(x)$ 轴垂直并互成 α 角的二轴为 Z 轴及 z 轴，另外是与 $X(x)$ 及 $Z(z)$ 垂直的 $Y(y)$ 轴。仍然按辊段（G）及环段（H）的相交于 m_0 及 m 点的关系进行矢量分析。首先是矢量 $\boldsymbol{h}=[-h、0、0]$

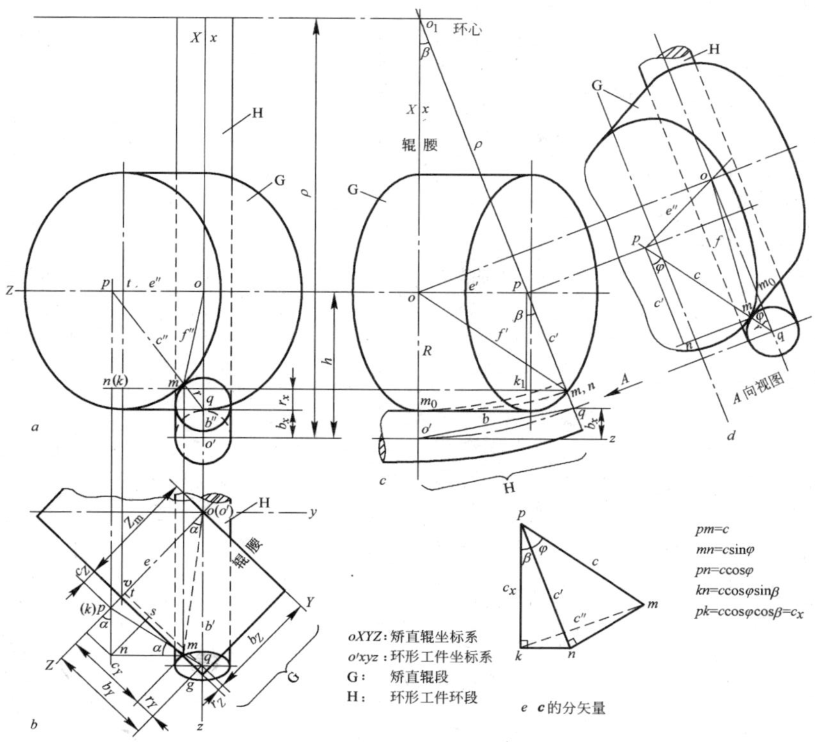

合成矢量	$\boldsymbol{c}+\boldsymbol{r}$	公法线
分矢量	f_Z	Z_{m}（m 点 Z 坐标）
	f_Y	Y_{m}（m 点 Y 坐标）
	f_X	X_{m}（m 点 X 坐标）
	r_Z	$\overline{gq}$（b 图）
	r_Y	$\overline{mg}$（b 图）
	r_X	$r\cos\beta\cos\varphi$（a 图）
	b_Z	$\overline{ot}=b'\cos\alpha$（$b$ 图）
	b'	$\rho\sin\beta$（b 图）
	b_Y	$\overline{tq}=b'\sin\alpha$（$b$ 图）
	b_X	$\overline{qo'}$（a 图）
	c_Z	$\overline{pv}$（b 图）
	c_Y	$\overline{vm}$（b 图）
	c_X	$\overline{pk}=c\cos\varphi\cos\beta$
	c'	$\overline{pn}=c\cos\varphi$
共用坐标系 主矢量	$\boldsymbol{h}$	$\overline{oo'}=R+r$（c 图）
	$\boldsymbol{f}$	$\overline{om}$实长（d 图）
	$\boldsymbol{r}$	$\overline{mq}$（d 图）
	$\boldsymbol{c}$	$\overline{pm}$（d 及 e 图）
单一坐标系 主矢量	$\boldsymbol{b}$	$\overline{o'q}$（c 图）
	$\boldsymbol{e}$	$\overline{op}$（b 图）
	$\boldsymbol{\rho}$	$\overline{o_1q}$（c 图）
矢量名称		矢量内容

$oXYZ$：矫直辊坐标系
$o'xyz$：环形工件坐标系
G：矫直辊段
H：环形工件环段

$pm=c$
$mn=c\sin\varphi$
$pn=c\cos\varphi$
$kn=c\cos\varphi\sin\beta$
$pk=c\cos\varphi\cos\beta=c_X$

e　$\boldsymbol{c}$的分矢量

图 3-24　等曲率反弯凸辊压弯工件时接触点坐标的投影几何关系

合成矢量		$c+r$	公法线
m点坐标		f_Z	Z_m
		f_Y	Y_m
		f_X	X_m
分矢量		r_Z	$\overline{gq}$（b图）
		r_Y	$\overline{mg}$（b图）
		r_X	$r\cos\beta\cos\varphi$（a图）
		b'	$\rho\sin\beta$（c图）
		b_Z	$\overline{ot}=b'\cos\alpha$（$b$图）
		b_Y	$\overline{tq}=b'\sin\alpha$（$b$图）
		b_X	$\overline{o'q}$（a图）
		c_Z	$\overline{pv}$（b图）
		c_Y	$\overline{vm}$（b图）
		c_X	$\overline{pk}=c'\cos\beta$（$e$图）
		c'	$\overline{pn}=c\cos\varphi$（$e$图）
共用坐标系	主矢量	$\boldsymbol{h}$	$\overline{oo'}=R+r$（c图）
		$\boldsymbol{f}$	$\overline{om}$实长（d图）
		$\boldsymbol{r}$	$\overline{mq}$（d图）
		$\boldsymbol{c}$	$\overline{pm}$（d及e图）
单一坐标系	主矢量	$\boldsymbol{b}$	$\overline{qo'}$（c图）
		$\boldsymbol{e}$	$\overline{op}$（b图）
		$\boldsymbol{\rho}$	反弯半径$\overline{o_1q}$（c图）
矢量名称			矢量内容

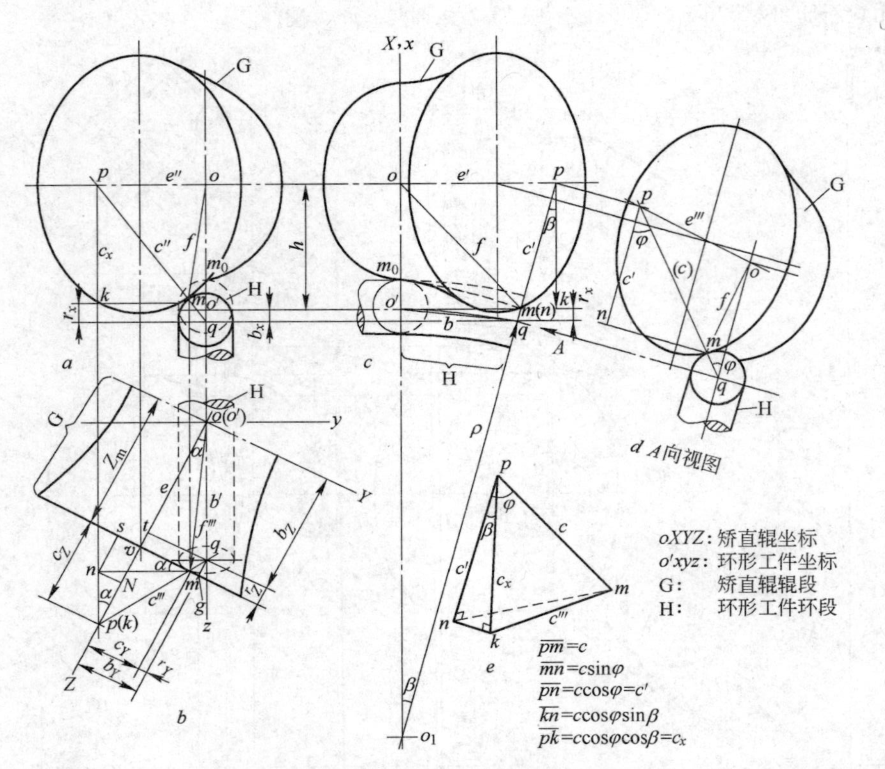

图 3-25 等曲率反弯辊形凹辊压弯工件时接触点坐标的投影几何关系

及矢量 $\boldsymbol{b}=[b_x、b_y、b_z]$。借助过渡矢量 $\boldsymbol{b}'=-\rho\sin(-\beta)=\rho\sin\beta$（见图 3-25*b*），可知 $b_x=-\rho(1-\cos\beta)$，$b_y=b'\sin\alpha=\rho\sin\beta\sin\alpha$ 及 $b_z=b'\cos\alpha=\rho\sin\beta\cos\alpha$。再看矢量 $\boldsymbol{c}$，也要利用过渡矢量 $c'=c\cos\varphi$，则 $c_x=c'\cos\beta=c\cos\varphi\cos\beta$，$c_y=vm=sm-vs=mn\cos\alpha-kn\sin\alpha=c\sin\varphi\cos\alpha-c'\sin\beta\sin\alpha=c(\sin\varphi\cos\alpha-\cos\varphi\sin\beta\sin\alpha)$，$c_z=kn+ns=kn\cos\alpha+mn\sin\alpha=c'\sin\beta\cos\alpha+c\sin\varphi\sin\alpha=c(\cos\varphi\sin\beta\cos\alpha+\sin\varphi\sin\alpha)$（参看图 3-25*b*）。矢量 $\boldsymbol{r}$ 也是按照 c 的形式写为 $r_x=r\cos\varphi\cos\beta$，$r_y=r(\sin\varphi\cos\alpha-\cos\varphi\sin\beta\sin\alpha)$，$r_z=r(\cos\varphi\sin\beta\cos\alpha+\sin\beta\sin\alpha)$最后矢量 $\boldsymbol{f}$ 的分矢量为 $f_x=-h_x-b_x+r_x=-h-\rho(1-\cos\beta)+r\cos\varphi\cos\beta$，$f_y=b_y-r_y=\rho\sin\beta\sin\alpha-r(\sin\varphi\cos\alpha-\cos\varphi\sin\beta\sin\alpha)$。$f_z=b_z+r_z=\rho\sin\beta\sin\alpha+r(\cos\varphi\sin\beta\cos\alpha+\sin\varphi\sin\alpha)$。仍然按 $X_m=f_x$、$Y_m=f_y$、$Z_m=f_z$ 来计算 $R_m=(X_m^2+Y_m^2)^{1/2}$ 及其所处位置 Z_m。

由这些关系式可以看出凹辊辊形中 X_m 的第二项的$-\rho(1-\cos\beta)$正好与凸辊第二项中 $\rho(1-\cos\beta)$ 的方向相反，又可看出凹辊中 Y_m 的第一项与凸辊 Y_m 的第一项相同，都是 $\rho\sin\beta\sin\alpha$，其原因同前面提到的原因，即$(-\rho)\sin(-\beta)=\rho\sin\beta$ 是相同的。凹辊 Z_m 中第二项 $r(\cos\varphi\sin\beta\cos\alpha+\sin\varphi\sin\alpha)$与凸辊 Z_m 中第二项 $r(\sin\varphi\sin\alpha-\cos\varphi\sin\beta\cos\alpha)$相差一个负号，其原因正好是 $\sin\beta$ 中的 β 角为一正一负所造成。通过这样的细致考查才能深刻理解凸凹二辊的辊形计算公式都是可以通用的，只需要在计算凹辊时将 ρ 值改为负值即可。至于 β 的负值却是自动生成的，即 $\beta=\arcsin\left(\frac{b}{-\rho}\right)$。到此把一小段的凸凹辊形基本讲清楚了，但是还没有讲完。不仅要把一片辊形变成一段等曲率反弯辊形，而且其段长不能小于一个导程；同时还要考虑复杂弯曲的“先统一，后矫直，再补充”的三步矫直法的需要，要把辊长分成三段来进行辊形设计，即辊腰段、辊腹段及辊胸段。在辊腰段完成“先统一”过程，所用的反弯量偏大即 ρ 值最小，常用 ρ_1 表示。在辊腹段完成“矫直”过程，所用的反弯量要明显减小，常用 ρ_2 表示。在辊胸段完成“补充矫直”过程，所用的反弯量很小，常用 ρ_3 表示。而且每段辊长都不会小于一个导程。

上面计算的凸凹辊形都属于辊腰段辊形，接下来是辊腹段辊形，是接着辊腰段辊形的最后的辊面接触点，设定为 m_{1j} 点，在此点的封闭矢量有如下关系，即$-h+b_{1j}+r+c_{1j}=e_{1j}$，参看图 3-26。

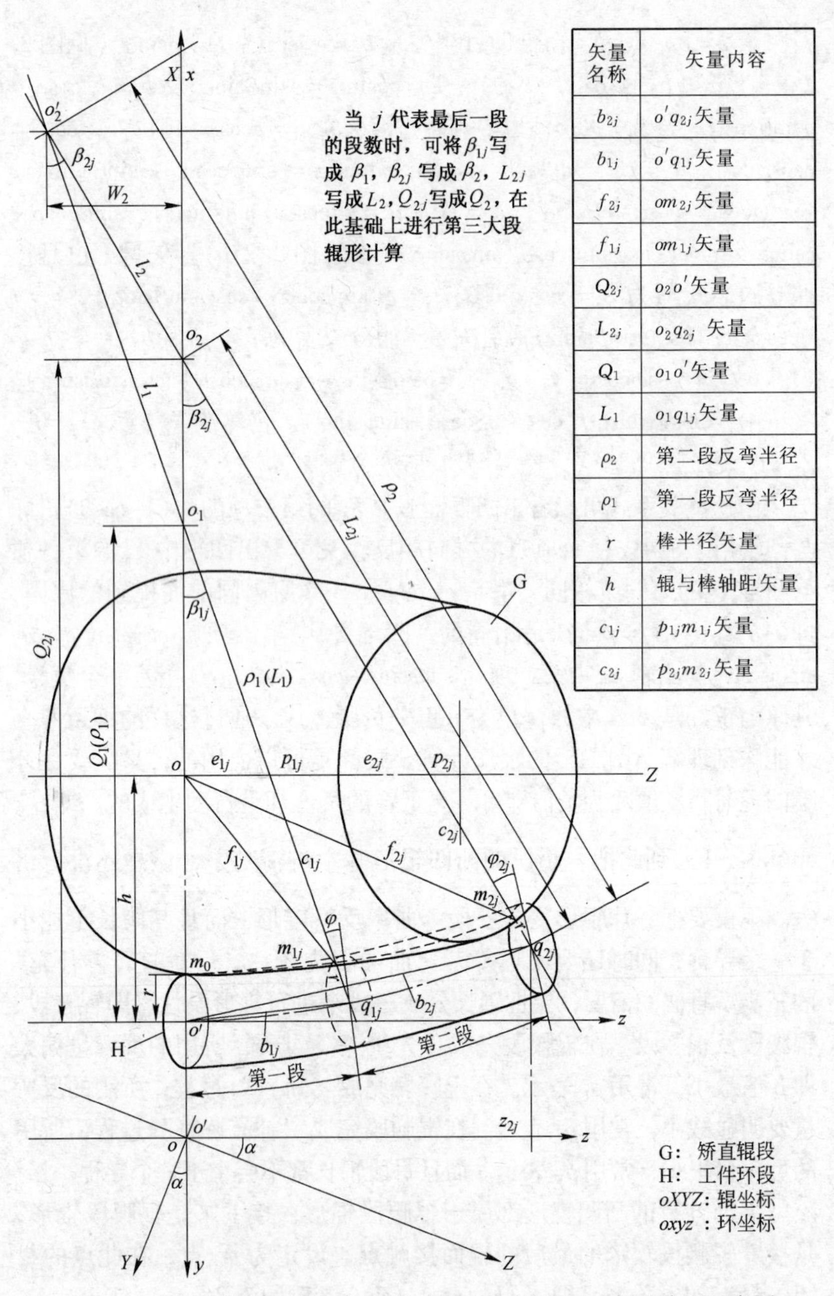

矢量名称	矢量内容
b_{2j}	$o'q_{2j}$ 矢量
b_{1j}	$o'q_{1j}$ 矢量
f_{2j}	om_{2j} 矢量
f_{1j}	om_{1j} 矢量
Q_{2j}	o_2o' 矢量
L_{2j}	o_2q_{2j} 矢量
Q_1	o_1o' 矢量
L_1	o_1q_{1j} 矢量
ρ_2	第二段反弯半径
ρ_1	第一段反弯半径
r	棒半径矢量
h	辊与棒轴距矢量
c_{1j}	$p_{1j}m_{1j}$ 矢量
c_{2j}	$p_{2j}m_{2j}$ 矢量

图 3-26　第二段等曲率反弯凸辊压弯工件时接触点坐标的位置示意图

由此点开始进行第二段辊形计算，在第二段的某一接触点 m_{2j} 处也可以写出其封闭矢量关系式为 $-h+b_{2j}+r+c_{2j}=e_{2j}$。这些矢量都有自己的分矢量，而各分矢量之间也存在着封闭关系。如在 X 坐标上的分矢量封闭关系为 $h_x+b_{2jx}+r_x+c_{2jx}=e_{2jx}$，由于 $h_x=-h$、$b_{2jx}=Q_{2j}-L_{2j}\cos\beta_{2j}$、$r_x=r\cos\varphi_{2j}\cos\beta_{2j}$、$c_{2jx}=c_{2j}\cos\varphi_{2j}\cos\beta_{2j}$，$e_{2jx}=0$，故代入后可得

$$-h+Q_{2j}-L_{2j}\cos\beta_{2j}+(r+c_{2j})\cos\varphi_{2j}\cos\beta_{2j}=0 \tag{3-25}$$

再如 Y 坐标上分矢量的封闭关系为 $h_y+b_{2jy}-r_y-c_{2jy}=e_{2jy}$，由于 $h_y=0$、$b_{2jy}=L_{2j}\sin\beta_{2j}\sin\alpha$、$r_y=r(\sin\varphi_{2j}\cos\alpha+\cos\varphi_{2j}\sin\beta_{2j}\sin\alpha)$、$c_{2jy}=c_{2j}(\sin\varphi_{2j}\cos\alpha+\cos\varphi_{2j}\sin\beta_{2j}\sin\alpha)$、$e_{2jy}=0$，代入后可得

$$L_{2j}\sin\beta_{2j}\sin\alpha-(r+c_{2j})(\sin\varphi_{2j}\cos\alpha+\cos\varphi_{2j}\sin\beta_{2j}\sin\alpha)=0 \tag{3-26}$$

由式 3-25 可解出 $\cos\varphi_{2j}$ 的表达式，代入式 3-26 后又可解出 $\sin\varphi_{2j}$ 的表达式。将此二式相除可得到 $\tan\varphi_{2j}=(Q_{2j}-h)\sin\beta_{2j}\tan\alpha/(h-Q_{2j}+L_{2j}\cos\beta_{2j})$，又可得

$$\varphi_{2j}=\arctan\left[\frac{(Q_{2j}-h)\sin\beta_{2j}\tan\alpha}{h-Q_{2j}+L_{2j}\cos\beta_{2j}}\right] \tag{3-27}$$

再按图 3-26 所示几何关系写出 $\sin\beta_{2j}=(W_2+z_{2j})/\rho_2$，又可写出：

$$\beta_{2j}=\arcsin\left(\frac{W_2+z_{2j}}{\rho_2}\right) \tag{3-28}$$

以及

$$Q_{2j}=Q_{2(j-1)}+W_2/\tan\beta_1-W_2/\tan\beta_{2j} \tag{3-29}$$

和

$$L_{2j}=\rho_2-W_2/\sin\beta_{2j} \tag{3-30}$$

式中，$W_2=(\rho_2-L_1)\sin\beta_1$，$l_1=\rho_2-L_1$。

第二段辊形的特殊之处就是要先求知 Q、L、l 及 W 值。因为它的环心不再位于 $X(x)$ 轴上，这些位置参数求知后便可继续利用矢量 $\boldsymbol{f}$ 的封闭关系 $f=h+b+r$，及其各分矢量的封闭关系。并设定 m_{2j} 接触点的 X 坐标为 $x_{2j}=f_x=h_x+b_x+r_x$，即

$$x_{2j}=h_x+b_{2jx}-r_{2jx}=-h+Q_{2j}-L_{2j}\cos\beta_{2j}+r\cos\varphi_{2j}\cos\beta_{2j} \tag{3-31}$$

m_{2j} 点的 Y 坐标为 $Y_{2j}=f_y=b_y-r_y$，即

$$Y_{2j}=b_{2jy}-r_{2jy}=L_{2j}\sin\beta_{2j}\sin\alpha-r(\cos\varphi_{2j}\sin\beta_{2j}\sin\alpha+\sin\varphi_{2j}\cos\alpha) \tag{3-32}$$

m_{2j}点的 Z 坐标为 $Z_{2j}=f_z=b_z-r_z$，即

$$Z_{2j}=L_{2j}\sin\beta_{2j}\cos\alpha+r(\sin\varphi_{2j}\sin\alpha-\cos\varphi_{2j}\sin\beta\cos\alpha) \tag{3-33}$$

于是第二段中第 j 处的辊形半径为

$$R_{2j}=(X_{2j}^2+Y_{2j}^2)^{\frac{1}{2}} \tag{3-34}$$

第 j 处的 Z 轴坐标为 Z_{2j}。

第三段辊形计算与第二段相同，仅将各参数中的2换成3便可算出第三段辊形值。第二与第三段的凹辊只需把 ρ_2 及 ρ_3 换成负值便可算出。

不过已经知道第三段辊形应该采用能形成递减反弯辊缝的辊形，就是第三段凸辊的反弯半径（ρ_3）与凹辊反弯半径 ρ_3' 的比值要小于1，例如 $\rho_3=0.9\rho_3'$。

最后需要说明，三段等曲率反弯辊形是保证矫直质量的充分够用的辊形。当在辊缝出入口处设置导向套和导向槽时，递减反弯工作由导向槽来完成的可以采用二段等曲率反弯辊形。当矫直管壁较薄的管材且矫直后不再需要补矫已经很直时可以采用二段等曲率反弯辊形。当矫直的粗棒材具有较好的原始状态，用较小的压弯量就能达到“先统一、后矫直”的目的时也可以取消第三段辊形。如果矫直薄壁管材或很粗棒材并能在出口处设置导槽时则采用一段等曲率反弯辊形也可以达到矫直目的。另外就是矫直细棒材不仅需要三段等曲率反弯辊形，而且还需要采用双向反弯的三段等曲率反弯辊形，并在出入口处设置导向装置，以利于平直出入辊缝，增加矫直效果，增加表面压光。双向反弯辊形就是在一个辊面上有凸有凹，凸面按凸辊计算，凹面按凹辊计算，双向反弯辊缝的导向板也需要与其相适应。具体辊形计算方法参见3.5节内容。

3.8 滚压加反弯的矫直技术与二辊滚光矫直机的讨论

不管是集中反弯还是等曲率反弯都是依靠过正（过大）的反弯量来达到先统一后矫直目的的。但是还有依靠偏小的反弯量同时加上滚压量来达到矫直目的的方法，这就是滚压加反弯的矫直技术。这项技术虽然没有被名正言顺地提出过，但在实践中已经被采用。所谓的

反弯矫直并没有纯弯矩的反弯，而都是用压力反弯来进行矫直。在弯曲变形的外弯侧主要是受拉应力而变形；在弯曲变形的内弯侧主要是受双向压应力而变形。根据屈雷斯加的屈服准则可知，在双向压应力（如 σ_1及 σ_2）作用下其屈服条件为：$\sigma_1-\sigma_2=2\tau_s$，对于一般弹塑性金属可以写成

$$\sigma_1-\sigma_2=\sigma_s \tag{3-35}$$

此式说明两个压应力之差值达到 σ_s的条件是很不容易的，即内弯侧金属很难达到屈服变形条件。而外弯侧金属受力多为一拉一压，其屈服条件为：$\sigma_1-(-\sigma_2)=\sigma_s$，即

$$\sigma_1+\sigma_2=\sigma_s \tag{3-36}$$

这两个应力之和达到 σ_s是很容易的。即使在辊腰处外弯侧的上辊对圆材的压力很小时，或 $\sigma_2=0$ 时，σ_1单独达到 σ_s也是容易的。如果是在全接触辊缝内进行滚压加反弯的矫直工作时，其应力的合成状态如图 3-27 所示，其中图 3-27*a* 为弯曲应力 σ_x示意图，图 3-27*b* 为滚压应力 σ_z示意图，它们的绝对值为前式中的 σ_1及 σ_2。它们作为平面应力的合成结果便是图 3-27*c* 所示的应力状态。内弯侧应力很小，外弯侧应力很大，结果将使中性层（零应力层）下移到内弯侧，偏移量为 e，纯粹的弯曲变形为 ε，而中性层偏移后的弯曲变形为 ε'。辊形所构成的反弯半径为 ρ，其相应的曲率（角）为 $A=1/\rho$，于是其弯曲变形 $\varepsilon=RA=R/\rho$。中性层偏移后的变形所对应的曲率（角）为 $A'=\varepsilon'/(R+e)$或曲率半径为 $\rho'=(R+e)/\varepsilon'$。原来的曲率（角）$A=\varepsilon/R$，

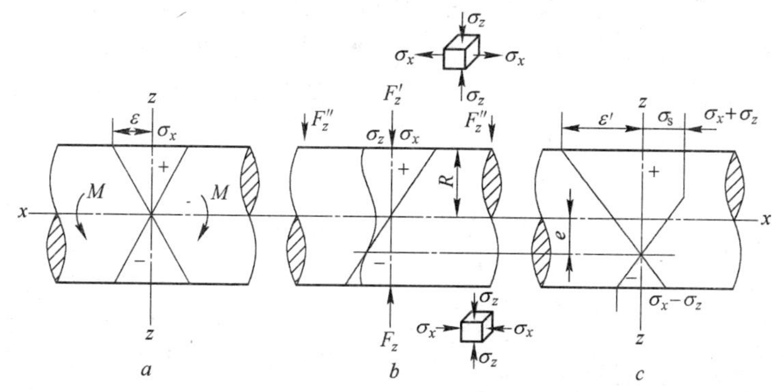

图 3-27 滚压应力与弯曲应力合成

曲率半径为$\rho=R/\varepsilon$。可是矫直辊结构未变，其反弯的曲率与曲率半径也未改变，即$A'=A$，故$\varepsilon'/(R+e)=\varepsilon/R$，于是

$$\varepsilon'=(1+e/R)\varepsilon$$

或

$$\varepsilon'=(1+\epsilon)\varepsilon \tag{3-37}$$

式中，ϵ为中性层偏移系数，$\epsilon=e/R$。滚压力越大，e越大，ϵ越大，它相当于反弯程度越大，矫直效果便可能更好。

滚压反弯矫直在使外弯侧产生较大拉伸变形（ε'）的同时，在内弯侧的压应力必然减小，压缩变形也相应减小。这是求之不得的好条件，压缩对矫直不利，拉伸对矫直有利。滚压反弯矫直可使拉伸增大，压缩减小，达到一箭双雕的效果。

滚压反弯矫直既然能增大拉伸变形并使中性层内移，就等于增大反弯效应。因此可以用较小的反弯达到大反弯的矫直目的，这就启示我们在使用某种反弯半径对某种圆材进行矫直时，不仅可以完成2倍直径的矫直范围（见3.5节内容），而且应该想到用滚压方法还有把矫直范围再向小直径方向减小2倍的可能性。实践已经证明这种设想是正确的。所以现在可以采用一种辊形完成4倍直径圆材的矫直工作。至于再扩大矫直范围的设想，只能认为有可能实现，可能要降低矫直质量并产生缩径，但不可以说绝对不行。

滚压反弯矫直时的滚压力，因为有矫直作用，便容易引导操作人员无限制地加大滚压以取得好的矫直效果，因此，既需要用接触强度来保证接触表面不受损伤，又需要用缩径允差来限制滚压力。

在接触强度方面可以按保护辊面为主来限制其接触应力，设辊面与圆材的接触长度为J，矫直压力为F，矫直辊的弹性模数为E，辊子平均半径为R_1，圆材最小半径为R_2。参照文献［3］之4-284页公式可以写出接触应力为

$$P_0=0.418\sqrt{\frac{FE}{J}\times\frac{R_1+R_2}{R_1R_2}} \tag{3-38}$$

矫直细棒时，当所用之辊形的反弯半径偏大时，细圆材内弯侧的应力难以达到σ_s值。若加大滚压时接触应力P_0有可能达到$2\sigma_s$（最大值），于是它们的合成应力必然为$\sigma''>2\sigma_s-\sigma_s=\sigma_s$，即$\sigma''>\sigma_s$。从而在矫直的同时也有可能产生径向压缩。由于滚压和反弯结合的具体匹

配条件是变化的，滚压力偏小时可能矫直质量低，滚压力偏大时又可能使缩径超过允许公差。公差大小和圆材的材质软硬，也要影响加工后的成品率，所以在制订一台矫直机的加工范围时，不宜定得太死板。

滚压加反弯的矫直机具有滚光矫直能力，但是要研制专门的滚光矫直机，还需要将辊子斜角进一步缩小，把辊面粗糙度进一步降低。

滚压加反弯的矫直机多为二辊式矫直机，其辊子斜角多采用 $\alpha=20° \sim 25°$；而主要为滚光矫直服务的辊子斜角多采用 $\alpha=15° \sim 20°$。在特别强调滚光效果时，可采用 $\alpha=10° \sim 15°$。

滚压加反弯矫直工作范围按 4 倍直径处理，其反弯半径的安排如下：

当二辊矫直机以矫直为主兼有滚压矫直功能时，按中等棒材直径计算其弹性极限弯曲半径 ρ_t，再按 $\rho_1=(0.2 \sim 0.3)\rho_t$ 计算第一段辊形，然后可以简单地按 $\rho_2 \approx 2\rho_1$ 计算第二段辊形。

当二辊矫直机用于滚光矫直时，按中等棒材直径计算 ρ_t 值，再按 $\rho_1=(0.3 \sim 0.4)\rho_t$ 计算第一段辊形，其余辊形计算方法同前。这种辊形的弯度小于前者。

滚光矫直所用的反弯半径偏大，表明要更多依赖于滚压力，才能有助于滚光和矫直。即使有可能产生一些缩径，对滚光来说也是允许的。

上面 ρ_1 的计算中所用系数 0.2 ~ 0.3 及 0.3 ~ 0.4 的取值应根据棒径粗细来决定，越粗取值越大。当原始弯曲较小时，可参照表 3-2 来取值。

按中等棒材直径设计辊形不仅可以在矫直细棒时利用滚压力，而且辊形与粗细棒的适应性也可以得到改善。

下面通过例题计算来具体了解有关的计算方法。

例题：计算 $\phi10 \sim 40$mm 合金钢棒材的二辊滚光矫直机之辊形与力能参数。

已知钢棒的屈服极限为 $\sigma_t=\sigma_s \leqslant 900$MPa，弹性模数为 $E=206$GPa，矫直速度为 $v=15 \sim 20$m/min，料长为 2 ~ 6m，矫后的残留弯度不大于 0.3mm/m，表面伤痕深度不大于 0.1mm。

结构方案采用双向反弯二段等曲率辊形，辊子斜角 $\alpha=20°$，机架为四柱预紧立式结构，上辊采用弹簧平衡及碟簧过载保护，压下采用机动及手动两套机构，辊子斜角可手动微调（±5°）。

按中间棒径 ϕ20mm 设计辊形，其弹性极限反弯半径为 $\rho_t=Ed/(2\sigma_t)=206000\times20/(2\times900)=2289$mm，其第一段反弯半径 $\rho_1=0.25\rho_t=572$mm，第二段反弯半径 $\rho_2=2\rho_1=1144$mm。

矫直中最大导程 $t_{max}=\pi d\tan\alpha=\pi\times40\times\tan20°=45.74\approx46$。采用双向反弯辊形时，腰段长度 $s_d=t=46$mm，辊腹段长度 $s'_d=2s_d=92$mm，全辊工作长度 $l_g=2\ (s_d+s'_d)\ =276$mm，半辊工作长度为138mm。凸辊辊腰直径 $D_0=0.7l_g=193.2\approx190$mm 。算出中央凸辊的直径列于表 3-8 中，中央凹辊直径列于表 3-9 中。

表 3-8　中央凸辊直径计算值

Z/mm	0	10	20	30	40	50	60	70	80	90	100	110	120	130	138
R/mm	95	95	94.9	94.7	94.4	94.1	94	94.1	94.5	95	95.8	96.8	97.9	99.3	100

注：中央凸辊辊腰半径取为 $R_0=95$mm，$\rho_1=572$mm，$\rho_2=-1144$mm，$\alpha=20°$；$\beta=0.23°$，$\varphi=26.9°$，外形 $\phi190/\phi200\times L320$。

表 3-9　中央凹辊直径计算值

Z/mm	0	10	20	30	40	50	60	70	80	90	100	110	120	130	138
R/mm	85	85.2	85.7	86.5	87.6	89	90.5	92.5	94	96.6	97	98.2	99.8	101.3	102

注：中央凹辊辊腰半径取为 $R'_0=85$mm，$\rho'_1=-572$mm，$\rho'_2=1144$mm，$\alpha=20°$；外形 $\phi170/\phi204\times L320$。

根据这两个表中数值绘出的辊形图见图 3-28。

结合这种辊形制订的矫直力模型示于图 3-29，按连续工作状态，圆材在反弯辊缝中及导向槽中受力为 F_1 及 F_2，根据辊缝压靠程度不同，F_2的作用点是可变的，从矫直需要出发，辊腰处的等弯矩区（M区）的长度为 t，而且不能小于 t，它可以使大变形反弯在全长及全方位上均匀一致，其结果必然会使全长度的弯曲方向及弯曲程度得到统一。然后经过过渡反弯区 $2t$ 进入第二个等弯矩区（M'区），其长度为 $t/2$。这些长度都是人为安排的，是为减小双向反弯的矫直力而故意拉长过渡区，同时又要保证第二次反弯的矫直能力而维持其最小长度为 $t/2$。这些人为安排的各种长度又只能从矫直效果上加以认定，在逐渐减小辊缝的过程中，一旦达到矫直目的的时候，必然是接近上述安排条件的工作状态。工件的直径越粗越要注意维持上述压弯状态。工件直径越细越可以放宽要求，辊缝越可以压紧。

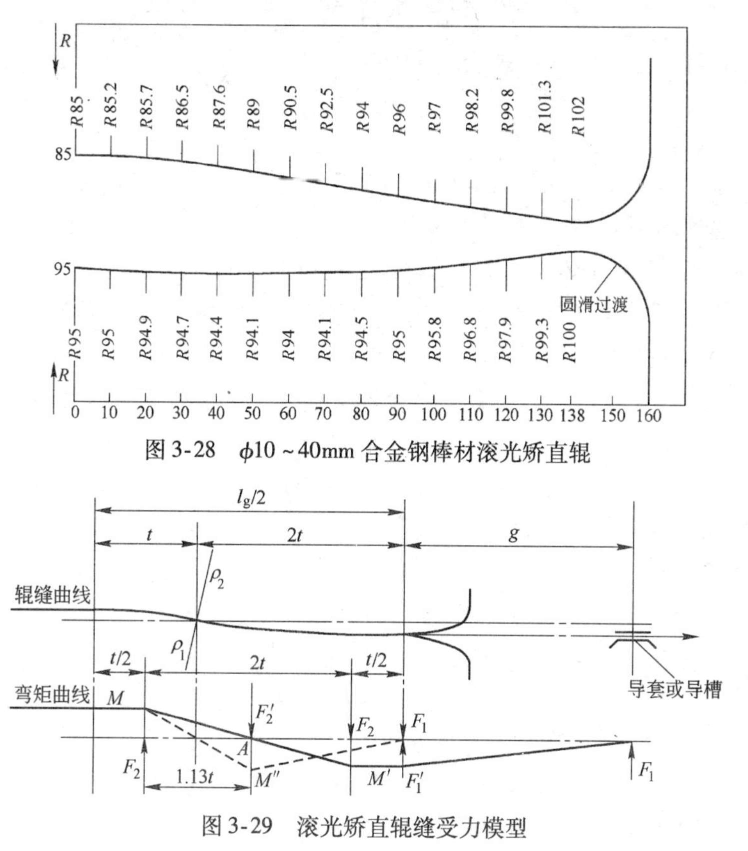

图 3-28 ϕ10～40mm 合金钢棒材滚光矫直辊

图 3-29 滚光矫直辊缝受力模型

当工件头尾进入辊缝之后，图 3-29 中的 F_1' 及 F_2' 力都会突然增大，此时可用过载保护系统来维持 $F_1' \approx F_1$，$F_2' \approx F_2$，而辊缝内的 F_2'力作用点也会按自适应原则找到自己的合适位置 A。同时其相应的过渡弯矩 M''必会自动形成。

为了计算矫直力，需要先计算该圆材的弹性极限弯矩 $M_t = \pi R^3$

$\sigma_t/4=\pi\times20^3\times900/4=5760000\text{N}\cdot\text{mm}=5760\text{kN}\cdot\text{mm}$，矫直最大弯矩 $M=1.6M_t=9216\text{kN}\cdot\text{mm}$，矫直所需弯矩 $M'=1.4M_t=8064\text{kN}\cdot\text{mm}$。设定导向套（槽）到辊端的距离 $g=4t=4\times46=184\text{mm}$，取整为 $g=200\text{mm}$，则矫直力为

$$F_1=\frac{M'}{g}=\frac{8046}{200}=40.3\text{kN}$$

$$F_2=\frac{M+M'}{2t}=\frac{9216+8064}{2\times46}=187.8\text{kN}$$

轴承的法向压力为

$$F_z=(F_1+F_2)/\cos\varphi=(40.3+187.8)/\cos26.9°=255.8\text{kN}$$

选用轴承为 97518（$d_z90/D160/T95/C26.7t$），由于轴承在最大负荷下工作概率较小，所以轴承寿命是可靠的。

最大矫直力为 $F_J=2(F_1+F_2)=2(40.3+187.8)=456.2\text{kN}$，$F_J$ 也是机架立柱的总拉力。

轴承总压力为 $F_\Sigma=4F_z=4\times255.8=1023.2\text{kN}$，$F_\Sigma$ 也是辊面总压力。

给定矫直速度 $v=20\text{m/min}$ 时，圆材的矫直转速为 $n=v/t=20000/46=434.8\text{r/min}$，矫直辊的相应转速 $n_g=nd/D=434.8\times40/190=91.5\text{r/min}$。

以下功率计算所用公式的来源将在 3.11 节中说明。

各轴承的摩擦功率为

$$N_1=\mu_1F_\Sigma\pi d_zn_g/60$$

式中，μ_1 为轴承摩擦系数，取 $\mu_1=0.01$，代入上式可得

$$N_1=0.01\times1023.2\times\pi\times0.09\times91.5/60=4.41\text{kW}$$

辊面与圆材间滑动功率为

$$N_2=\mu_2(F_\Sigma/2)\ \pi\Delta Dn_g/60$$

式中，μ_2 为辊面滑动摩擦系数，取 $\mu_2=0.1$；$F_\Sigma/2$ 表明辊面压力的一半处于滑动状态之中，另一半处于滚动状态之中（用于下式）；ΔD 为辊径差，$\Delta D=200-190=10\text{mm}$，代入上式可得

$$N_2=0.1\times\frac{1023.2}{2}\times\pi\times0.01\times91.5/60=2.45\text{kW}$$

辊面与圆材之间滚动摩擦功率为

$$N_3=f\ (F_\Sigma/2)\ 2\pi n/60$$

式中，f为滚动摩擦系数，取$f=0.0003$，代入上式可得

$$N_3=0.0003\times\ (1023.2/2)\ \times\pi\times434.8/30=6.99\text{kW}$$

圆材塑性弯曲变形所需之功率为

$$N_4=l_g u_t \overline{u}_{xJ} n/60$$

式中，u_t为单位长度圆材弹性极限弯曲时每转一周所发生的能量变化，$u_t=\pi d^2\sigma_t^2/(32E)=\pi\times40^2\times900^2/(32\times206000)=617.6\text{N}\cdot\text{mm/mm}=0.62\text{kN}\cdot\text{mm/mm}$；$\overline{u}_{xJ}$为同样情况下塑性弯曲变形的耗能比，平均弯曲程度$\zeta=0.5$时$\overline{u}_{xJ}=7$。于是

$$N_4=0.276\times0.62\times7\times434.8/60=8.68\text{kW}$$

总功率为

$$N_\Sigma=N_1+N_2+N_3+N_4$$
$$=4.41+2.45+6.99+8.68=22.53\text{kW}$$

矫直机驱动功率为$N=N_\Sigma/\eta$，当传动功率$\eta=0.8$时，$N=22.53/0.8=28.2\text{kW}$，选用电机为2×15kW。

这种新式二辊滚光矫直机仍需装上三导装置，即导套、导板及导槽，还需装上冷却润滑系统，以达到滚光矫直目的。

这种滚光矫直机在矫直速度方面保留着潜力，需要时可将速度提高到30m/min，甚至提高到40m/min，而且辊子斜角基本不改变。其电机功率也要相应增加到43～57kW。

这种滚光矫直机的加工范围可以达到棒径比1∶4，不仅范围大而且是全部有效的。不过它要求进行辊子斜角的微调，微调范围为±2°。其微调方法示于图3-30。这种辊形在矫直中等直径棒材时（ϕ20～30mm），辊缝基本压紧，如图3-30*a*所示。当需要提高滚光的光亮度及矫直质量时，可微量增加辊子斜角（如0.5°）。如棒径增加时，凹辊的腰处会出现悬空间隙，若适当增大斜角便可消除悬空，辊腰压靠，增大压力，增加光亮，如图3-30*b*所示。这种辊形在矫直细棒时，为了减小缩径可微量减小斜角，如图3-30*c*所示。

这里的实例计算与以后的实例计算主要是帮助读者逐渐掌握有关

的计算方法，多角度地理解新技术的实质。

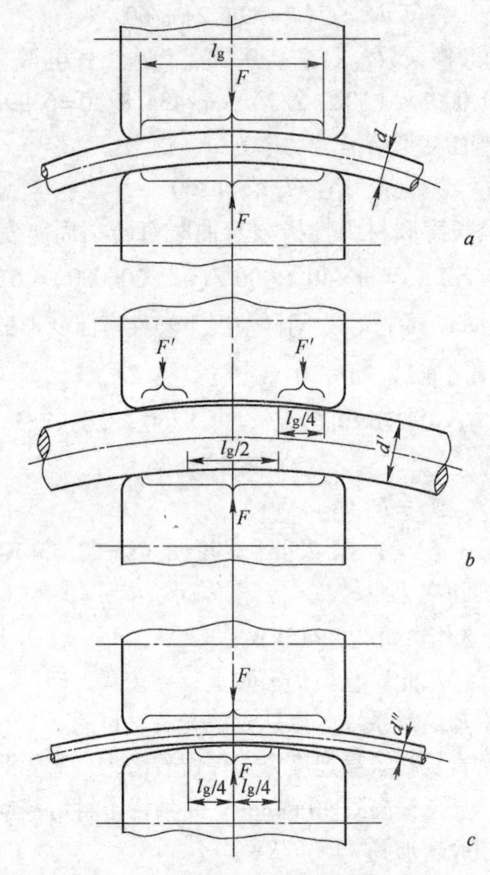

图 3-30　二辊滚光矫直机的辊缝形态

3.9　弹性芯对矫直质量的影响及矫直反弯量的确定

有过矫直生产经验的人都知道管材矫直比棒材容易。其中主要原因是管材在矫直过程中没有芯部金属对整体直度的影响，芯部金属可能有其自己的原始弯曲，在矫直过程中不受任何改变。即使从表面上看整个圆材已经矫直，而弹性芯却不可能得到矫直。否则它就不叫弹性芯了。这时的矫直属于按矫直曲率比方程式算出的反弯量进行反弯，并在弹复后残留的曲率等于零时而获得的矫直，是一种平衡性的矫直，是弹性芯的弹复势能与外围金属的过量弯曲的势能大小相等方向相反的一种平衡。这种相对平衡在环境条件改变时，如温度改变、外力改变、时间改变后有可能失衡而使工件变弯。因此棒材的矫直，尤其是原始弯曲状态严重的棒材矫直，应该在不造成断面畸变的条件下尽量采用较大的反弯量以使其弹性芯达到最小，看来好像是浪费能量，其实有利于矫直质量的持久性。所以研究弹性芯对矫直质量的影响不仅是眼前的质量问题，更是长远的质量问题。

减小弹性芯的方法除了加大反弯之外，用等曲率反弯代替正交相位的集中反弯的办法更为有效。参看图 3-31，圆材在集中反弯的斜辊矫直机内进行正交方位的矫直之后所留下的弹性芯是 $2R_t \times 2R_t$ 的螺旋方柱形。其塑性变形区为图中右侧之影线面积，在立体图形上是螺旋方孔形的塑性管。从矫直效果相同的要求出发，集中反弯的弹性芯为 $2R_t \times 2R_t$。等曲率反弯之弹性芯为 $\phi 2R_t'$，故 $R_t' = 1.41R_t$，即反弯量可以减小 41%，其能量消耗也要相应地减小。从反弯量相同的要求出发，即圆形弹性芯的半径与方弹性芯的高度相等，都等于 R_t 时，则弹性芯的弹复隐患分别为 πR_t^2 及 $4R_t^2$，可见圆形弹性芯的弹复能力仅为方形的 $\pi/4 = 0.785$ 倍，即 78.5%。这些结果都表明等曲率反弯既可以提高矫直效果，又可以减少失效后弹复隐患。可见弹性芯对棒材矫直的影响是明显的，用弹性芯的影响来鉴别等曲率反弯矫直比集中反弯矫直的优越性是不可忽视的。

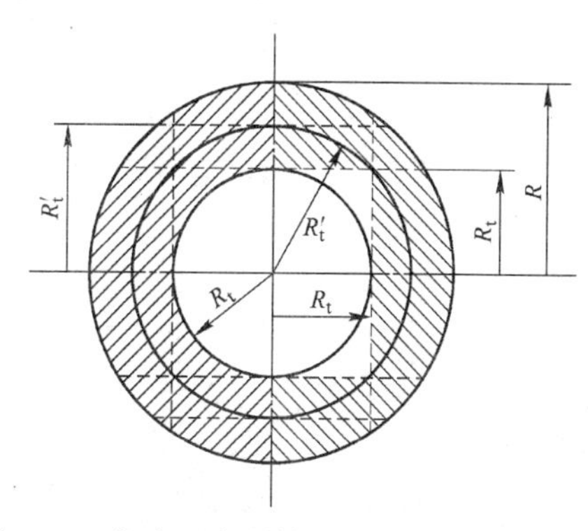

图 3-31 集中反弯与等曲率反弯之弹性芯对比

对于管材来说，若能使弹性区半径等于管内半径，则在反弯矫直后等于没有弹性芯，也就没有失效弹复的隐患。参看图3-32，当管材的第一次反弯所用反弯半径为ρ_{w_1}时，在前半周可使截面ε'_0o由原始变形ε'_0拉伸到ε_{w1}，管孔内壁由g'_0拉到g_1的变形大于ε_t。而没有原始弯曲的OO截面的内孔壁f_1点拉伸到g_1点正好使f_1g_1变形等于ε_t。这两种变形g'_0g_1及f_1g_1弹复后都回到f_1点原始的负弯曲$o\varepsilon_0$。截面在第一个半周的反弯后回到原位，见图3-32*a*、*b*。进行下半周旋转反弯时，如图3-32*b*所示，将$o\varepsilon_0$压缩到$o\varepsilon_{w1}$，同前半周一样g_2弹复到f_2。$g_1\varepsilon_{w1}$截面的本能回复位置为f_1f_1，$g_2\varepsilon'_{w1}$截面的本能回复位置为f_2f_2。但按平截面原则都只好回到$\varepsilon_{c1}o$及$\varepsilon_{c2}o$位置。虽然都未达到矫直目的，但都达到了统一弯曲方向及弯曲程度的目的。下一周的旋转反弯只需用较小的反弯量ε_{w2}使$\varepsilon_{c2}\rightarrow0$及$\varepsilon_{c3}\rightarrow0$（可以通过试矫而找出合适的压弯量，就等于找出了合适的ε_{w2}值）。这时管孔内没有任何的残余应力存在，孔内壁的变形大小及应力的大小都是可以改善和消除的，如图3-32*d*所示，$\varepsilon_{c4}\rightarrow0$。它不属于无法消除的弹性芯部分。现在可以明确地认定在矫直管材时不管原始弯曲如何，各道反弯所用的反弯半径皆为$\rho_w\geqslant aER/\sigma_t$，$a$为管材的孔径比，$\rho_w$是管材内壁的弹性极限反弯半径。但须注意在调试压弯量时开始使用的ρ_w值要偏小一点，逐渐增大辊缝，可以找到合适的辊缝值。这里的ρ_w值需能调小，从而要求辊形设计用的ρ_1值要偏小。可参看文献［1］之35页的规定。反弯半径的取值用式3-39计算

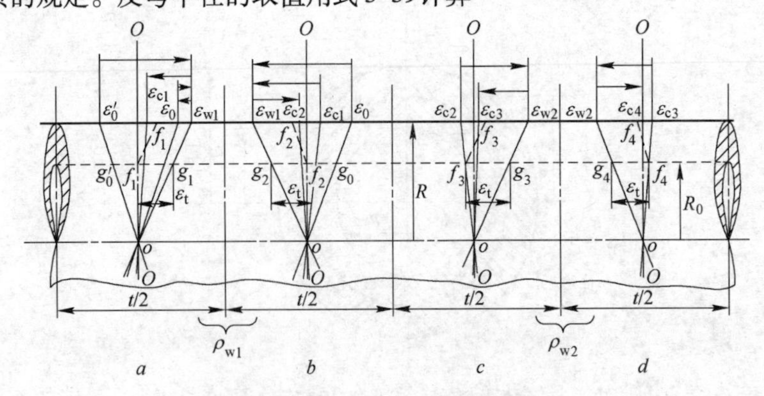

图3-32 管材的等曲率反弯矫直

$$\rho_1=(a-0.1)ER/\sigma_t \tag{3-39}$$

ρ_1 与 ρ_w 并不矛盾，前者为辊形设计的依据，后者为调试辊缝的依据。

管材矫直没有弹性芯影响问题，但是棒材矫直时弹性芯影响的具体内容也需要经过分析才能明确。

我们已经知道棒材矫直时所用的反弯曲率可以获得矫直效果，不管弹性芯的大小和作用的方式如何。由于原始弯曲的大小是可测知的，针对原始弯曲所需的矫直反弯量是可以算出的，但原始弯曲方向是随机的无法确定，所以只好用整圆周的反弯或全导程的反弯来达到矫直目的。可见最大的原始弯曲无论处在何种方位上都可以得到矫直，而同时存在的小弯曲又在矫直当中被压弯。因此不仅需要全导程的反弯矫直，还应该进行第二次甚至第三次的递减的反弯矫直，三段等曲率反弯的必要性也表现在这里。所有这些矫直中都存在着前面讨论过的弹复隐患，这种隐患有时表现得很惊人。作者在现场参与矫直质量检测工作时，总共抽检 20 根 ϕ20mm 合金钢棒材，其中有一根在检测时突然坠地，其他 19 根的平均弯度为 0.2mm/m，而此坠地的一根竟变成 1.5mm/m 的弯度。所以研究弹性芯的目的应该是尽量减轻隐患所带来的后果。

现在先来看看隐患的大小。已知弹性芯的半径为 R_t，这个弹性芯的最大弯矩为

$$M_\zeta=\frac{\pi}{4}R_t^3\sigma_t \tag{3-40}$$

由于 $R_t=\zeta R$（见第 1 章），则上式变为

$$M_\zeta=\frac{\pi}{4}\zeta^3R^3\sigma_t \tag{3-41}$$

或

$$M_\zeta=\zeta^3M_t \tag{3-42}$$

这个 M_ζ 作为圆材的内力，它要使整个圆材产生弯曲，而可能产生的弯曲半径为 ρ_ζ，即

$$\rho_\zeta=EI/M_\zeta=EI/(\zeta^3M_t)$$

而 $EI/M_t=\rho_t$ 为圆材的弹性极限弯曲半径，故上式变为

$$\rho_\zeta=\rho_t/\zeta^3 \tag{3-43}$$

由这个 ρ_ζ 所造成的隐性弯度为 δ_ζ 或称之为弯度隐患，当用 1m 长的弦长来测量 δ_ζ 时，δ_ζ 与 ρ_ζ 的关系为

$$\delta_\zeta = \rho_\zeta - \sqrt{\rho_\zeta^2 - 250000} \tag{3-44}$$

参看图 3-33 可知 δ_ζ 与 ρ_ζ 的几何关系。图中的弦长可根据棒径作适当的改变。

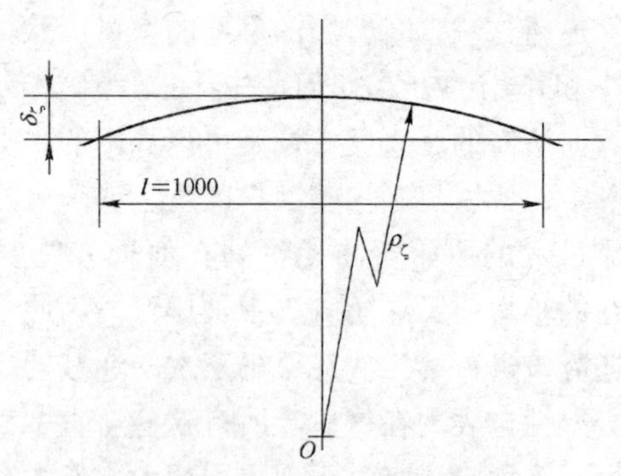

图 3-33 弹性芯可造成的弯度

下面结合各种材质及各种直径的棒材用式 3-44 算出弯度隐患 δ_ζ 值列于表 3-10 中。这个弯度隐患是最大值。因弹性芯的原始弯度不一定是弹性极限弯度，所以它的弹复力不一定达到最大值，因此表中 δ_ζ 的最大值是大于实际隐患的数值。如果这个最大值尚未超过允许的矫后弯度，则这种隐患属于允许隐患，或者把这种矫直合格产品称为质量稳定的合格品。

表中最上方的折线（Ⅰ）是 $\delta_\zeta = 0.1$ 的分界线，折线以上部分可称为无隐患矫直，可以说没有必要采用那么大的反弯进行矫直。第二条折线（Ⅱ）是 $\delta_\zeta = 0.5$ 的分界线，在折线（Ⅰ）与（Ⅱ）之间的隐患值都是允许的，矫直时所用的反弯弯度都是最大值，在没有质量稳定性要求的条件下也尽量不采用这么大的反弯弯度。折线（Ⅱ）以下的隐患值虽然都不影响当时的矫直质量，但是 δ_ζ 值越大表示矫后的隐患也偏大。

从表 3-10 所示内容还可看到：

(1) E 值越小，δ_ζ 值越大，矫直越困难，隐患也越大，矫直时不加大反弯（减小 ζ 值）便不能矫直。

表 3-10 不同材质、不同直径棒材弯度隐患 δ_ζ 的计算值

ζ	σ_t /MPa	E /GPa	d/mm									
			10	20	40	60	80	100	130	160	200	250
0.2	500	206	0.49	0.24	0.12							
		106	0.94	0.47	0.24	0.16	0.12			$\delta_\zeta<0.1$		
	1000	206	0.97	0.49	0.24	0.16	0.12	0.10				
		106	1.9	0.94	0.47	0.31	0.24	0.19	0.15	0.12		
0.3	500	206	1.64	0.82	0.41	0.27	0.2	0.16	0.13	0.10		(Ⅰ)
		106	3.18	1.59	0.80	0.53	0.40	0.32	0.24	0.20	0.16	0.13
	1000	206	3.28	1.64	0.82	0.55	0.41	0.33	0.25	0.20	0.16	0.13
		106	6.37	3.18	1.59	1.06	0.80	0.64	0.49	0.40	0.32	0.25
0.4	500	206	3.88	1.94	0.97	0.65	0.49	0.39	0.30	0.24	0.19	0.16
		106		3.77	1.89	1.26	0.94	0.76	0.58	0.47	0.38	0.30
	1000	206		3.88	1.94	1.30	0.97	0.79	0.60	0.49	0.39	0.31(Ⅱ)
		106	$\delta_\zeta>7$		3.77	2.52	1.89	1.51	1.16	0.94	0.76	0.60

注：$\delta_\zeta<0.1$ 及 $\delta_\zeta>7$ 者不计入。

（2）σ_t 值增大同 E 值减小的效果相同。

（3）d 值减小同 σ_t 值增大的效果相同。

我们知道矫直的定义是矫后的残留曲率比 $C_c=0$，它是由 $C_c=C_w-C_f$，在 $C_w=C_f$ 条件下得出的结果。用这个 C_w 算出的反弯半径 $\rho_w=\rho_t/C_w$，就是所需要矫直的反弯半径。这种矫直结果是确切无疑的。而矫直隐患 δ_ζ 是由弹性芯的弹复半径 ρ_ζ 所造成的内部矛盾，也是确切无疑的。它们之间的相安无事是暂时的，它们之间的失衡是迟早要发生的。不过在已经考虑到用较大反弯进行矫直之后，即使发生失衡也不会影响矫直质量，可以有把握地制订有关的矫直规程，有信心地宣布矫直质量水平，使矫直质量立于不败之地。所以说弹性芯的理论是有用的理论。

3.10 压扁加反弯矫直技术与管材二辊矫直机的讨论

压扁加反弯矫直是对管材矫直而言，管材的反弯与压扁是分不

开的，依靠矫直辊的压力产生反弯，随着压力又产生压扁。于是管材截面必然变成椭圆形，在其短轴两端的纵向纤维在弯曲过程中一侧被拉伸，一侧被压缩，经过若干周的旋转之后，各纵向纤维的长度得到统一。与此同时椭圆长轴两端的纵向纤维必然向外突出，结果与钢板折弯所产生的直棱效应相似，管材两侧突出部分很容易变直。这种纵向纤维长度统一和轴向纤维变直的结果就是通过压扁反弯矫直而获得的，而且在矫直的同时又必然获得圆整的效果，所以压扁反弯矫直的结果是既矫直又圆整。

压扁反弯矫直在旧式斜辊矫直机上是依靠集中压弯在管壁内产生塑性变形，而且必须通过两个正交相位上递减反弯才能达到矫直目的的，参看图3-34a，当管内径为R_0时，为了使弹性芯的对角线长度在R_0范围内，其弹性区高度R_t需要在$R_0\sin45°$范围内，即$R_t \leqslant 0.707R_0$。可见R_t要比R_0小30%左右。若考虑压扁后的半径变短，

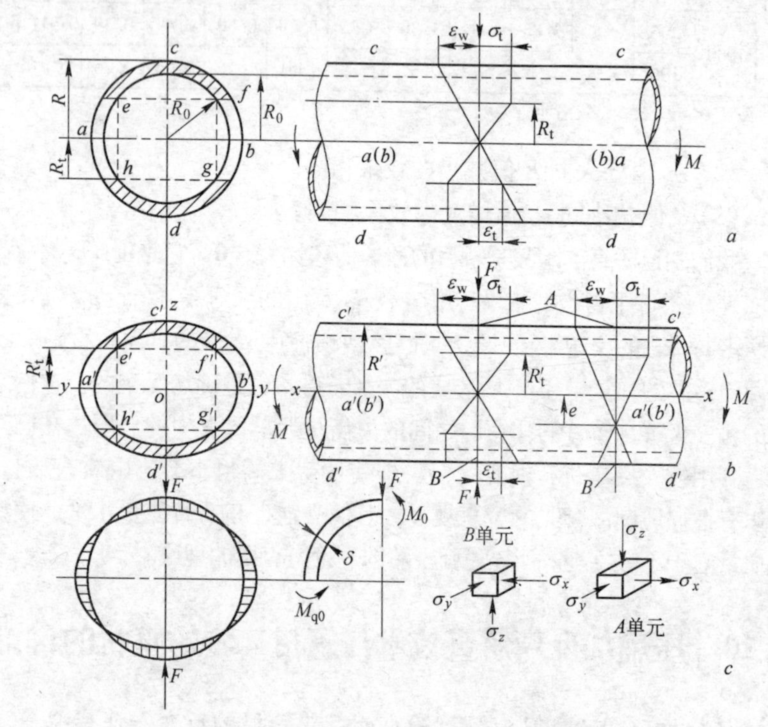

图3-34 压扁反弯矫直与弹性芯的变化

由 R 变为 R'（见图3-34b），其弹性芯的高度由 R_t 变为 R_t'，它们的减少量（$R-R'$及 R_t-R_t'）都是有限的而且是较小的。矫直主要依靠 aa 及 bb 的外凸变直，以及 cc 与 dd 的伸缩达到同长。旋转数周之后全部管壁纵向纤维都达到同直同长，即达到矫直目的。

压扁反弯矫直在等曲率反弯的新式矫直机上压弯量可以明显减小，耗能可以降低，质量可以提高。参看图 3-35，当管材在等曲率反弯辊缝中被压扁时 R 变为 R'，R_0 变为 R_0'，弹性区高度 $R_t=R_0'$比集中压弯的 R_t 增大 30%左右（对比图 3-34a 中 R_t），减小不必要的塑性变形也可达到 30%。压弯量的减小和耗能的降低都是明显的。在压扁反弯条件下进行等曲率反弯矫直，既具备压扁反弯的矫直优越性又具备全长矫直和全方位矫直的独特优点，质量可以明显提高。

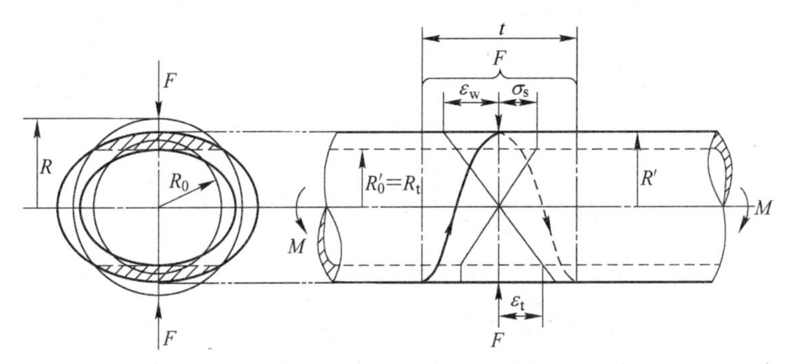

图 3-35 等曲率压扁反弯矫直与弹性芯的变化

压扁反弯矫直辊对管材的压扁力根据文献［1］之式 4-73 可知为 $F_y=0.65l_J\delta^2\sigma_t/R$，式中 l_J 为辊与管间接触长度。参看图 3-36 管面与辊面间接触受力状态，其接触点 J 与 J'之间在产生弹性压扁情况下将变成一条线 JJ'，这时接触线两端的压力 F_J 将在接触线上分布，构成对管材的压扁力。接触线两端的压扁力为 F_y 时，它与两端的矫直力 F_J 之间的几何关系为 $F_y=F_J/\cos\varphi$。在发生弹性压扁时，F_y 与 F_J 力都要向辊腰处散开，最后在辊腰处二力方向一致，合二为一。由于矫直力是一种弯曲力，在等曲率反弯情况下其弯曲的力臂 l_w 可以大于一个导程 t（管壁越薄 l_w 越要大于 t）。此时辊长 l_g 由 $3t$ 变为 $3l_w$。

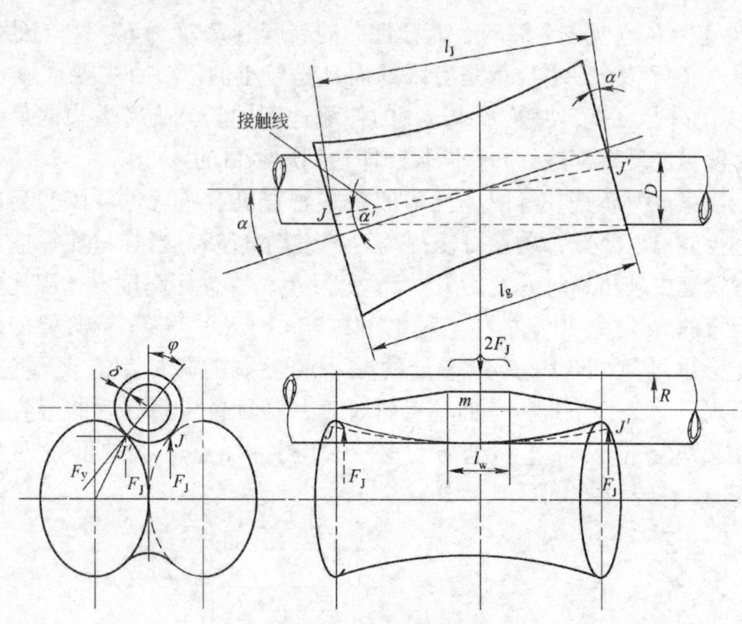

图 3-36　管材与辊面接触受力状态

当矫直弯矩 $M=\overline{M}M_t=\overline{M}\pi R^3(1-a^4)\sigma_t/4$ 时，均布的矫直力 $q_J=F_J/l_w$，于是 $M=q_J l_w^2/2=\overline{M}\pi R^3(1-a^4)\sigma_t/4$，故

$$q_J=\overline{M}\pi R^3(1-a^4)\sigma_t/(2l_w^2)$$

压扁力散开之后形成的均布压扁力的最大值为

$$q_y=0.65\delta^2\sigma_t/R$$

管材的压扁反弯矫直必须保持 $q_y \geqslant q_J$，故经整理后可得

$$l_w^2=\overline{M}\pi\frac{R^4(1-a^4)}{1.3\delta^2}=2.4\frac{\overline{M}R^4(1-a^4)}{\delta^2}$$

按管材的 $\overline{M}$ 值可由表 1-6 查知，管壁厚 $\delta=R\times(1-a)$ 代入上式可改写为

$$l_w=1.55R[\overline{M}(1+a)(1+a^2)/(1-a)]^{\frac{1}{2}} \tag{3-45}$$

由于管材 $\overline{M}$ 与 a 值是相对应的，故设 l_r 为单位半径所对应的压弯长度，即压扁区辊子的长径比，并有

$$l_r = 1.55[\overline{M}(1+a)(1+a^2)/(1-a)]^{\frac{1}{2}} \tag{3-46}$$

则

$$l_w = l_r R \tag{3-47}$$

于是可以用有关的 a 与 $\overline{M}$ 的对应值作出表 3-11，然后可以对应各种直径的管材算出其最小压扁（压弯）长度 l_w 值。

表 3-11 l_r 数值表

a	0.5	0.6	0.7	0.8	0.9	0.95
$\overline{M}$	1.49	1.37	1.28	1.19	1.09	1.03
l_r	3.66	4.23	5.1	6.5	9.5	13.5

例如 ϕ50mm 管材，其 $R=25$mm，壁厚 $\delta=5$mm 时，其 $a=0.8$，相应的 $\overline{M}=1.19$，故其压弯时的等曲率区长度为 $l_w=6.5\times25=162.5$mm，辊长 $l_g=3\times162.5=487.5$mm。

这个压弯长度 l_w 是保证管材不产生塑性压扁的最小长度，它一般都大于一个导程 t，但在管壁很厚时（如 $a\leqslant0.5$）它可能小于 t。而在计算辊长 l_g 时仍要按 $l_g=3t$ 计算，只在 $l_w>t$ 时用 $l_g=3l_w$ 来计算（考虑到管材矫直是以单向反弯辊形为主，而且等曲率反弯辊段仅需 1～2 段，故尽量不加大辊长，而且在结构尺寸限制很严时可以采用 $l_g\geqslant2l_w+t$）。

下面讨论管材矫直用的反弯辊形的计算方法，当 l_g 确定之后要确定辊径。由于管材的矫直力偏小，轴承也可以减小，故辊径的取值要偏小一些，如 $D=(0.5\sim0.6)l_g$。

管材反弯的二段等曲率辊形的计算中主要是第一段辊形所用的 ρ_1 值的确定。管材的原始弯曲也是偏小的，而在等曲率区长度 l_w 较大情况下其旋转周数必然较多。因此可以把原始弯曲忽略不计，只按管壁产生塑性变形来确定反弯半径 $\rho_1=\zeta\rho_t=a\rho_t$，便可达到很好的矫直目的。

第二段等曲率反弯辊形之 $\rho_2=0.9\rho_t$（用于凸辊）及 $\rho_2'=\rho_t$（用于凹辊）。

管材在二辊矫直过程中也应该考虑其内外弯侧管壁所受压力及弯曲力综合作用所产生的屈雷斯加屈服效应。参看图 3-34c，其中 B 单

元微分体所受之 σ_z 与 σ_x 都是压应力，其屈服条件为 $\sigma_x-\sigma_z=\sigma_s$，这个条件是很难达到的，其变形是困难的。而 A 单元微分体所受的 σ_z 为压应力，σ_x 为拉应力，其屈服条件为 $\sigma_x+\sigma_z=\sigma_s$，这个条件是很容易达到的。结果外弯侧拉伸变形很大，内弯侧压缩变形可能等于零，这种情况就相当于管材的中性层向内移动，其偏移量为 e 时，等于反弯半径由 ρ_1 变成 ρ_1-e，等于加大弯曲，因此矫直质量得以提高，残余应力得以减小，矫直耗能得以降低。尽管管材压扁力明显小于棒材的滚压力，但其良好影响是不能忽略的。

管材的弹性极限压扁量可以按文献［3］之表 4-8-17 内有关公式计算，其垂直方向的压扁量（参看图 3-37）为

$$\Delta_y=1.79F_JR^3/(El_w\delta^3) \tag{3-48}$$

式中，l_w 为压扁反弯时的接触长度；δ 为管壁厚，$\delta=R(1-a)$，代入上式可得

$$\Delta_y=1.79F_J/[El_w(1-a)^3] \tag{3-49}$$

其水平方向凸出量为

$$\Delta_x=1.64F_J/[El_w(1-a)^3] \tag{3-50}$$

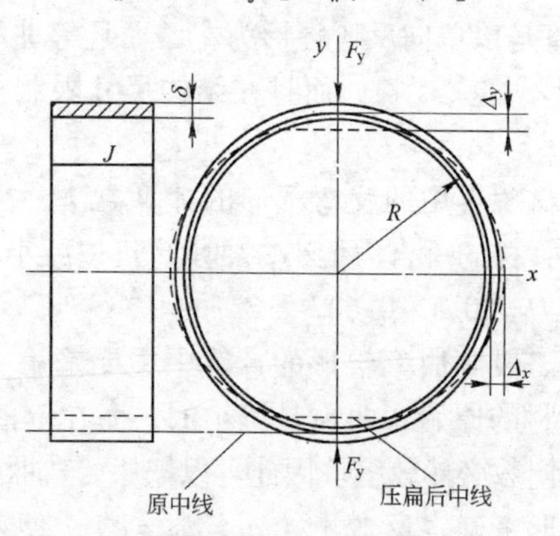

图 3-37 对面压扁

在设定辊缝时需要注意到 Δ_y 的影响，在设定辊缝导板间隙时也要注意到 Δ_x 的影响（参看图 3-38），由图 3-38 上看到凸辊腰处的压扁长度 l_w 上压力要与凹辊两端的压力相平衡，则需要在凸辊的辊腰 l_w 上增加一倍的压力。从屈雷斯加的屈服准则上分析可以认为是允许

的，因为当管材内弯侧压应力与弯曲压应力相等时，$\sigma_z-\sigma_x=\sigma_s-\sigma_s=0$。当 σ_z 增加一倍时，$2\sigma_s-\sigma_s=\sigma_s$，即内弯侧刚开始塑性变形。

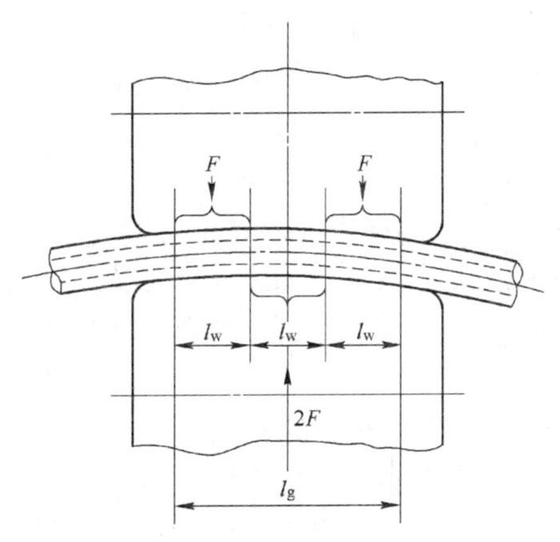

图 3-38 辊长与管材压弯长度的关系

由于管材的反弯矫直要伴生弹性压扁，因此在管材矫直机上可以不用过载保护装置，依靠管材自身的弹性压扁就可以起到保护作用。但是当被矫管材中有厚壁管时，其压扁力很大，用这种压扁力来进行反弯矫直时，它可能明显超过反弯力，用这种压扁力来设计矫直机结构时可能造成浪费，所以在压扁力过大时仍需采用过载保护装置，仍用反弯矫直力作为计算依据。

$a\geqslant0.5$ 的管材二辊矫直机一般采用压扁力来代替矫直力进行力能参数计算和强度计算。已知最大均布压扁力 q_y 及最小压扁长度 l_w，凹辊的总压扁力为

$$F_y=2l_wq_y \tag{3-51}$$

凸辊的压扁力按屈雷斯加屈服准则来说可以与凹辊相等。因此总合的矫直力为

$$F_{J\Sigma}=2F_y \tag{3-52}$$

在设计辊形时可以算出辊端的法线压力角 φ，则轴承压力为

$$F_z=F_y/2\cos\varphi \tag{3-53}$$

总合的轴承压力或总合的辊面压力为

$$F_\Sigma=4F_z \tag{3-54}$$

当已知辊子转速 n_g 及管材转速 n 之后可以计算矫直机的轴承摩擦功率为

$$N_1 = \mu_1 F_\Sigma \pi d_z n_g / 60 \qquad (3\text{-}55)$$

式中，μ_1 为轴承摩擦系数；d_z 为轴承内径（在用 F_z 选择轴承时便可查知 d_z 值）。

辊面摩擦功率为

$$N_2 = \mu_2 (F_\Sigma / 2) \pi \Delta D n_g / 60 \qquad (3\text{-}56)$$

式中，μ_2 为辊面摩擦系数；ΔD 为辊径差，在辊形设计时可以知道凸辊辊腰直径 D_0 与凹辊辊端附近压靠工件处的辊径 D' 之差，即

$$\Delta D = D_0 - D' \qquad (3\text{-}57)$$

在一般计算时 D' 可用凹辊辊端直径代替。

辊面与管面之间的滚动摩擦功率为

$$N_3 = f(F_\Sigma / 2) \pi n / 30 \qquad (3\text{-}58)$$

式中，f 为滚动摩擦系数。由于辊面压力用于滑动之外，余下的压力必然用于滚动，姑且各占一半，即式 3-56 与式 3-58 中各用 $F_\Sigma/2$。

用于塑性弯曲变形的功率为

$$N_4 = l_g u_t \bar{u}_{xJ} n / 60 \qquad (3\text{-}59)$$

式中，$\bar{u}_{xJ}$ 为旋转反弯时塑性变形的外层的能耗比，相当于塑性管的耗能比，可由表 1-16 查知；u_t 为实心圆材单位长度每转一周的弹性弯曲变形能，并有

$$u_t = \pi R^2 \sigma_t^2 / (8E) \qquad (3\text{-}60)$$

矫直总功率为

$$N_\Sigma = N_1 + N_2 + N_3 + N_4 \qquad (3\text{-}61)$$

矫直机驱动功率为

$$N = N_\Sigma / \eta \qquad (3\text{-}62)$$

式中，η 为传动功率。

依据 N 值可查到合适的电动机。

现代的二辊管材矫直机也要配备三导装置，在连续工作时导向套会减轻凹辊两端的压力，但是要增加导套、导板及导槽的摩擦功率。所以把减小辊端压力所节约的矫直功率与增加的摩擦功率相互抵偿是可以的，故不去单独计算它们的数值。

前面讨论过的用二辊矫直机对管材进行压扁及反弯的矫直技术，限于当时尚没有辊缝导板对管壁压力的计算方法，也没有在四面压紧条件下管材压弯长度的计算方法，只好按无导板状态计算辊缝间压扁管材的应有长度，因此它只适用于厚壁管的矫直。若用于中壁管和薄壁管矫直必将造成在辊子长度上的浪费。现在利用第 2 版修订的机会把中壁管的二辊矫直技术补充进来。

管材在二辊辊缝内既能产生塑性反弯又不致形成塑性压扁。前者是反弯矫直的必要条件，后者是管材在辊缝内转动的摩擦力的来源，两者缺一不可。所以压扁不能超过弹性极限，而压弯必须达到全断面的塑性弯曲，结果不仅可以矫直而且还可以达到圆整目的。这里的压扁可以有两种状态，一是由二辊辊缝所形成的两面压扁，它的抗压扁力较小，所以要求辊缝长度要大，用式 3-46 算出的压扁区辊子的长径比（l_r）较大，见表 3-11。第二是由二辊辊缝及左右导板所形成的四面压扁，参看图 3-39，图中管段 b 与辊长 l_g 基本相等，根据屈雷斯加屈服准则可以认为管材内弯侧的合成抗压能力大致等于外弯侧的两倍，所以图中的接触管长 $l''_w > l'_w$。而等曲率反弯区的长度不能小于一个导程（t），用以保证管材全长和全方位的矫直。假设四面压紧的单位长度压强为 q'_y，则辊端对管材的压弯力为 $P' = q'_y l'_w$，由此力产生的弯矩为 $M = P' l'_w/2 = q'_y (l'_w)^2/2$。若以此管段为环体分离出来进行压扁力分析时，可按文献［3］卷 1 中 4-156 页上介绍的方法先把环壁按 $\theta=45°$ 角分成 8 块，每块的包角相同并形成 4 个压扁区，区内的最大压扁弯矩为

$$
\begin{aligned}
M_{max} &= PR(1/\theta - \cot\theta)/2 \\
&= PR[4/\pi - \cot(\pi/4)]/2 \\
&= 0.137PR
\end{aligned}
$$

由于这个弯矩不应超过环体压扁的弹性极限弯矩（M_t），故当 $M_t = l'_w \delta^2 \sigma_t/6$ 时，要求

$$l'_w \delta^2 \sigma_t/6 \geqslant 0.137PR$$

将 $P = q'_y l'_w$ 代入上式可得

$$q'_y = 1.22\delta^2 \sigma_t/R \tag{3-63}$$

式中，R 为管材外半径；δ 为管壁厚度；σ_t 为管材的弹性极限强度。

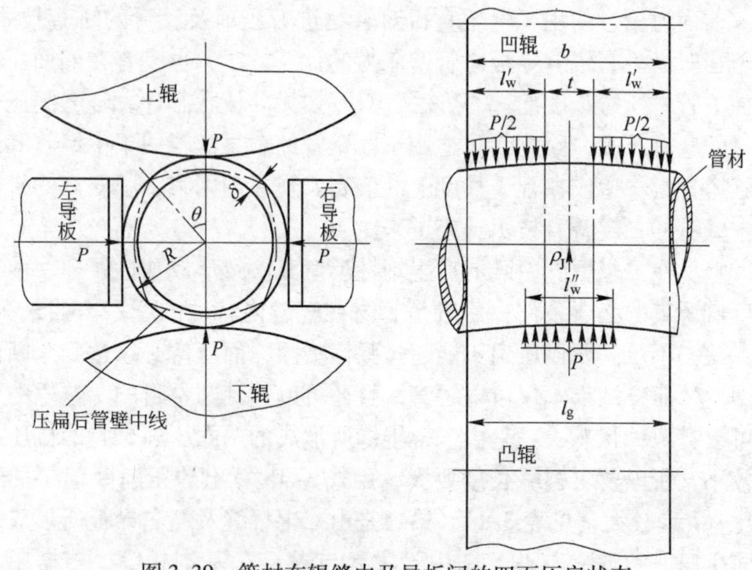

图 3-39　管材在辊缝内及导板间的四面压扁状态

我们已经知道两面压紧时管材单位长度的压强为 $q_y = 0.65\delta^2\sigma_t/R$，所以可算出 q'_y与 q_y 的关系为 $q'_y = 1.88q_y$ 。可见两者相差较大，所以两点压扁与四点压扁所需之辊长也要有明显差别。按矫直所需的弯矩相等条件可写出

$$M = q'_y l'^2_w/2 = q_y l^2_w/2$$

故

$$l'_w = 0.729l_w \tag{3-64}$$

由于 $l_w = l_r R$，$l'_w = l'_r R$，所以 $l'_r = 0.729l_r$，将此关系代入式 3-46 可得

$$l'_r = 1.13[\overline{M}(1+a)(1+a^2)/(1-a)]^{1/2} \tag{3-65}$$

仍按不同的孔径比（a）及相应的弯矩比（$\overline{M}$）可算出四面压扁矫直时矫直辊的长径比（l'_r）列于表 3-12。一般需要考虑导板夹紧作用的管材是中薄壁管材和薄壁管材，如 $a = 0.7 \sim 0.85$ 范围者，厚壁管材可以按棒材进行矫直。极薄壁管材会因算出的辊长过长而使加工和操作遇到困难，一般采用多斜辊如 222 辊系矫直机进行矫直。

从图 3-39 中还可以看出，凹辊对管材两端的压紧长度 $l'_w = Rl'_r$，凸辊对管材的压弯长度为 l''_w 要比 l'_w 大一些，而且必须大于一个导程

(t)，才能获得全长度和全方位的矫直效果，所以矫直辊的工作长度应该是

$$l_g = t + 2l'_w$$

表 3-12 四面压扁矫直时矫直辊的长径比

管材孔径比 a	0.5	0.6	0.7	0.8	0.9	0.95
相应的弯矩 $\overline{M}$	1.49	1.37	1.28	1.19	1.09	1.03
四面压扁时矫直辊的长径比 l'_r	2.67	3.08	3.72	4.74	6.93	9.84

管材二辊矫直机是过去未曾有过的创新型矫直机，需要结合实例来说明其设计特点和性能特点。下面以作者同北京长宇利华液压系统工程设计有限公司合作设计研制用于矫直 $\phi80 \sim 160\text{mm} \times \delta6 \sim 20\text{mm}$、$\sigma_s = 700\text{MPa}$ 油缸管材的 CY2GJ-160 型二辊矫直机为例加以介绍。CY2GJ-160 型矫直机凸辊尺寸为 $\phi436/472\text{mm} \times L972\text{mm}$，凹辊尺寸为 $\phi416/493.6\text{mm} \times L972\text{mm}$，辊子工作长度为 $l_g = t + 2l'_w = 135 + 2 \times 398.4 = 931.8 \approx 932\text{mm}$。若设定辊端圆角，则矫直辊全长为 $L = 972\text{mm}$。

管材矫直与棒材矫直的最大区别在于管材在反弯时允许达到全壁厚的塑性变形，而棒材不可能达到全断面的塑性变形，所以在管材矫直的三步反弯程序中第一步"先统一弯曲程度"很容易得到良好的统一效果，第二步"后矫直"就很容易取得很好的矫直效果，所以第三步"再补充矫直"几乎可变成可有可无的工序，所以常把第二步与第三步连在一起通过递减反弯便可得到良好的矫直效果。我们研制成功的 CY2GJ-160 型矫直机完全证实了它的良好矫直效果，矫后实测残留弯度几乎等于零，按全长测定时可显示出的弯度为 0.4mm/12m，按 12m 长圆弧折算出每米弧长的弯度为 0.03mm/m，这无疑属于极高的矫直质量。再从胀径或缩径方面来测量时仍然是没有明显变化，在椭圆度及粗糙度方面都显示出更圆更光的效果。最后可以说用新的二辊矫直机矫直管材不仅是可行的，而且可以带来全长矫直、高精度矫直和高效率矫直的综合效果。

3.11 棒材二辊矫直机及其力能参数计算

棒材二辊矫直技术是等曲率反弯矫直技术的主要载体，它与二辊

滚光矫直机的区别主要在于辊子斜角的增大（20°以上）和反弯半径的减小；它与管材二辊矫直机的区别主要在于辊长的缩短和反弯半径的减小。它的突出特点是应用范围广，可以适用于各种棒材矫直，不仅在尺寸规格及材质上不受限制，而且能矫直镦头棒材。它具有代替旧式各种斜辊矫直机的能力，也具备超过旧式矫直机的优点，可以称为新式二辊矫直机。

新式二辊矫直机的优越性主要表现在矫直质量的优越性和矫直速度的优越性，质量上的优越性来自辊形的优越性，速度上的优越性来自辊子斜角的增大。旧式斜辊矫直机的辊子斜角所能达到的斜度，在新式二辊矫直机上都能达到，而旧式二辊矫直机不能达到的斜度新式矫直机也能达到。

新式二辊矫直机的辊形不仅能够完成全长矫直和全方位矫直任务，还能适应单向反弯和双向反弯两种反弯需要。对于粗棒矫直在辊缝出入口处的斜度可以减小，对于细棒矫直可以避免出入口处的倾斜，为改善矫直操作创造良好条件。

新式二辊矫直机的辊形所采用的分段等曲率反弯辊形的分段数也是可变的，它既与棒材的尺寸有关也与棒材的材质有关。如直径大、弹性极限强度低及弹性模数大者比较容易矫直，辊形的反弯段数可以减少，辊形反弯方向可以单向反弯，所以辊子长度可以缩短。反之辊子长度就要增大。如棒径越细越难矫，其所需的反弯曲率比 C_w 值越大即 ρ_1 越小，结果 ρ_1 与矫直反弯半径 ρ_2 之间差距增大，ρ_2 与补充矫直反弯半径 ρ_3 间差距也增大。只用 ρ_1 及 ρ_2 进行矫直很难得到高质量产品，须增加一段 ρ_3，辊长随之增加。

根据上述理由决定采用何种反弯方式和采用几段反弯辊形仍然不够全面，还要考虑棒材的长短和矫直力的大小。如料的长度较小，辊道倾斜较小，可以采用单向反弯辊形。又如矫直力很大造成结构庞大，甚至选用轴承也遇到困难时，则不得不采用单向反弯辊形。最后还要考虑辊子长度太长时辊径差增大，矫直时辊缝内相对滑动增大而浪费功率，而且辊缝长度增大又会给导板的制造与安装调整带来困难等问题。所以在实践上要尽量采用二段等曲率辊形，宁肯放弃一些矫直质量。现在可以结合图 3-40 把辊缝的力学模型与辊长的关系作一具体的规划，使今后的设计工作有所参考。

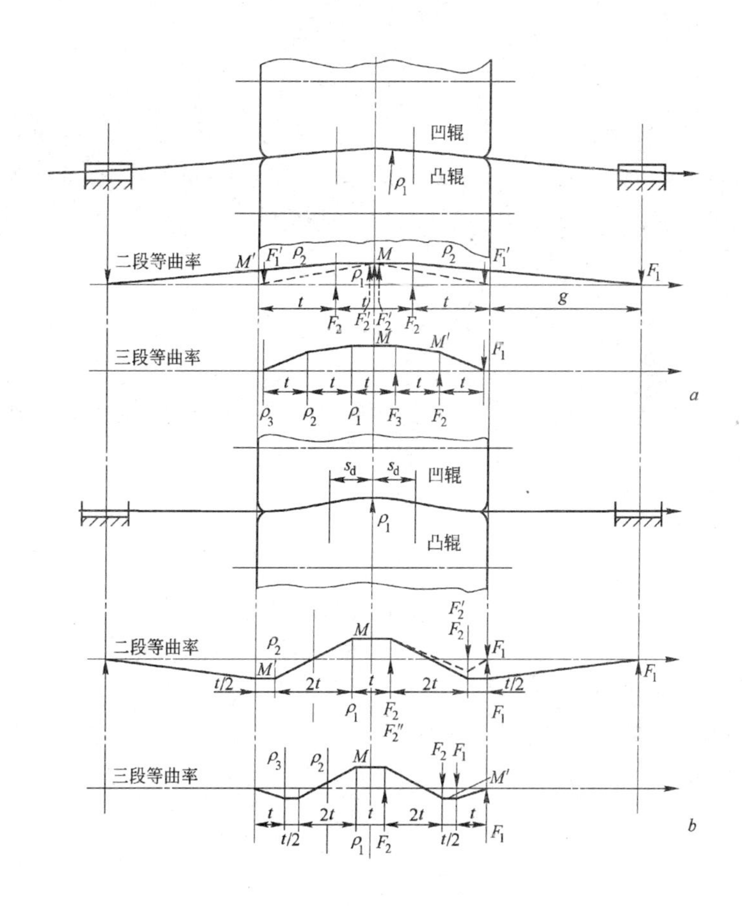

图 3-40 二辊矫直辊缝受力模型

a—单向反弯辊形；*b*—双向反弯辊形

（1）先就图 3-40*a* 所示单向反弯辊形来讨论。矫直粗棒时矫直力很大，计算反弯半径 ρ_1 用的 ζ 值（见表 3-10）也偏大，所以 ρ_1 与 ρ_2、ρ_3 的差值减小，没有必要采用三段等曲率辊形。在采用二段等曲率反弯辊形的同时，还可以利用辊缝出入口的导向套来分散矫直力 F_1。由于 F_1 的力臂 g 较大，故 F_1 很小，而且由 F_1 到 F_2 的过渡区很长（$t+g$），使 $\rho_1(M)$ 到 $\rho_2(M')$ 到矫直的递减过程很充分，矫直质量很高。当棒材头尾离开导套进入辊缝时辊端的受力突然增大到 F_1'，为了保证头尾的矫直质量，F_1'的大小要保持为

$$F_1' = M/(1.5t) \tag{3-66}$$

这个力可以保证头尾部分在（$t+g$）长度内至少经半周等曲率反弯后马上进入下半周递减的反弯矫直，在质量上可以得到保证。此时 F_2 作用在辊腰中央变为 F_2'，$F_2' = F_1'$。辊端轴承压力为

$$F_z = F_1' / \cos\varphi \tag{3-67}$$

式中，φ 角为辊形计算时可以得出的辊端法向压力角。

正常运行时 $F_1 = M/(g+t)$ 及 $F_2 = F_1$，都是较小的矫直力。而在棒材头尾进入辊缝时矫直力会成倍增加，此时轴承及辊子强度都须与此最大受力相适应。在考虑短棒材矫直的可能性时，功率的计算也要以最大总压力为依据，即总压力为

$$F_{\Sigma} = 4F_z \tag{3-68}$$

（2）对于难矫直的短棒材，一般是指强度高、弹性模数小、棒径又不太粗（粗者不会难矫）的短棒材，用两段等曲率反弯矫直质量难以保证时可以用三段等曲率单向反弯矫直辊形进行矫直。此时矫直力的增加有限，辊子长度的增加也有限，送出料装置可以简化。其力学模型如图 3-34a 所示之三段等曲率的受力模型，其矫直力为

$$F_1 = M'/t \tag{3-69}$$

$$F_2 = (2M' - M)/t \tag{3-70}$$

$$F_3 = (M - M')/t \tag{3-71}$$

其轴承力为

$$F_z = F_1 / \cos\varphi \tag{3-72}$$

辊面总压力计算式同式 3-68。

（3）棒材直径较小，采用单向反弯辊形时辊缝出入口的斜度偏大，给设备制造与安装调试以及生产操作都带来很多不便。而双向等曲率反弯辊形给细棒矫直带来新的希望，完全可以按双向反弯设计辊形，可以在辊缝的出入口处获得基本水平的送出料条件。其力学模型如图 3-40b所示之二段等曲率受力状态。可以利用导向套或导向槽将

矫直力减小，此时

$$F_1 = M'/g \tag{3-73}$$

$$F_2 = (M+M')/(2t) \tag{3-74}$$

轴承力为

$$F_z = (F_1+F_2)/\cos\varphi \tag{3-75}$$

总合辊面压力为 F_Σ 与式 3-68 相同。

当棒材的头尾进入辊缝时，只需保持 M 值不变，其他过渡过程都可完成递减反弯工作，因此没有必要增大 F_1 值。经过计算，F_1 不变时 F_2' 及 F_2'' 都小于 F_2，故仍用式 3-68 计算辊面总合压力 F_Σ。

（4）对于细短棒材既难矫直又需在辊缝内完成对头尾的矫直，因此采用三段等曲率双向反弯辊形。三段等曲率受力模型如图 3-40b 所示，其中 F_1 用式 3-69 计算，F_2 用式 3-74 计算，F_z 用式 3-75 计算，F_Σ 仍用式 3-68 计算。

当圆材转速已知为 n、辊子转速已知为 n_g 时，除了辊子轴承摩擦功率 N_1 可用式 3-55 计算、辊面滑动摩擦功率 N_2 可用式 3-56 计算，以及辊面与圆材间滚动摩擦功率 N_3 可用式 3-58 计算外，棒材的塑性弯曲变形功率用下式计算

$$N_4 = l_g u_t \overline{u}_{xJ} n/60 \tag{3-76}$$

式中，l_g 为辊子工作长度，它随辊缝形态不同而变化，$l_g = 3t \sim 8t$。

其余矫直总功率 N_Σ、矫直机驱动功率 N 等计算皆与式 3-61 及式 3-62 相同。

凡是在功率计算中未考虑三导装置的摩擦损失者在计算总功率时都可适当增加功率值。

3.12 二辊矫直机的机构组成

二辊矫直机的核心机构就是其矫直辊系，这在前面已经讨论过了。与辊系直接相关的机构就是机架、压下（上）机构、上辊平衡机构和过载保护系统；其次是导向板、导套、导槽、调角机构、主驱动系统、压下驱动系统、电气及控制系统、液压系统、润滑系统等。构成矫直机组时，还须包括料架、送料辊道、夹送机构、出料辊道及成品槽等。

这些组成部分在过去的二辊矫直机上基本都已使用，但在新式二辊矫直机上有些不再适用了，有些需要增加。如调角机构，新式二辊矫直机的辊子斜角基本不需调节，但要考虑防止胀径及缩径的需要及辊子磨损等因素又不能不做微调上的安排，不过调角机构可以简化，更不需要搞自动控制。又如旧式二辊矫直机未曾用于矫直镦头圆材，因此不需有快速升降机构。而新式二辊矫直机不仅可以矫直镦头圆材而且矫直质量更好，效率更高，因此需要配备快速升降机构。再如辊缝导向板在旧式二辊矫直机上由于辊子斜角较小，辊径差值较小，辊缝的弯曲与倾斜都较小，辊缝两侧各用一块整体导板基本可以适应，既可调节板间距离又可调节板位的高低。但在新式二辊矫直机上由于辊子斜角加大，辊缝不仅是弯曲的而且是倾斜的，若仍用整体导板则要求板形必须扭曲，安装又须倾斜，调整更加困难。所以产生了四块半辊长倾斜导板结构用以代替两块全辊长水平导板。此外在过载保护方面老式二辊矫直机比较成功地采用蓄能罐的恒压特性与矫直辊的压力油缸连通，保证在工作负载突变时机构负载基本不变以避免设备受损。而新式二辊矫直机可以采用电液伺服系统通过压力传感器控制伺服阀以保持工作油缸的压力不变并免受过载损害。

下面仅就四块倾斜导板的结构方案加以介绍，可供研发人员参考。如图 3-41 所示，在上辊 11 与下辊 12 之间辊缝的左右两侧各置倾头和扬头的两块导板 13 及 5。安装这两块导板的导板架 6 在造型上较为复杂，但是经过仔细观察之后可以发现它是由两块槽型板互相倾斜地焊在一块立板（下有螺栓 10）上，并在左侧焊上一个半圆套，在右侧焊上一个弧形块。前者可以绕左立柱转动也可以固定不动；后者可以靠向右立柱并用螺栓 7 锁紧。当导板 5 与 13 装入槽型导板架之后用带楔面的压紧块 4 来压紧。每块导板的前面为堆焊的耐磨硬质合金（也可用尼龙块黏结在前端），其后连接一个旋转螺杆 8，转动螺杆 8 可带动导板前后移位以调节导板间隙。调好之后压紧压紧块 4 便可固定导板位置。整个导板架可随定位环 2 的转动而升降，调好高度之后调定支撑螺栓 10，再背紧定位环 2，便可进行矫直工作。关于导板槽的斜度 α 只能在辊形设计之后，在图纸上加以确定。如果能做出三维动态图形则导板斜度更可以得到最合适的确定。新式二辊矫

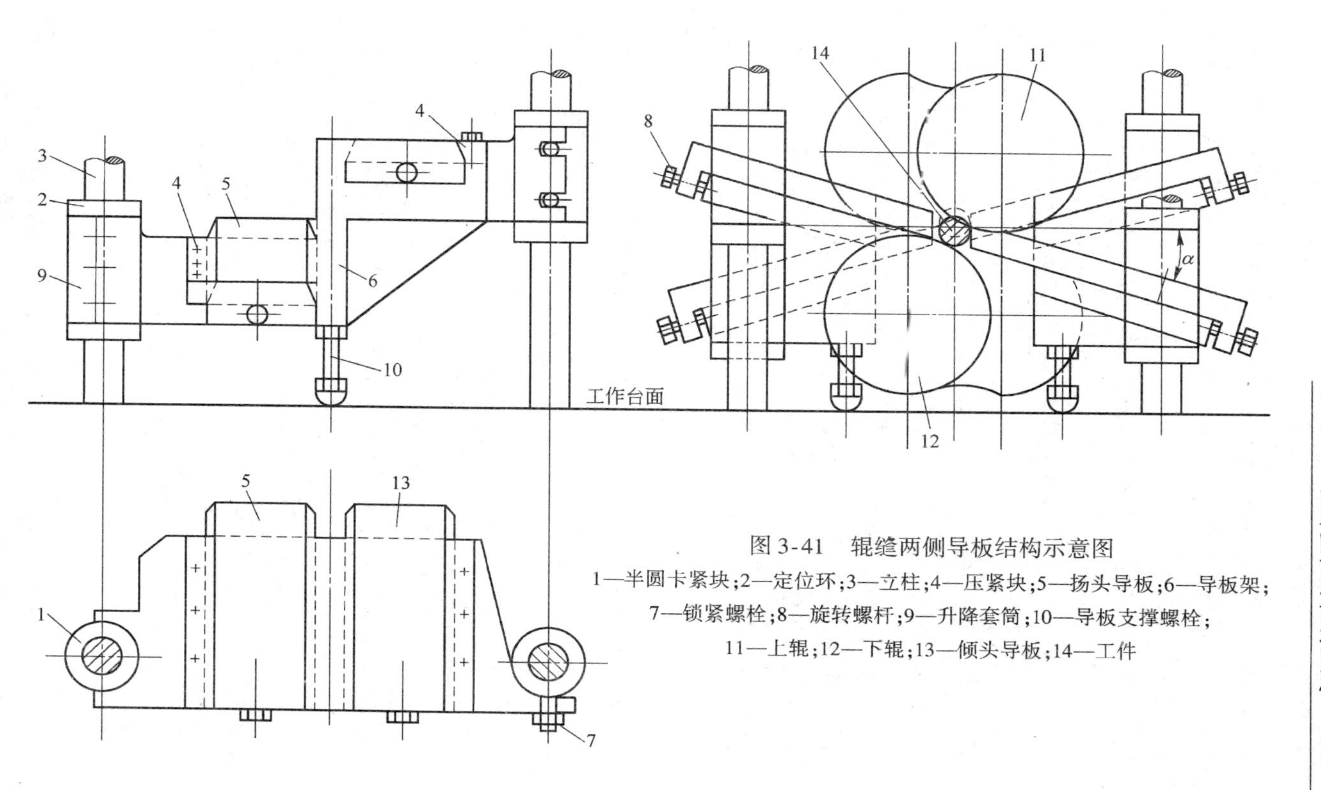

图 3-41 辊缝两侧导板结构示意图

1—半圆卡紧块；2—定位环；3—立柱；4—压紧块；5—扬头导板；6—导板架；7—锁紧螺栓；8—旋转螺杆；9—升降套筒；10—导板支撑螺栓；11—上辊；12—下辊；13—倾头导板；14—工件

直机主要的新颖性应该是新在适用性上。它的辊形最适用，其矫直质量最好，能耗最低。因此新式矫直机的附属机构也应以适用为主，而不是不切实际地追求新颖性。在小型二辊矫直机上采用弹簧平衡上辊重量，采用蝶形簧进行过载保护仍然是经济适用的方法。

3.13 多斜辊矫直机力能参数计算

首先是矫直力的计算，按图 3-19 ~ 图 3-21 所示三种典型力学模型来逐个进行计算。

(1) 按图 3-19 所示的力学模型计算力能参数，即矫直细圆材时具有强制送进及旋转能力的六辊矫直机的受力状态。这个状态要分为圆材头尾出入辊缝的工作状态及连续运转工作状态两种。

按连续运转工作状态并把 M' 作为 M 来处理，可以写出矫直力 F_1 为

$$F_1 = M/(p-3t) \tag{3-77}$$

此 F_1 作用在入口夹送辊的下辊，而上辊要夹紧圆材需要付出一个夹紧力 F_y。由于细棒的矫直力 F_1 较小，而需强制工件转动的夹紧力必须增大，故可按 $F_y = 2F_1$ 计算，即

$$F_y = 2M/(p-3t) \tag{3-78}$$

中央二辊压弯区内的矫直力 F_2 为

$$F_2 = 2M/(2t) = M/t \tag{3-79}$$

这时两侧的轴承力为 $F_z = (F_1 + F_y)/2$，而轴承的法向压力为

$$F_n = F_z/\cos\varphi = (F_1 + F_y)/(2\cos\varphi) \tag{3-80}$$

式中，φ 角为辊端与圆材接触的压力角，在计算辊形时可算出。按 F_n 选用出入辊的轴承。

中央二辊的轴承力为 $F'_z = F_1 + F_2$，其法向压力为

$$F'_n = F'_z/\cos\varphi' = (F_1 + F_2)/\cos\varphi' \tag{3-81}$$

按此 F'_n 选用中央辊的轴承。

总合的轴承法向压力或辊面压力为

$$F_\Sigma = 8F_n + 4F'_n = 4[(F_1 + F_y)/\cos\varphi + (F_1 + F_2)/\cos\varphi'] \tag{3-82}$$

再看看圆材头尾进入辊缝时的矫直力，由于采用双向反弯辊形，

其矫直力偏大，故 M'的弯矩可以不予保持而只保持 M 弯矩，用较长的过渡区来达到矫直目的，对于头尾两端来说基本可以矫直。此时的 F_1 不变但其方向相反，而 F_2 变为 $F_2'=(M+F_1\times 2.5t)/(2t)=M/(2t)+1.25F_1=F_2/2+1.25F_1$，中央二辊轴承力 $F_z''=F_2'=(F_2+2.5F_1)/2$，与前面的 F_z'相比，其差值为 $\Delta F_z=F_1+F_2-(F_2+2.5F_1)/2=0.5F_2-0.25F_1$，由于 $F_2\gg F_1$，故 ΔF_z 为正值，即 $F_z'>F_z''$。因此只按正常工作状态计算各种受力就可以了。

用式 3-82 之 F_Σ 可以计算各种功率。

立柱总拉力为

$$F_L=2(F_2+F_1+F_y) \tag{3-83}$$

（2）按图 3-20 所示的力学模型计算力能参数，即中等直径棒材矫直用的八辊矫直机在连续工作时的矫直力，仍按 $M'=M$ 来处理，其

$$F_1=M/(p-1.5t) \tag{3-84}$$

$$F_2=F_1 \tag{3-85}$$

$$F_y=F_2/2 \tag{3-86}$$

两侧辊的轴承力 $F_z=(F_1+F_y)/2$，轴承的法向压力为

$$F_n=F_z/\cos\varphi=(F_1+F_y)/(2\cos\varphi) \tag{3-87}$$

按 F_n 选用轴承。

中央二辊之受力 F_3 为

$$F_3=2M/(p-3t) \tag{3-88}$$

当圆材头尾进入辊缝后，为了保证 M 值不变，至少要构成虚线弯矩图，当料头走到右侧 F_2 处时，F_2'力为

$$F_2'=M/(3t) \tag{3-89}$$

当料尾走到左侧 F_2 处时，其受力与右侧相同，即 $F_3'=F_2'$。

现在对比 F_2'与 F_2，假设 $p\geqslant 9t$（切合实际），则 $F_2=M/(7.5t)$，而 $F_2'=M/(3t)$，故 $F_2'>F_2$。

又因 $F_3\leqslant 2M/(6t)$，而 $F_3'=F_2'=M/(3t)$，故 $F_3'>F_3$，即头尾进入辊缝后矫直力增大，故中央辊轴承力为 $F_z'=F_2'=M/(3t)$，轴承的法向压力为

$$F_n'=F_z'/\cos\varphi'=F_2'/\cos\varphi' \tag{3-90}$$

八辊辊系的总合轴承法向压力即辊面法向压力为

$$F_{\Sigma}=8F_{n}+4F'_{n}=4[(F_{1}+F_{y})/\cos\varphi+F'_{2}/\cos\varphi'] \tag{3-91}$$

机架立柱总拉力为

$$F_{L}=2(F_{1}+F_{y})+2F'_{2} \tag{3-92}$$

(3) 按图 3-21 所示之力学模型计算力能参数，即在矫直粗圆材时所用六辊矫直机的力能参数。先按连续工作状态计算 F_1（见式 3-84），即

$$F_{1}=M/(p-1.5t)$$

$$F_{2}=F_{1}$$

两侧夹送辊的夹紧力不应大于矫直力，故取

$$F_{y}=F_{1}/2 \tag{3-93}$$

当料头进入辊缝走到 b' 处时必须保证产生矫直所需之弯矩 M，则需按虚线弯矩图计算

$$F'_{1}=M/(2t) \tag{3-94}$$

$$F_{3}=F'_{1} \tag{3-95}$$

此处 $F'_1>F_1$，因 $2t<p-1.5t$，故各种轴承力属于中央辊者为 $F'_z=F'_1=M/(2t)$，其法向压力为 $F'_n=M/(2t\cos\varphi')$，并按此力选用轴承。属于侧辊者为 $F_z=(F_1+F_y)/2$，其法向压力为 $F_n=(F_1+F_y)/(2\cos\varphi)$，也按此力选用轴承。

总合的法向压力为

$$F_{\Sigma}=8F_{n}+4F'_{n}=4[(F_{1}+F_{y})/\cos\varphi+F'_{1}/\cos\varphi'] \tag{3-96}$$

机架立柱总拉力为

$$F_{L}=4F_{z}+2F'_{z}=2(F_{1}+F_{y}+F'_{1}) \tag{3-97}$$

由于 F_y 是人为设定值，所以 F_L 必须采用过载保护系统才能使矫直力和压紧力不超过最大设定值，以保证矫直工作正常进行。

此外还有图 3-22 所示的矫直力模型，用于矫直薄壁管材，其受力模型与图 3-21 一样，只是辊形分段的长度不同，在计算时各式中的 t 值换成 l_w 值便可得出正确结果。图 3-23 所示的矫直力模型同图 3-20一样。

3.14 均布压力矫直技术与极薄管矫直机

等曲率反弯辊形的全称是分段等曲率反弯辊形。而最多的分段为

三段，即反弯半径ρ_1占一段，ρ_2及ρ_3各占一段。三段等曲率反弯可以矫直细棒材。而粗棒材和管材的矫直用二段等曲率反弯辊形即可达到目的。至于薄壁管材只用一段等曲率反弯辊形就可以矫直。所有这些等曲率反弯矫直的受力状态都未曾受到限制，但根据反弯曲率的不同，其弯矩必将随之变化，受力也将随之变化，基本变化规律如图3-42所示，图中反弯半径ρ_1、ρ_2及ρ_3都是按“先统一后矫直”的需要确定的，其弯矩M_1、M_2及M_3是与各ρ值相对应的，都是可知值。因此可以计算出辊缝内凸凹辊面的受力。而这些受力又与辊缝调节的状态有关，辊缝压得越紧，图中的b值越小，矫直力越大。按一般的需要可以使$b=t/2$。此时矫直力为

$$F_3=F_4=M_2/t \tag{3-98}$$

$$F_1=F_2=(M_1-M_2)/b \tag{3-99}$$

或

$$F_1=F_2=2(M_1-M_2)/t \tag{3-100}$$

由于M_1与M_2的差值较小，故$F_1(F_2)$与$F_3(F_4)$的差值很大。在薄壁管的矫直中F_4力较大可能将管端压扁，在特种金属锆管的矫直中可能将其内部的氢化物破坏，造成废品。因此需要寻求最小压力的矫直方法。首先想到的是均布压力反弯矫直法，参看图3-43a，在均布压力为q的辊缝中，任意一点的弯矩为$M_x=qx^2/2$，最大弯矩为$M_1=ql^2/2$，各弯矩间的关系为

$$M_x=M'_x(x/x')^2 \tag{3-101}$$

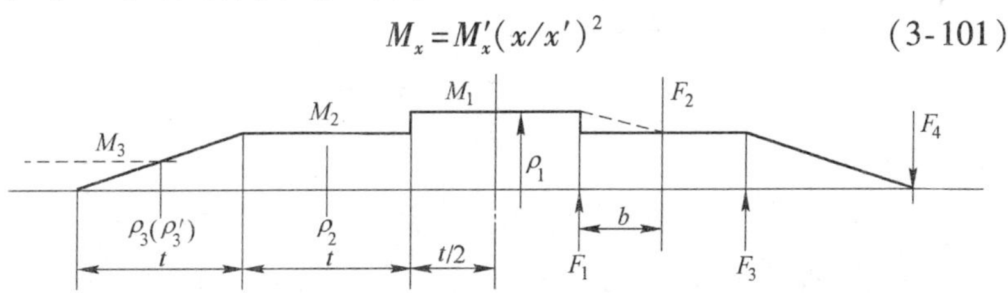

图3-42 等曲率反弯辊缝内弯矩与矫直力分布概况

为了设计辊形使其辊缝内的压弯力达到均布状态，尚须找出反弯曲率与弯矩之间的数理关系，就是我们已知的曲率$A=M/(EI)$的关系，或是任意一点的曲率$A_x=M_x/(EI)$的关系。所以任意两点的曲率之间的关系为

$$A_x=A'_x(x/x')^2 \tag{3-102}$$

从这些关系式中可以看出，M_x 或 A_x 与其所处位置的距离平方成正比，即它们的大小与位置距离的关系为抛物线关系，这种关系表示在图 3-43b 中。

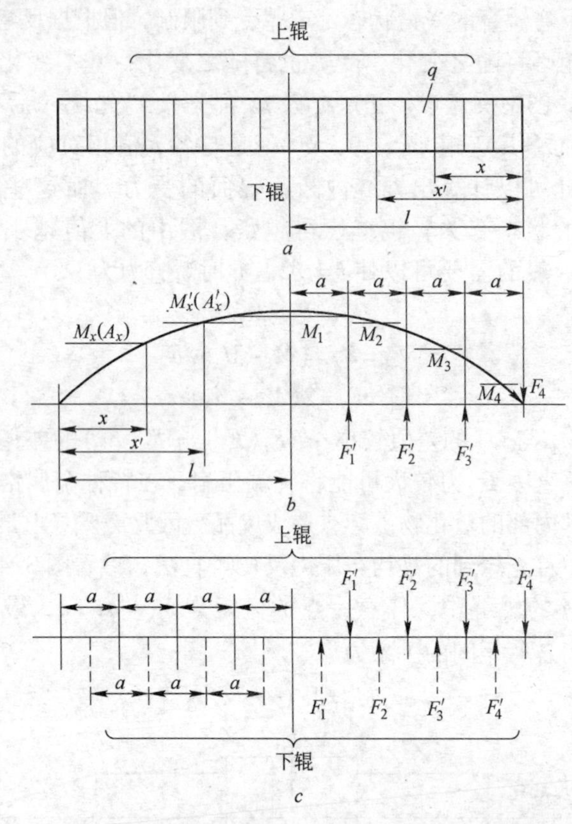

图 3-43　均布压力辊缝内弯矩与矫直力分布概况

实际的均布压力是难以得到的，连续性的 M_x-x 曲线关系或 A_x-x 曲线辊形也是难以设计的，而且也没有必要去计算。因为分段计算均布压力的反弯辊形既简单又可以满足上述要求，所以以下就按分段均布压力来计算。

当最大反弯弯矩 M_1 确定之后，便可按分段的距离计算均布压力所要求的弯矩，如

$$M_2 = M_1[3a/(4a)]^2 = 0.563M_1$$

$$M_3=M_2[2a/(3a)]^2=0.444M_2=0.25M_1$$

$$M_4=M_3[a/(2a)]^2=0.25M_3=0.0625M_1$$

若把 F'_1、F'_2、F'_3及 F'_4都理解为各段长度为 a 的区间内的压力，则 $F'_1=F'_2=F'_3=F'_4=aq$。而 q 值可由 $M_4=qa^2/2$ 求出，即 $q=2M_4/a^2$。上面已知 $M_4=0.0625M_1$，故 $q=0.125M_1/a^2$，则 $F'_1=aq=0.125M_1/a$。各 F 力相同，即均布压力为

$$F=F'_1=F'_2=F'_3=F'_4=0.125M_1/a \tag{3-103}$$

此式与式3-98 对比，由于 $a=t/2$，$M_1\approx 1.2M_2$（式3-98 中 M_2 与此处的 M_2 不同，即图 3-42 中 M_2 与图 3-43 中 M_2 不同），故 $F'_4=0.125\times2\times1.2M_2/t=0.3M_2/t$，这说明均布压力辊缝中的压力仅为式3-98中压力 F_4 的1/3.3。

本来等曲率反弯辊缝内由于接触线的增长，已使接触压力有所减小（比辊距间的压力），再加上均布后的减小，将使圆材表面的单位压力更为减小，其结果将给薄壁管的矫直和锆管的矫直带来很大的好处。

如果想进一步减小压力，则由式3-103 中 a 值的增加来达到这一目的。当 $a=t$ 时，其均布压力变为 $F=F'_1=F'_2=F'_3=F'_4=0.125\times1.2M_2/t=0.15M_2/t$，即 F 变为 F_4 的1/6.6。这种结果表明，用均布压力法进行矫直有可能接近纯弯曲法矫直要求。在多斜辊矫直辊系中 F'_4 可以变得很小，因为 $F_4=M_4/p$ 中的 p 值较大，但在圆材头尾进入到中央辊缝后 F'_4会突然增大，此时为了保护锆管中氢化物不受损伤而采用过载保护措施，使管材所受压力不超过允许值。总之用较小的均布压力对管材进行反弯矫直是可以办到的。

均布压力是靠辊形来实现的。由图 3-43 可知，当 x'处的反弯半径ρ'已知后，其他位置 x 处的反弯半径可以算出，即由 $\rho'=1/A'_x$及$\rho=1/A_x$可以写出

$$\rho=\rho'(A'_x/A_x)=\rho'(x'/x)^2 \tag{3-104}$$

当矫直管材已经设定辊腰处的反弯半径为 ρ_1 时，其余各处的反弯半径皆可算出。现在以图 3-43b 为例，M_1 段的反弯半径为 ρ_1，M_2 段的反弯半径为

$$\rho_2=\rho_1[4a/(3a)]^2=1.78\rho_1$$

其余 M_3 及 M_4 段的反弯半径分别为

$$\rho_3=\rho_2[3a/(2a)]^2=4\rho_1$$

$$\rho_4=\rho_3(2a/a)^2=16\rho_1$$

利用这些反弯半径就可以算出该辊的全部辊形，可以保证管材在辊缝中按均布压力状态达到矫直目的。

3.15 圆材在双曲线辊面上的运动分析与等曲率反弯凹辊辊径的确定

这里所说的双曲线辊面是用范成法加工的圆棒包络辊面，当被矫圆棒直径与辊面加工用铣刀直径相同时，圆棒压到辊面上所形成的接触线必将是图 3-44 中的 $b'ad'$线，其两端稍微上翘，中央与辊腰相切。设其切点为 a，再作一条直线经过 a 点并与辊端相切，其切点为 c' 及 e'，这两点必然处于 b'及 d'下方。因此在俯视图上可以看到 c'及 e'必然处于 b'及 d'的外侧。于是棒的轴线 $o'o'$、辊棒接触线 $b'ad'$、辊腰辊端公切线 $c'ae'$这三条线与辊轴间的水平夹角 α、α_0 及 α' 之间具有 $\alpha>\alpha_0>\alpha'$ 的关系。由于辊端圆周上各点切线速度相等，即 $v'_c=v'_b=v'_a=v'_e$，以及辊腰切线速度 v_a 与 v'_a 之间的关系为 $v_a/v'_a=oa/oa'=oa/oc'=R_0/R=\cos\theta'$，即 $v_a=v'_a\cos\theta'$，同理可知 $v_c=v'_c\cos\theta'=v'_a\cos\theta'$，$v_e=v'_e\cos\theta'=v'_a\cos\theta'$，故 $v_e=v_c=v_a$。可见通过辊腰的斜切线上三点 c'、a、e' 的水平分速度是一致的，它们在水平方向没有速度差，即在水平方向它们之间没有相对运动，不会产生内压力或内拉力。

再看接触线上三点 b'、a、d'，其中 b'、d' 点的切线速度为 v'_b 及 v'_d，它们的水平分速度为 $v_b=v'_b\cos\theta=v'_a\cos\theta$，$v_d=v'_d\cos\theta=v'_a\cos\theta$，故 $v_b=v_d$。由于 $\theta'>\theta$，故 $v_a\cos\theta>v'_a\cos\theta'$，即 $v_b>v_a$，同理 $v_d>v_b$。此结果表明接触线两端的水平速度大于辊腰接触点的水平速度。这三个接触点的水平速度不同，既可以产生相对滑动也可能产生一定的内力。如棒材由 v_b 产生的轴向速度为 $v_{zb}=v_b$，由 v_a 产生的 $v_{zb}=v_a\sin\alpha'$，由 v_d 产生的 $v_{zd}=v_d\sin\alpha'$，于是 $v_{zb}>v_{za}$，$v_{zd}>v_{za}$，即在辊腰处易于产生滑动，这种滑动常见于夹送辊的辊腰表面。

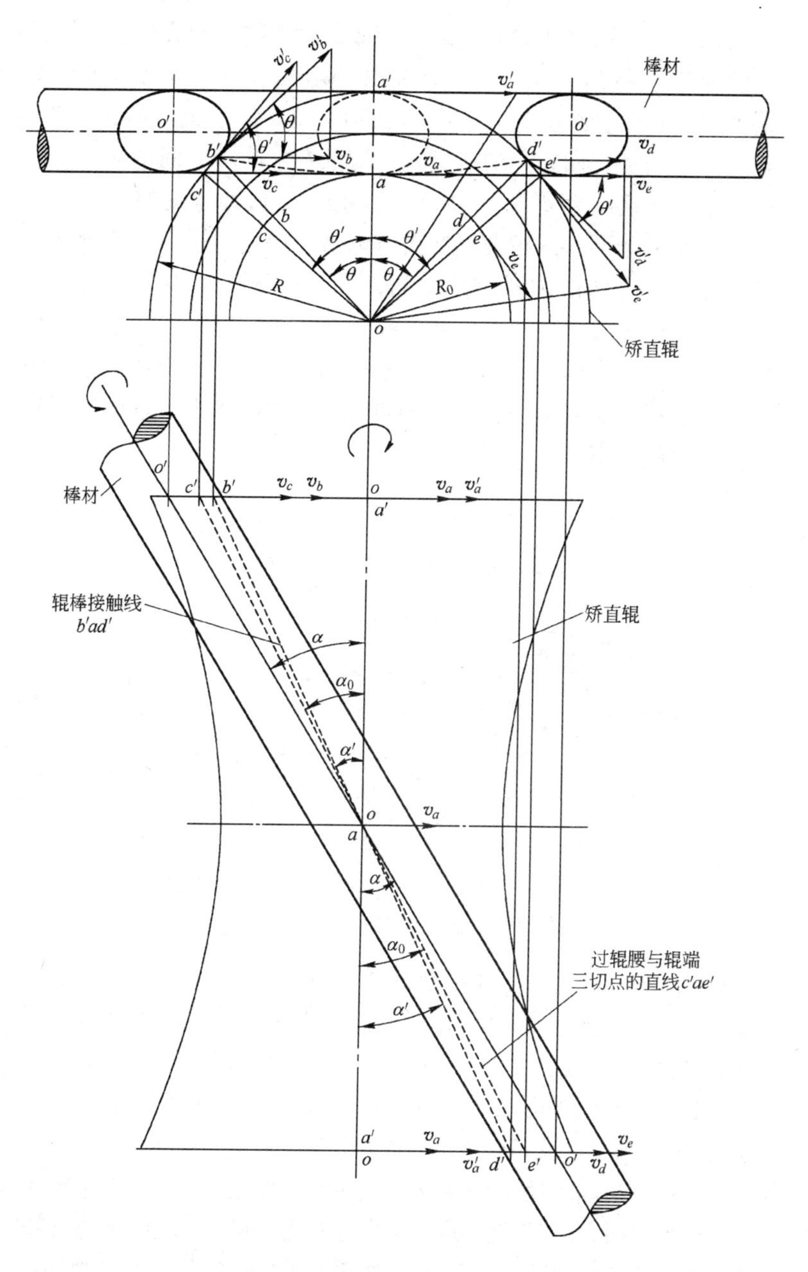

图 3-44 双曲线辊面与直棒的接触

当压弯辊与圆材接触并使圆材呈弯曲状态时它与辊面之间的接触关系变为图 3-45 所示状态，此时接触线 $b'ad'$ 不再是两端上翘而变成两端下垂，其接触角变为 $\theta > \theta'$，相应的切线水平分速度变为 $v_b < v_a$ 及 $v_d < v_a$，而且它们之间的速度差将随压弯量的增大而增加，它们在棒材轴向的分速度也变为 $v_{zb} < v_{za}$，$v_{zd} < v_{za}$。这种速度差表现为在辊缝的咬入侧易于形成内拉力，在出口侧易于形成内压力，由于这种内力都是在棒材弯曲的内弯侧发生的，故入口侧拉压内力可以互相抵消，而出口侧为两个内压力之和，易于形成胀径后果。当辊数较少辊缝内压力又不太大时，常常会产生辊棒间的滑动，并可相应减少胀径的可能性。滑动虽可减少胀径，却要增加辊面的磨损。这两种现象也有同时发生的可能。

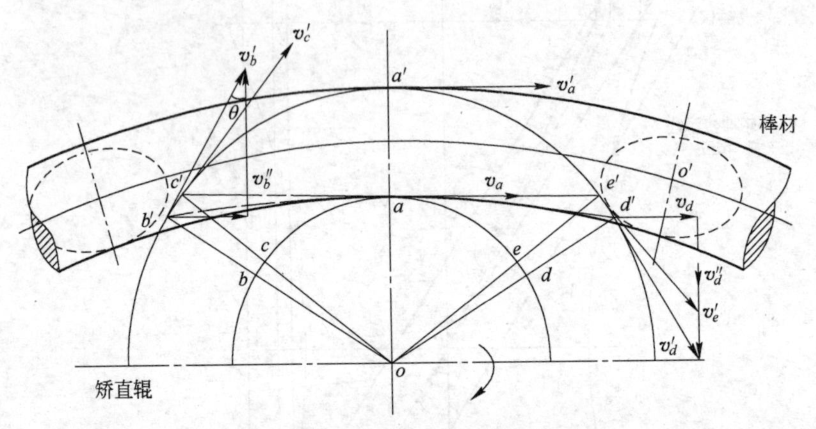

图 3-45 双曲线辊面与弯棒的接触

由上面两种运动图中还可看到辊端切线速度与辊腰切线速度之差与两处的半径差成正比，但是它们在 $b'ad'$ 接触线上的分速度却是基本相近的，也就是说棒材表面上 b' 与 d' 点同辊面上的 b' 与 d' 之间基本不产生明显的相对运动。但是在 b' 与 d' 两点处垂直于接触线 $b'ad'$ 的分速度 $v_b''=v_b'\cos\theta$ 及 $v_d''=v_d'\cos\theta$ 都是棒材与辊面之间的分离速度，更不会产生相对滑动，所以当棒材在双曲线辊面上被压成一定的弯曲状态下通过辊缝时，它们之间的滑动摩擦是很小的，而滚动摩擦将成为动力的主要消耗内容之一。因此，在以双曲线辊形进行矫直的多斜辊矫直机的功率计算中不计算其辊面滑动摩擦功率的原因就在这里。但是在等曲率反弯辊形的二辊矫直机的功率计算中却要考虑辊面的滑动摩擦功率。

这一节的运动学分析还可以帮助我们在确定二辊矫直机的凹辊直径方面找到一个合理的依据。我们过去用导程数确定二辊矫直机的辊长，再用辊长及轴承外径确定凸辊直径，并按矫直要求确定辊形尺寸。对于凹辊是利用凸辊的平均直径作为凹辊的平均直径，然后用试算法确定其辊腰直径，按矫直要求确定辊形尺寸，完全处于经验估计，说不清其辊面的滑动摩擦是否是最小。通过运动学分析之后可以认定凸辊的辊腰部分采用双曲线辊形的腰段尺寸，凹辊的辊端部分采用双曲线辊形的端段尺寸。其结果可使圆材在这两段辊面上基本可以获得像在双曲线辊面上的滚动摩擦工作条件，余下的辊腹段肯定要留下滑动工作条件，以及辊缝压靠时在凹辊腰处及凸辊胸处可能产生的滑动摩擦。这样的凸凹辊形按矫直力的一半处于滑动摩擦、另一半处于滚动摩擦来处理应该是现实条件下比较科学的计算方法。不过凹辊辊形的计算也需要从辊腰开始，在已经确定辊端（辊胸段）直径条件下只能初设一个辊腰直径并进行辊形计算，到达辊端时必然看出它与已定辊端直径的差距，再适当计入这个差距修整辊腰直径重新计算辊形，最后可以找到所需要的凹辊辊形。如图 3-46 所示，平辊就是双曲线辊形的矫直辊，凸、凹二辊是等曲率反弯辊形的凸辊及凹辊。凸辊的辊腰与平辊的辊腰直径相同（D_0），凹辊辊端与平辊辊端的直径相同（D'_1）。这种二辊矫直的辊缝在初步压紧圆材时基本处于滚动

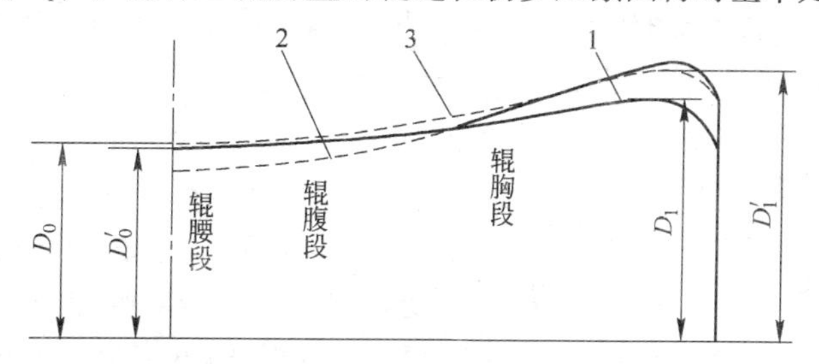

图 3-46 凸、凹、平三种辊形的合理匹配

1—凸辊；2—凹辊；3—平辊

状态，辊缝压得越紧靠，滑动摩擦越增加。达到最紧靠时，滑动与滚动将是各占一半左右。也就是在矫直粗棒增大辊缝减小压弯量时棒材转动反而稳定，跑偏力也较小，而在棒径越细越需要压紧时跑偏力也随之增大，这也正是我们所希望形成的效果。

3.16 辊缝导板摩擦功率计算与二辊矫直机功率计算方法的改进

由于二辊矫直辊缝导板的摩擦功率计算没有现成的方法，同时又认为辊缝导板的摩擦是由棒材在辊缝内跑偏而产生，这种跑偏又是由辊棒之间的摩擦力所造成的，所以导板上的摩擦阻力属于二次摩擦结果，其大小应与摩擦系数的平方成正比，虽然都属于滑动摩擦，但其系数一般不大于 0.1，其平方值就更小了，不予计算也是影响不大的。但是在生产实践中却有时见到导板磨损很快很严重的情况，并对此种情况引起了重视，从而结合图 3-47 来具体分析辊缝导板的受力与摩擦情况，通过计算来考查它的影响大小。

图 3-47*a* 表示出圆材在辊缝内旋转前进时矫直力 F_J 作用在矫直辊与圆材之间产生摩擦力 μF_J，此力可将圆材推向辊缝一侧，此侧推力 F_c 等于摩擦力，即 $F_c = \mu F_J$，式中 μ 值为辊棒间的摩擦系数。从上辊来看矫直力主要作用在辊腰及其附近的两侧，其合力可视为作用在辊腰的集中力，一个是垂直向下的矫直力（F_J），另一个是水平对着导板的侧推力（F_c）。从下辊来看矫直力作用在辊子两端的一定长度上约为辊长的三分之一处，因此两端的合力作用点皆在距离辊端为六分之一辊长的位置。此处辊面的法线压力 $F_n = F_J/\cos\varphi$ 也可随之算出。这个法线压力的水平分力为 $F_\tau = F_n\sin\varphi = F_J\tan\varphi$。于是入口侧圆材对导板的侧推力为 $F_{c1} = \mu F_J/2 - F_\tau = F_J(\mu/2 - \tan\varphi)$；出口侧的侧推力为 $F_{c2} = \mu F_J/2 + F_\tau = F_J(\mu/2 - \tan\varphi)$。因此一个导板的总合侧推力为 $F'_c = F_{c1} + F_{c2} = \mu F_J$，可见两侧导板的全部侧推力是相同的，即 $F'_c = F_c$。这两个相同的侧推力相当于对圆材的夹持力，正好用于防止圆材的跑偏。不过当圆材两端都在辊缝以外时，入口处对左导板的侧推力要大于出口处，即 $F_{c1} > F_{c2}$，因此左导板在入口处的紧固螺

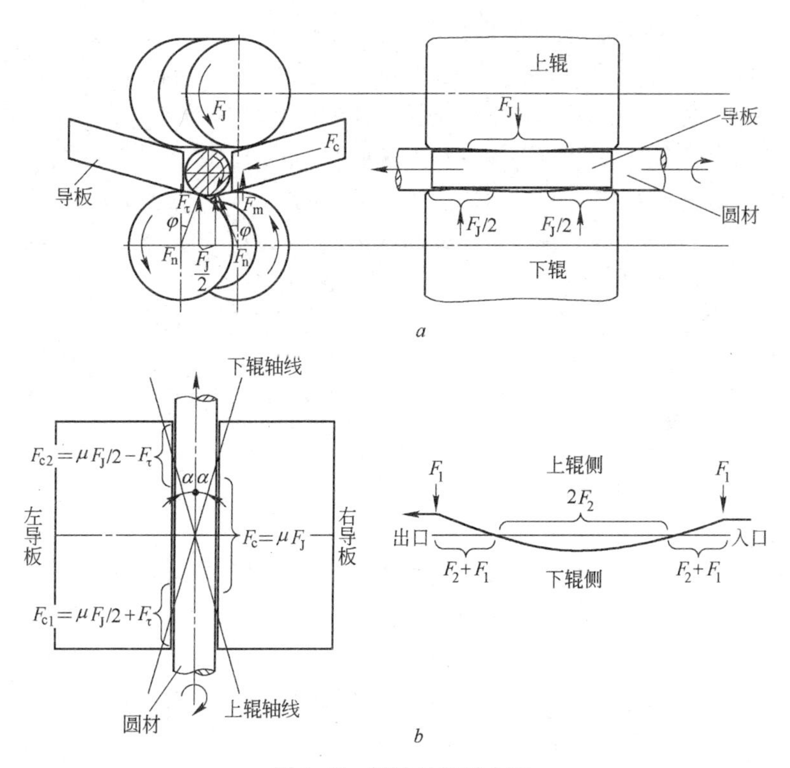

图 3-47　辊缝导板受力图

钉要加大压力。也就是说左导板的入口端容易松动。

当二辊矫直的辊缝为双向反弯辊缝时，圆材在辊缝内要形成三次反弯。中凸辊的受力在辊腰及辊胸共三处，中凹辊的受力在辊腹共两处，参看图 3-47*b*。此时矫直力为 $F_J=2(F_1+F_2)$，侧推力为 $F_c=\mu F_J=2\mu(F_1+F_2)$。各个受力区的侧推力既有因摩擦力产生的侧推力，也有因法向压力的水平分力而形成的侧推力，但它们的合成结果仍然都是 μF_J，不过 F_J 变得很大，即 $F_J=2(F_1+F_2)$，故侧推力也相应增大。但由于导板长度也随辊长而增加，故导板工作面上的单位压力并不一定随之增加，有时会因棒材直径减小而减小。

求知侧推力之后再进一步考查圆材与导板工作面之间在转动和行走时可能产生的摩擦阻力。先设定圆材与导板工作面之间的摩擦系数为 μ'，由侧推力形成的摩擦阻力为 $F_m=\mu' F_c=\mu'\mu F_J$，式中两个摩擦系数μ'与μ都是滑动摩擦系数。由于圆材表面对μ'及μ的影响是相同的，矫直辊面与导板工作面可以做成粗糙度相近的表面，于是$\mu'=\mu$，故$F_m=\mu^2F_J$。当矫直圆材直径为d、转速为n，而且要考虑两辊斜角不同，圆材向辊缝一侧跑偏最严重的情况时，导板可能产生的最大摩擦功率损失为

$$N_5=F_m\pi dn/60=\mu^2F_J\pi dn/60 \tag{3-105}$$

二辊矫直机其他四个功率可用式3-55计算N_1，用式3-56计算N_2，用式3-58计算N_3，用式3-59计算N_4。于是二辊矫直总功率为

$$N_{\Sigma}=N_1+N_2+N_3+N_4+N_5 \tag{3-106}$$

电机功率为

$$N=N_{\Sigma}/\eta \tag{3-107}$$

式中，η为传动效率。

3.17 单向反弯辊形与双向反弯辊形适用范围的讨论

单向反弯辊形与双向反弯辊形的区别在前面已经得到明确。但是它们的用途不同和其前后辊道结构不同等内容尚需作进一步的说明。

单向反弯辊形适用于粗棒材及管材矫直，它们在矫直辊缝内不仅受力可以减小，而且辊子结构尺寸也可减小。不过辊缝出入口的斜度将会影响到辊道结构，使操作增加困难。因此在不得不使用单向反弯辊形时需要正确设计辊道结构，尽量减小辊道的斜度和它与工作平面的高度差。

双向反弯辊形适用于细圆材的矫直，它的辊缝出入口的斜度接近于零度，基本上是直线出入辊缝，并在辊道上水平行走，便于操作和维护。

现在首先来讨论单向反弯辊形，参看图3-48，辊缝出入口斜角β是在设计辊形时与辊形半径一起计算出来的结果。由于棒径较粗，要求出口辊道的斜度应与辊缝出口斜度一致都是β。不过棒材直径不管粗到什么程度，它既然是弹性体就必然要产生弹性弯曲。假设棒材具有足够的长度（L），其两端被支起后在中央产生下挠（f_t），并在两

端产生倾斜角为β。

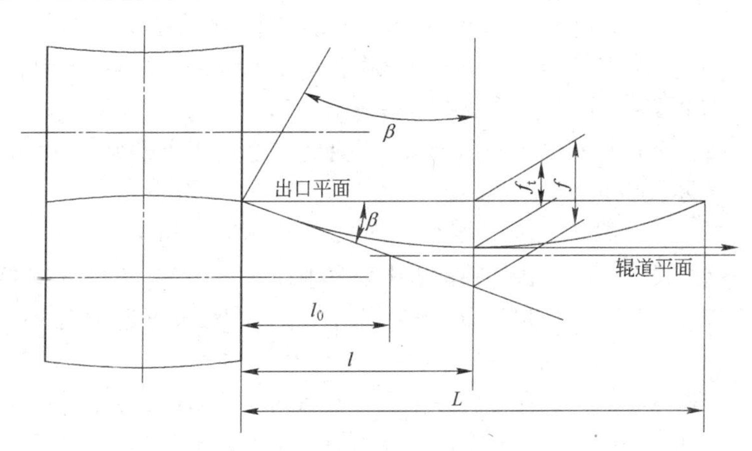

图 3-48 单向反弯辊形的出口斜度对送料的影响及其改进方法

这种弹性挠度（f_t）要比直线行走的下斜挠度（f）小，因此当棒材长度较大时不必按其直线斜度$f = l\tan\beta$来确定辊道的标高，而可以按弹性挠曲来确定辊道标高f_t。根据文献［5］中有关公式可知$\beta = ql^3/(3EI)$，式中q为条材单位长度的重度，E为条材弹性模数，I为条材断面惯性矩。由于β角是辊形所确定的出口斜角，故只能由它来计算弹性挠曲的中点距离l，即

$$l = (3EI\beta/q)^{\frac{1}{3}} \tag{3-108}$$

而中点的弹性挠度为

$$f_t = 80ql^4/(384EI) = 0.21ql^4/(EI) \tag{3-109}$$

于是倾斜辊道的长度l_0可用下式计算

$$l_0 = f_t/\sin\beta \tag{3-110}$$

由此可见弹性挠曲线的长度是首先需要求知的。举例说明，当棒径$d = 100\text{mm}$、$E = 206\text{GPa}$，$\sigma_s = 1000\text{MPa}$、$q = 0.605\text{N/mm}$时，由辊形计算得知$\beta = 3.4° = 0.059\text{rad}$，$I = 5000000\text{mm}^4$，则弹性挠曲棒长之半为

$$l = (3EI\beta/q)^{\frac{1}{3}} = (3 \times 206 \times 5000000 \times 0.059/0.605)^{\frac{1}{3}} = 6704.3\text{mm}$$

$$f_t = 0.21ql^4/(EI) = 0.21 \times 0.605 \times (6704.3)^4/(206000 \times 5000000) = 246.8\text{mm}$$

$l_0 = f_t/\sin\beta = 246.8/\sin3.4° = 4161.4\text{mm}$

结果是辊道标高 $f_t = 246.8\text{mm}$，要比直线倾角的高度小，当料长为 l 时，直线倾角高度为 $f = l\tan\beta = 6704.3 \times 0.059 = 398.3\text{mm}$，当料长为 $L = 2l$ 时，其直线倾斜高度为 $f' = 2l\tan\beta = 797\text{mm}$，所以 $f_t < f < f'$。

按新辊道送料，棒材可产生的弯曲变形之反弯半径为 ρ，由图 3-48 中所示关系可知

$$\rho = l/\sin\beta = 6704.3/\sin3.4° = 89416\text{mm}$$

这个反弯半径要比其弹性极限反弯半径 $\rho_t = Ed/(2\sigma_s) = 206000 \times 100/(2 \times 1000) = 10300\text{mm}$，增大到 8.7 倍。即按此新辊道输送条材时绝对不会产生塑性弯曲。

根据这种理论上允许的弹性反弯送料法，可以明显减小辊道与矫直辊的标高差距和倾斜辊道的长度。但是比起直行出入辊缝的双向反弯矫直仍然要增加不少的麻烦。所以在矫直力有所减小不至于影响到轴承尺寸过大时，仍然应该选用双向反弯辊形来矫直中等以下直径的棒材。

双向反弯辊形的辊缝还可以减小每个辊子全长度上的辊径差，即可减少辊面间的相对滑动。双向反弯辊形的矫直力作用点也有所增加，使矫直辊对圆材表面的滚光效果得到提高。

3.18 管材小反弯矫直技术的新探索

大多数的矫直技术都离不开反弯，即使是拉伸矫直也首先要把弯曲拉直，其中即包含着反弯作用。常见的反弯矫直是针对原始弯曲的大小通过适当的反弯达到矫直目的。而这里提出的小反弯矫直是不管原始弯曲大或小，矫直所采用的反弯量都不能超过允许值。也就是说不管矫直到什么程度，宁肯矫不直，反弯总量也不许超过给定值。不过每反弯一次都要保证其原始弯度得到一次减少，致使最后能够取得相当的矫直效果。所以小反弯矫直实质上是用化整为零的办法通过多次小反弯来达到矫直的目的。

作者在设计实践中遇到过防辐射的渗氢锆管矫直问题。这种管材的外径为 D_1，内径为 D_0，氢离子填充了管壁内的分子间隙，可以防止

放射性物质的穿透。矫直反弯时，不允许全壁厚产生塑性变形，因为塑性变形等于分子间隙拉开增大之后不能恢复原状，必然造成氢离子层的周向开裂，其微裂缝表现为向心取向，结果将丧失对放射性物质的屏蔽能力。所以锆管矫直只允许在一部分壁厚内产生塑性变形，而在管内壁要保留一定的厚度只产生弹性变形，并在矫直后可以恢复到原来状态而不产生任何裂纹。图3-49中，δ_s 为塑性变形层，$+\delta_s$ 为拉伸变形，$-\delta_s$ 为压缩变形；δ_t 为弹性变形层，也包含拉伸与压缩两种变形。

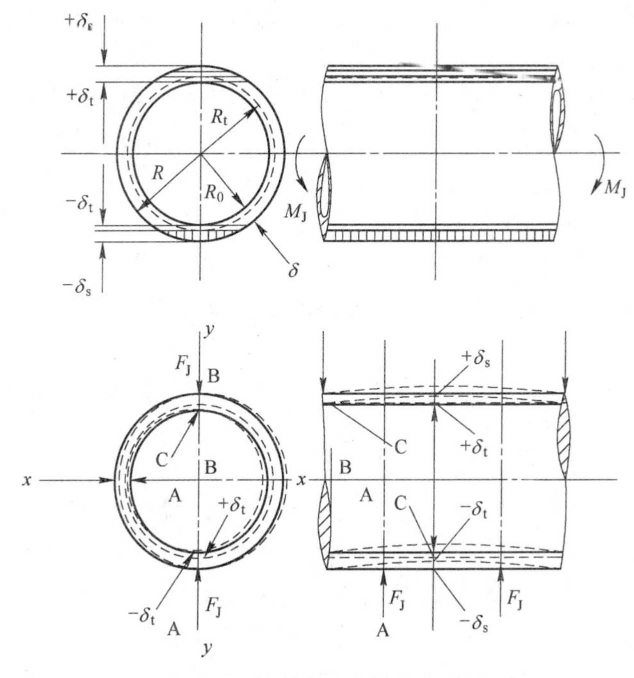

图3-49 管材小反弯矫直变形图

管材壁厚内产生弹性变形与塑性变形的分界半径为 R_t，R_0 到 R_t 厚度为弹性变形区，R_t 到 R 厚度为塑性变形区。当被矫管材的材质 $\sigma_t(\sigma_s)$ 及 E 值已知后，可以算出其弹性极限反弯半径 $\rho_t = ER/\sigma_t$，矫直时允许的反弯半径 $\rho_w = ER_t/\delta_t$，由于 $R_t/R = \zeta$，称为弹区比，则 $\rho_w = \zeta\rho_t$。由于矫直反弯所用的外力不可能是纯弯曲力矩（M_J）而必须是由压力所形成的力偶矩来达到反弯效果，故矫直辊对管材所形成的压力（F_J）必将产生压扁效果。如图3-49中下图所示，压扁后在管内壁C处将产生拉应力。为了保证R_t以内管壁不产生塑性变形，C处的拉应力皆不许超过σ_t，因此压扁量要受到严格限制。由式3-48可知管材y向压扁量为$\Delta_y = 1.79F_J R^3/(El_w\delta^3)$，式中的$F_J$是只能使管材达到弹性压扁的矫直力$F_J \leqslant l_w q_y = 0.65 l_w \delta^2 \sigma_t/R$，所以压扁量的允许值为

$$\Delta_y = 1.16\sigma_t R^2/(E\delta) \tag{3-111}$$

实际上算出的Δ_y值是比较小的，很容易形成在调节辊缝时不留压扁量的错觉。从理论上说也是只允许留有很小的压扁量，确实不允许有偏大的压扁量。

压扁量明确之后，反弯量的计算和调节也是很重要的工作。已知管材的孔径比为$a = R_0/R$，为了保证孔内壁在一定厚度范围只有弹性变形，设其弹性区半径为R_t，则弹性区比为$\zeta = R_t/R$，由于$R_t > R_0$，故$\zeta > a$。按这种要求进行反弯矫直时，每次反弯的总曲率变化都不超过$C_\Sigma = 1/\zeta$才可以，否则弹性变形层就会受到破坏。那么按这个反弯限制进行反弯矫直时，每次反弯后的弹复能力可按文献[1]中式1-61来计算，即

$$C_f = \frac{1}{1-a^4}\left\{\frac{4}{\pi}\left[\frac{1}{3}(2.5-\zeta^2)(1-\zeta^2)^{\frac{1}{2}} + \frac{\arcsin\zeta}{2\zeta}\right] - \frac{a^4}{\zeta}\right\} \tag{3-112}$$

当a值确定之后，根据保护层厚度需要可以确定R_t值，从而确定ζ值，于是可以算出C_f值。当管材的原始弯曲曲率比C_0通过实测确定后可由$C_\Sigma = 1/\zeta$中减去C_0便可知反弯曲率比$C_w = C_\Sigma - C_0$，同时这个$C_w = \rho_t/\rho_w$。经过第一次反弯之后的弹复作用可算出残留的弯曲曲率比$C_{c1} = C_{w1} - C_f$。把这个C_{c1}作为第二次反弯的原始曲率比C_{02}并作为第二次反弯矫直的依据，在C_Σ限制条件下第二次反弯可以采用的$C_{w2} = C_\Sigma - C_{02}$。反弯后弹复量仍然是$C_f$。第三次反弯弹复后的残留值$C_{c2} = C_{w2} - C_f$。再以$C_{03} = C_{c2}$进行第三次反弯计算最后得出$C_{c3}$。当$C_{c3}$达到要求时便完成了小反弯矫直任务。

计算实例：管材规格为$\phi 9.5\text{mm} \times \delta 0.58\text{mm}$，材质为锆合金，$E = 206\text{GPa}$，$\sigma_t = 700\text{MPa}$，孔径比$a = (9.5 - 1.16)/9.5 = 0.878$，保证弹性区半径$R_t \geqslant 4.3\text{mm}$（根据用户要求确定），管的外半径$R = 9.5/2 =$

4.75mm，内半径 $R_0 = 4.75 - 0.58 = 4.17$mm，弹性区比 $\zeta = R_t/R = 0.905$。弹性极限反弯半径 $\rho_t = ER/\sigma_t = 206000 \times 4.75/700 = 1397.86$mm，矫直时所允许的最小反弯半径 $\rho_{min} = \zeta\rho_t = 0.905 \times 1397.86 = 1265$mm。设定等曲率反弯弧长为1dm，并以1dm为单位弧长，则单位弧长所对应的最大反弯曲率（角）为 $A_{max} = 1/\rho_{min} = 1/12.65 = 0.079\text{rad} = 0.079 \times 180/\pi = 4.53°$。这个总曲率（角）是极其重要的变形指标，用它控制反弯量才能保证矫直过程的有效性，取得最佳矫直效果。由于总变形的曲率比 $C_\Sigma = 1/\zeta = 1/0.905 = 1.105$，其曲率为 $A_\Sigma = C_\Sigma A_t = C_\Sigma/\rho_t = 1.105/13.9786 = 0.079\text{rad} = 4.53°$，所以 A_Σ 与 A_{max} 是必然一致的。在矫直过程中完成这种最大反弯之后所产生的弹复能力可由文献[1]中式1-61算出，即

$$C_f = \frac{1}{1-a^4}\left\{\frac{4}{\pi}\left[\frac{1}{3}(2.5-\zeta^2)(1-\zeta^2)^{\frac{1}{2}} + \frac{\arcsin\zeta}{2\zeta}\right] - \frac{a^4}{\zeta}\right\}$$

已知 $a = 0.878$，$a^4 = 0.594$，$1 - a^4 = 0.406$，代入上式后得

$$C_f = 1.045(2.5-\zeta^2)(1-\zeta^2)^{\frac{1}{2}} + 1.568\frac{\arcsin\zeta}{\zeta} - \frac{1.463}{\zeta} \tag{3-113}$$

已定的 $\zeta = 0.905$，代入上式可得 $C_9 = 1.09$。这个弹复能力也是最大弹复曲率比。假设管材原始弯曲为 $C_0 = 1.1$，矫直反弯所允许的反弯曲率比为 $C_{w1} = C_\Sigma - C_0 = 1.105 - 1.1 = 0.005$，而矫后残留曲率比为 $C_{c1} = C_{w1} - C_9 = 0.005 - 1.09 = -1.085$。现在考察管材的原始挠度，由 $A_0 = C_0 A_t = 1.1 \times \left(\frac{1}{\rho_t}\right) = 1.1/13.979 = 0.0787\text{rad} = 4.51°$ 可知，原始挠度为

$$\begin{aligned}\Delta_0 &= [1-\cos(A_0/2)]\rho_0 = [1-\cos(A_0/2)]/A_0 \\ &= (1-\cos 2.26°)/0.0787 = 0.0099\text{dm} = 0.99\text{mm}\end{aligned}$$

对于这个原始挠度进行第一次反弯之后，新的残留曲率为 $A_{c1} = C_{c1}A_t = C_{c1}/\rho_t = 1.085/13.979 = 0.0779\text{rad} = 4.45°$，新的残留挠度为 $\Delta_{c1} = (1-\cos 2.23°)/0.0776 = 0.00976\text{dm} = 0.976$mm，这时管材的弯曲挠度减小量为 $0.99 - 0.976 = 0.014$mm。如果每反弯一次都减少0.014mm的挠度，要想达到合格弯曲挠度 $\Delta = 0.5$mm 时需要反弯

(0.99-0.5)/0.014=31 次。可见小反弯矫直是不能求之过急的,需要采用较小的辊子斜角,辊数要多。比如 $\alpha = 20°$,导程为 $t = \pi \times 9.5 \times \tan 20° = 8\text{mm}$,辊长加大到 $l_q = 12t = 96\text{mm}$,采用十对矫直辊,两端四个矫直辊执行送料及引料任务,中央三对辊子执行 3×12=36 次反弯矫直任务,而且辊形的反弯半径 ρ_w 要相应改变。每对辊子的辊缝只许稍大于管材直径而不许小于管径。要特别注意各辊处的矫直速度要保持一致,凡是有压弯量的矫直辊的辊面速度都需小于矫直速度,要严格保证每对辊子与其前后两对辊子之间的管材内部不产生内拉力。小反弯矫直反复弯曲次数的多少取决于原始弯曲状态,原始弯度小,矫直所需反弯次数就可以明显减少。所以这类管材的原始状态很重要,而且要从最早的加工开始就注意保持管材良好的圆度和直度。

3.19 分段等曲率反弯辊形中双向反弯的换向处按力学平稳过渡要求建立的几何连接法

自从分段等曲率反弯辊形得到应用以后已经显示出许多优越性能,但是在实践中也反映出一些令人费解的技术问题。例如在矫直细棒时辊缝不压紧,其矫直质量低,压得过紧又不能转动当然也矫不直;又如在矫直粗棒时不仅不能压靠,而且还需用过载保护装置来防止压力过大,否则会造成重大的破坏事故。现在结合图 3-50 来分析两个方向相反的弧形辊段采用圆弧连接法连接起来可以达到几何学的平滑过渡要求,不过在力学上却属于两个相反弯矩的对接,即图 3-50*b* 中两个相反弯矩 M' 与 M 的对接并形成力偶矩($M'+M$),而其力偶 F_2'之间却没有力偶臂,此种力偶只能是无穷大的力偶,没有过载保护装置是绝对不行的。一般采用液压蓄能缸来降低力偶 F_2 并拉长 M'到 M 的转变过程,如图 3-50*c* 所示,转变过程的拉长量 l_g 最好接近一个导程,可以明显减小力偶 F_2 又不致使辊身过长。同时又可保证辊段 s_d 及 s_b 都不小于 t(一个导程),s_d'不小于 1.5t。此时 $F_2=2F_1$ 也是比较合适的。这样细心安排矫直辊形及压弯程度的目的就是既要取得合格的矫直质量,又能使辊缝两端的斜角接近零值以保证圆材的水平行走。此时辊长为

$l_g=7t$，即最小辊长。我们已经知道按三步走的矫直程序设计辊形时第一步反弯所用的反弯半径 $\rho_1 \leqslant 0.3\rho_t$，$\rho_t$ 为弹性极限反弯半径；第二步反弯所用的 $\rho_2 \approx 0.6\rho_t$；第三步反弯所需之 $\rho_3=(0.9\sim1)\rho_t$。在这种条件下要达到辊缝两端斜角为零的目的还需按正比关系来确定各辊段的长度，即 $s_d':s_d=\rho_2:\rho_1=2:1$，$s_b:s_d=\rho_3:\rho_1=3:1$。当 $s_d'=1.5t$ 时要求在 s_d 中有 $0.5s_d'=0.75t$ 的长度与其配套，当 $s_b=t$ 时要求 s_d 中有 $0.33s_b=0.33t$ 与其配套。于是要求 s_d 的长度为 $s_d=0.75t+0.33t=1.08t$，可以取 $s_d=t$ 或 $1.1t$。当 $s_d=t$ 时，$l_g=2(s_d+s_d'+s_b)=2(t+1.5t+t)=7t$。从这一过程看这种矫直辊不仅在调整上很费心费力，在设计上也很麻烦，而且容易失误。为了克服这些缺点，从实践中摸索出用公切线将两个相反方向的圆弧辊形连接起来构成新的双向反弯切线连接辊形以代替过去的圆弧连接辊形。参看图 3-51，图 a 中公切线 k_1k_2 将以 ρ_1 与 ρ_2 为半径的两个弧线连接起来，两个切点为 k_1 及 k_2，此二切点之间辊段的长度为 s_q，此处可设定 $s_q=t$，同时设定 $s_d'=t$，$s_b=t$。为了使辊缝出入口的斜度为零，又需设定 $s_d=0.5t+0.33t=0.83t$。新的工作长度为 $l_g=2(s_d+s_q+s_d'+s_b)=2(0.83+1+1+1)t=7.66t\approx7.7t$。由于棒径越粗矫直力越大，$s_q$ 值必须随棒径增加而增大。一般可按 ϕ50mm 以下者 $s_q=t$，ϕ50 ~ 100mm 者 $s_q=(1\sim2)t$，ϕ100mm 以上者 $s_q=(2\sim3)t$。另外还应考虑到粗棒矫直时由于其弹性芯对时效后弹复量的影响减弱，以及小硬弯出现的可能性减少，采用二步走的矫直程序就可能取得矫直效果，所以取消 s_b 段之后，辊子工作长度又可减少，对于粗棒所用的辊长不至于太大，即不必达到 $l_g=11.7t$，而只需 $l_g=2(s_d+s_q+s_d')=2(0.5+3+1)t=9t$。从稳妥的要求来考虑，尚需在辊缝出入口处设置导向套或导向槽可产生一定的递减反弯能力达到补充矫直作用，以防粗棒两端的弯度得不到充分的矫直。

对于切线段的辊形设计可以采用简单的大半径 $\rho_q=100000$mm 的弧线代替切线办法代入各有关公式便可轻易算出这段辊形值，误差很小，完全实用。

上述新的四段辊形设计法可使二辊矫直技术走上合理化和科学化的道路；也是辊形设计的一大进步，更为水平行走矫直及全部滚光矫直开辟了道路；甚至可以实现不用过载缓冲装置，只用过载停车开关便可

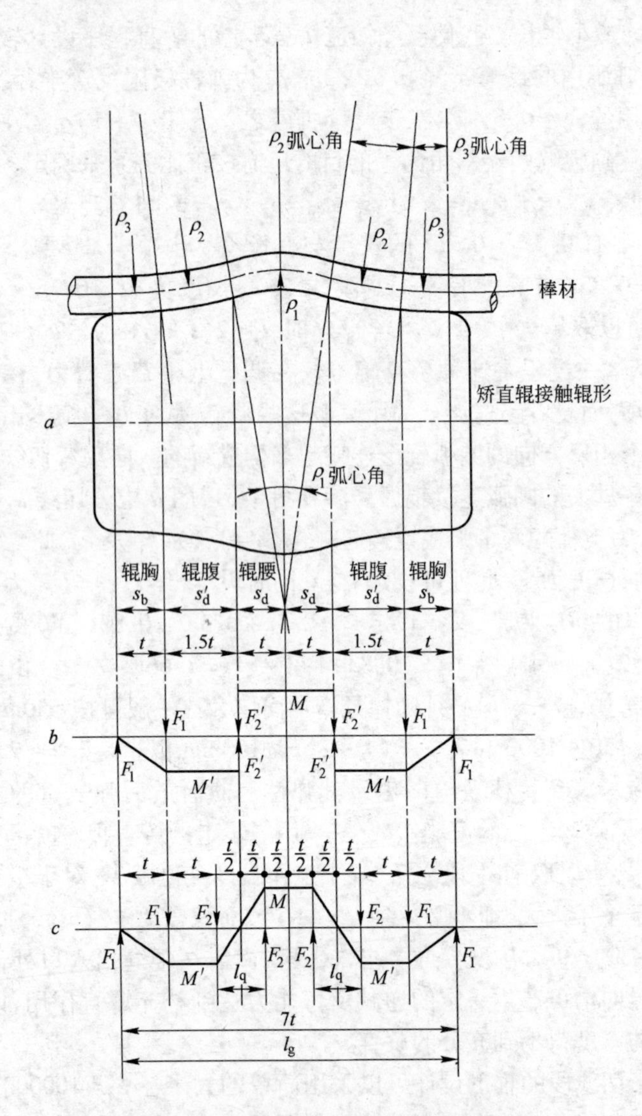

图 3-50 双向反弯圆弧连接辊形与受力图

a—辊形图；*b*—辊缝压靠受力图；*c*—辊缝半压靠受力图

避免万一的失误，保持矫直工作的安全运行。

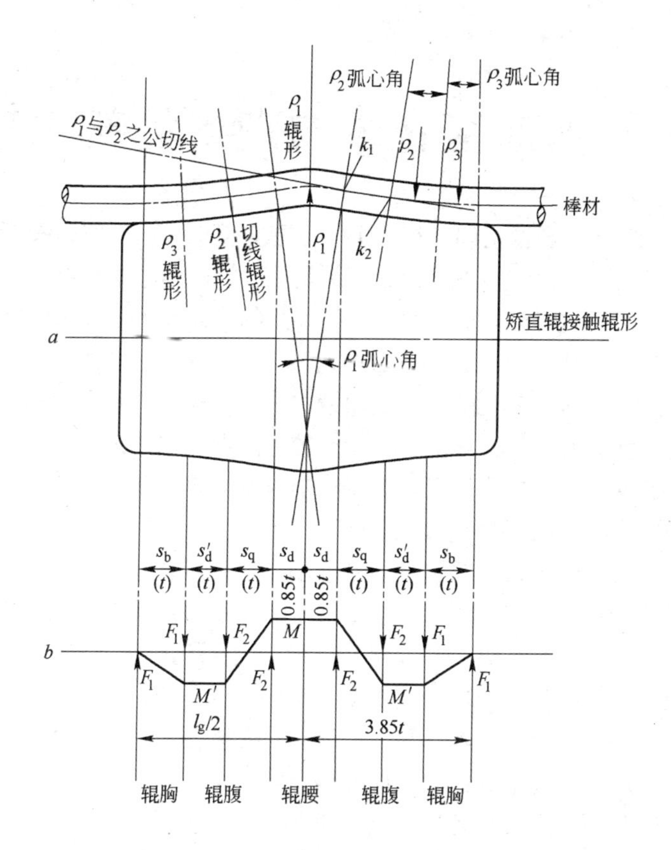

图 3-51 双向反弯切线连接辊形与受力图

a—辊形图;b—受力图

4 拉弯矫直技术与理论的新探索

拉弯矫直的理论基础已在第1章内建立起来，而且明确看到拉弯矫直不仅是带材最好的矫直方法，更是强化性金属条材最有效的矫直方法。它可以利用拉伸加反弯变形把强化的弹复能力即较大的弹复变形予以抵消，可以节约反复弯曲的递减矫直过程，经过2~3次反弯即可得到很好的矫直效果。但是除带材之外，矫直过程中增加拉力是困难的。到目前为止，尚没有在长度较短及形状较复杂条材矫直中增加拉力的反弯矫直方法。但是对于特别难矫金属，在两个拉力钳口中间装一台往复式三辊矫直机，并在矫直后切去头尾两端，尽管效率低、损耗大，但矫直后的成材质量上的成功却可补偿上述损失。

拉弯矫直是肯定有前途的矫直技术，虽然这种技术出现较晚，但是发展很快，人们在实践的基础上总结了大量的经验，一步一步地把经验控制模型精确到与理论控制模型很相近的程度，真正达到了殊途同归的效果。作者在文献［1］中开始了拉弯矫直的理论探索，深深感到拉弯矫直的理论分析工作应该跟上实际的技术发展，而且确实有不少的实际问题需要得到理论上的说明和今后发展上的导向。比如平均拉力很小，根本不可能使带材产生塑性拉伸，但是经过实际拉弯之后带材的塑性拉伸率却是大于1的，实际的拉伸量常常是达到弹性极限拉伸量的2~3倍。这种技术现象应属拉弯矫直的重大理论问题，应该首先得到理论上的说明，其次是拉弯矫直过程数学模型的建立及其应用，再次是工艺参数的设定与控制等。

4.1 拉弯矫直过程技术参数的分析与数学模型的建立

在文献［1］中对拉弯矫直过程的拉力平衡关系结合单侧塑性变形和双侧塑性变形两种情况已推导出内外力平衡的方程式，即文献［1］中的式6-12及式6-15。按此二式作出曲线示于图4-1，并将该二

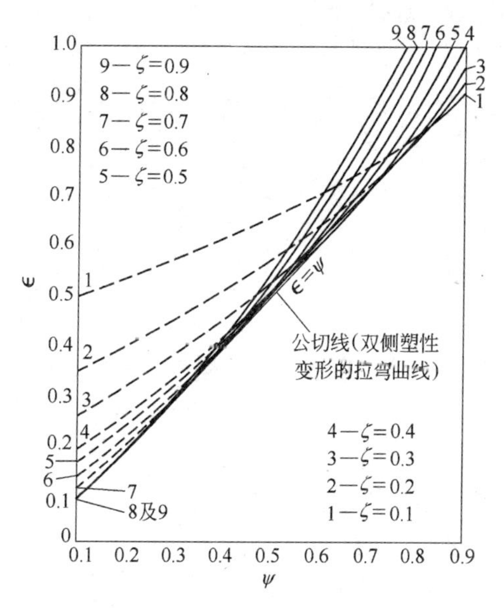

图 4-1　拉弯矫直中性层偏移系数曲线

式抄记在下面

$$\psi=0.5[1+\epsilon-0.5\zeta-0.5(1-\epsilon)^2/\zeta] \tag{4-1}$$

$\psi=\epsilon$　（即后面的公式 4-5）

式中，ψ 为拉力比，是拉弯矫直中所加的拉力 F_1 与弹性极限拉力 F_t 之比值，即 $\psi=F_1/F_t$。由拉力比 ψ 可以看出拉力的相对大小，ψ 值大就表示拉力大。ζ 为反弯半径比，是拉弯矫直中所用反弯辊的半径 R 与弹性极限反弯半径 ρ_t 的比值，即 $\zeta=R/\rho_t$，由 ζ 值可以看出反弯量的大小，ζ 值越小表示反弯半径越小，即弯曲度越大。ζ 也代表弹性区比，即弯曲区中性层两侧的弹性变形区高度 H_t 与全断面高度 H 的比值，即 $\zeta=H_t/H$。

式中除了这两个主要参数外还有一个派生参数 ϵ，ϵ 称为中性层偏移系数，是中性层在拉力与弯矩作用下向内弯侧的偏移量 e 与断面高度之半 h 的比值，即 $\epsilon=e/h$，它可以代表中性层偏移量的相对大小。中性层偏移量越大可以表明原中性层距离新中性层越远，即原中性层的变形越大，原中性层在拉力与弯矩作用下已经不再是中性层而成为变形层。若设定其变形为 ε_e 时，它的相对变形 $\varepsilon_e/\varepsilon_t$ 可称之为中性层的塑性拉伸比，并用 η 表示，即 $\eta=\varepsilon_e/\varepsilon_t$。由于变形与该层到新中性层的距离成正比，即 $\varepsilon_e/\varepsilon_t=e/h_t$，故 $\eta=e/h_t$，若在分子与分母上都除以 h 可得

$$\eta=\frac{e}{h}\bigg/\frac{h_t}{h}=\epsilon/\zeta \tag{4-2}$$

从此找到了中性层的塑性拉伸比（η）与中性层的偏移系数（ϵ）成正比、与反弯半径比（ζ）成反比的关系。

由于 ζ 值在某一指定的设备上是基本不变的，所以 η 值将随 ϵ 值而变化。η 与 ϵ 成正比，它们之间可以互为代表，η 值变化代表着 ϵ 值必然变化。由于中性层偏移只能间接地代表中性层变形的大小，所以不如用 η 直接代表中性层的拉伸，故用 $\epsilon=\eta\zeta$ 代入式 4-1 可得

$$\psi=0.5[1+\eta\zeta-0.5\zeta-0.5(1-\eta\zeta)^2/\zeta] \tag{4-3}$$

此式可以直接表现出在拉伸加弯曲的拉弯矫直过程中外加的拉力比与反弯半径比对中性层拉伸比的影响，或简单说成是拉弯矫直中拉力与弯曲合成之后对中性层拉伸变形的影响。这三个互相影响的因素是拉弯矫直过程中十分重要的三因素。

三因素中 η 值所代表的中性层拉伸比是塑性变形所占的比率。而中性层变形对全断面拉伸变形的比率用 ϕ 表示时，则 $\phi=\varepsilon_e/\varepsilon_1$。式中 ε_e 同前，ε_1 为全断面根据拉力计算出的拉伸变形，ϕ 为变形放大系数。

在拉弯状态下原中性层对新中性层产生的弯曲变形为 $\varepsilon_e=e/(R+h-e)$。此处 $h=H/2$，R 为反弯辊半径，$(R+h-e)$ 为拉弯状态下的反弯半径。而带钢的弹性极限弯曲半径为 $\rho_t=Eh/\sigma_t$，所以拉弯状态下的反弯半径比即弹性区比 $\zeta=(R+h-e)/\rho_t$。将上面二式合成之后可得 $R+h-e=\rho_t\zeta=\zeta Eh/\sigma_t$。再代入上面的 ε_e 式，即 $\varepsilon_e/\varepsilon_t=e/h_t$，得出 $\varepsilon_e=e\sigma_t/(\zeta Eh)$。由于 $\sigma_t/E=\varepsilon_t$ 及 $e/h=\epsilon$，则 ε_e 变为 $\varepsilon_e=\epsilon\varepsilon_t/\zeta$。又由带材的纯拉伸变形

$$\varepsilon_1=\sigma_1/E=(\sigma_1/\sigma_t)(\sigma_t/E)=\psi\varepsilon_t$$

可写出中性层变形放大系数为

$$\phi=\frac{\varepsilon_e}{\varepsilon_1}=\frac{\epsilon\varepsilon_t/\zeta}{\psi\varepsilon_t}=\frac{\epsilon}{\psi\zeta}=\frac{\eta}{\psi} \tag{4-4}$$

由于 $\eta>1$，$\psi\leqslant1$，故 $\phi>1$。也就是说中性层的变形肯定比全断面的纯拉伸变形大，故 ϕ 是名副其实的变形放大系数，这种放大主要得益于弯曲。有此放大才能有中性层的塑性拉伸比 η。否则在全断面的平均拉伸不超过弹性极限状态下不会有中性层的塑性拉伸，这也正是拉弯矫直技术的奥妙所在。

现在来讨论双侧塑性变形的拉弯矫直，已在文献［1］中给出的双侧塑性变形拉弯过程的拉力比 ψ 与中性层偏移系数 ϵ 的关系为直线关系，即文献［1］中式6-15

$$\psi=\epsilon \tag{4-5}$$

由于 $\epsilon=\zeta\eta$，故上式可改写为

$$\psi=\zeta\eta \quad 或 \quad \eta=\psi/\zeta \tag{4-6}$$

按中性层变形放大系数 ϕ 来说，在此双侧塑性变形条件下，将式4-6的 η 值代入式4-4后可得

$$\phi'=1/\zeta \tag{4-7}$$

用 ϕ' 表示双侧塑性变形时拉弯矫直的中性层变形的放大系数，借以区别于 ϕ 值。

拉弯状态不同，所产生的 η 与 ϕ 值也不相同。而且在各种 η 值与各种 ϕ 值之间存在本质的区别，η 值是代表中性层的塑性拉伸率，ϕ 值是代表中性层拉伸的放大率。ϕ 值再大也不一定产生塑性拉伸，η 值再小也不应小于1，否则便没有拉弯矫直作用。

现在把式4-3中 η-ψ 关系绘于图4-2中。回头看图4-1中9条曲线之间都是连续的，任何一个 ζ 值中都有一条 ϵ-ψ 曲线，而且在任何一条 ϵ-ψ 曲线上都会有一点 $\epsilon=\psi$，把每条线上的 $\epsilon=\psi$ 点连接起来便成为一条直线 $\epsilon=\psi$。这条直线就是代表双侧塑性变形的拉弯矫直曲线（见图4-1中的公切线），因此图4-1就是可以代表各种拉弯状态的特性曲线。这个曲线族的虚线部分是无用曲线。因为式4-1是 ε 的二次方程式，虚线代表 ε 值的虚解（虚根），没有实际意义。曲线族的公切点自然是在 $\epsilon=\psi$ 的直线上，对应每种 ζ 值都有一个 $\epsilon=\psi$ 的切点。这些切点在图4-2的 η-ψ 曲线上同样可以找到 $\psi=\epsilon$ 的各点，每

条 ζ 值的 η-ψ 曲线上都有一点，这一点的 η 值就是 ψ 值的对应值。把各条 η-ψ 线的上述各点 1、2、3、…、8、9 连接起来就成为双侧塑性变形的拉弯 η-ψ 曲线，或称 $\epsilon=\psi$ 曲线，简称双塑拉弯曲线。

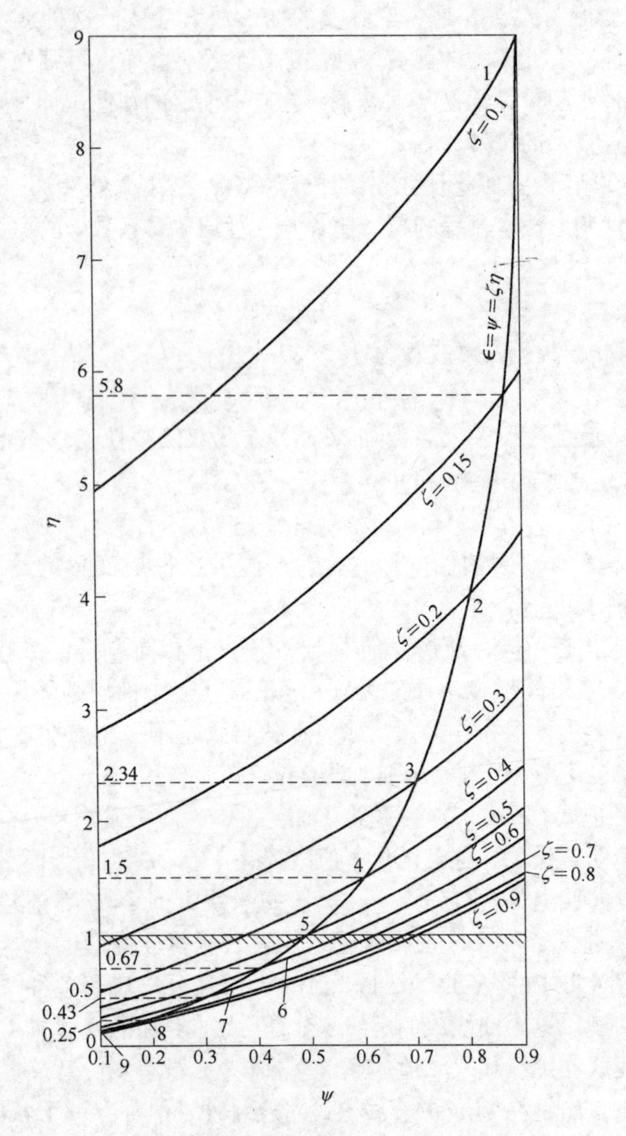

图 4-2 拉弯矫直中性层塑性拉伸率曲线

现在的图 4-1 与图 4-2 中的曲线就可以代表全部拉弯矫直过程中的各种 ζ 值与 ψ 值所对应中性层偏移系数 ϵ 和中性层塑性拉伸率 η 值的变化规律。

但是还须指出，$\eta \leqslant 1$ 的拉弯过程没有矫直作用，至少没有良好的矫直作用，因此图 4-2 中用影线将 $\eta \leqslant 1$ 部分分离出去，避免在计算中采用这部分曲线。

现在利用图 4-2 来判别拉弯状态，根据已知带材的厚度、材质及弯曲辊直径可以算出其 ζ 值，当 $\zeta = 0.3$ 并希望矫直过程中带材的塑性拉伸率达到 $\eta = 2.34$ 时，可由图中找到 $\psi = 0.7$，即需要矫直机产生 $F_1 = 0.7F_t$ 的拉力。而且 η 与 ψ 两坐标的交点正好在 $\epsilon = \psi$ 曲线上。此时中性层变形放大系数 $\phi = \eta/\psi = 2.34/0.7 = 3.34$，而双侧塑性变形的放大系数 $\phi' = 1/\zeta = 1/0.3 = 3.33$。可见 $\phi' \approx \phi$，即此时的拉弯状态基本等于双侧塑性变形的拉弯状态。参看图 4-2，虚线 $\eta = 2.34$ 与 $\psi = 0.7$ 的交点基本处在 $\zeta = 0.3$ 及 $\epsilon = \psi$ 的两线交点处。在曲线 $\epsilon = \psi$ 或 $\zeta\eta = \psi$ 的两侧都没有双侧塑性变形的可能，所以拉弯矫直的变形状态主要取决于拉力与弯曲的匹配，即大弯曲要配大拉伸，小弯曲配小拉伸，否则便是单侧塑性拉伸状态。

现在以武汉钢铁公司用过的德国奥钢联（BWG）产的拉弯矫直机为例来考察其拉弯矫直过程中的主要参数。

BWG 1700mm 拉弯矫直机用于酸洗生产线上，必然需要有较大的弯曲。其带厚 $H = 1.5 \sim 6$mm，拉力 $F_1 = 50000 \sim 250000$N，弹性极限为 $\sigma_t = 370$MPa，弯曲辊直径 $D = 100$mm。

以下按两种拉力计算其中性层的塑性拉伸量。先按 $F_1 = 50000$N 计算，拉力比为 ψ，由于弹性极限拉力 $F_t = BH\sigma_t = 1.5 \times 1700 \times 370 = 943500$N，故 $\psi = F_1/F_t = 50000/943500 = 0.05$。

带材的弹性极限弯曲半径 $\rho_t = EH/(2\sigma_t) = 206000 \times 1.5/(2 \times 370) = 417.6$mm。拉弯过程中弯曲辊半径为 $R = 100/2 = 50$mm，考虑到带材厚度较小，其厚度之半（h）更小，中性层的偏移量（e）也很小可以略去不计，故反弯半径比 $\zeta = 50/417.6 = 0.12$，代入式 4-3 可以算出中性层的塑性拉伸量，计算结果为 $\eta = 3.71$。中性层的塑性拉伸量为 $\varepsilon_e = \eta\varepsilon_t = 3.71\sigma_t/E = 3.71 \times 370/206000 = 0.0067 = 0.67\%$。

这种矫直机规定的塑性拉伸量为0.8%～1.2%，上面算出的ε_e=0.67%未达到规定值，可以加大拉力。故用$F_1=250000$N，则新的$\psi=250000/943500=0.26$。ζ值不能改变仍为$\zeta=0.12$，再由式4-3算出$\eta=4.4$。于是新的$\varepsilon_e=4.4\varepsilon_t=4.4\times0.0018=0.008=0.8\%$，可以达到矫直的目的。中性层的塑性拉伸是代表全断面的塑性拉伸，因为拉弯矫直的反弯辊都是两个以上，带材经过反复拉弯必然造成全断面的塑性拉伸，所以0.8%是全断面的塑性拉伸量，$\varepsilon_e=4.4\varepsilon_t$。

再考察$\zeta\eta=0.12\times4.4=0.528$，而$\psi=0.26$，故两者不相等（$\psi\neq\zeta\eta$）。其拉弯状态属于单侧塑性拉伸状态，又属于大弯曲小拉伸的拉弯状态，大弯曲的拉弯矫直适用于除鳞酸洗工序。

再以武汉钢铁公司用的DEMAG（德马克）拉弯矫直机为例来考察其有关参数，该机用于矫直2.5mm×1570mm带钢，其σ_t=343MPa，矫直所用拉力为$F_1=250$kN，所用弯曲辊半径$R=30$mm。

计算其弹性极限拉力$F_t=2.5\times1570\times343=1346275\text{N}=1346.3\text{kN}$，拉力比为$\psi=250/1346.3=0.19$。

带材之弹性极限反弯半径$\rho_t=EH/(2\sigma_t)=206000\times2.5/(2\times343)=750.7\approx751$mm，则反弯半径比$\zeta=R/\rho_t=30/751=0.04$，带材之弹性极限变形$\varepsilon_t=\sigma_t/E=343/206000=0.00167$。

用上述的ψ及ζ值由式4-3可算出$\eta=17$（$\psi=0.19$时），可见带材的塑性拉伸率达到$\varepsilon_e=17\varepsilon_t=17\times0.00167=0.0284=2.84\%$，这种拉伸率对矫直来说很有效，但又有些偏大了。用减小拉力的办法很难降低ε_e值，只有加大弯曲辊径才能有效降低ε_e值。若将弯曲辊半径加大为$R=50$mm，这时新的$\zeta=50/751=0.067$。在拉力不变条件下$\psi=0.19$，可算出$\eta=8.97$。于是塑性拉伸率为$\varepsilon_e=8.97\varepsilon_t=8.97\times0.00167=0.015=1.5\%$，这种拉伸率仍可以获得良好的矫直效果。

上面这两个例子可以说明拉弯矫直机第一次用理论参数来核算其经验参数的结果是基本吻合的，这也是理论与实践的统一之结果。但也存在一点差距，如第一例中拉力偏大，理论值大于实际值；又如第二例中反弯半径偏大，理论值大于实际值。这种理论值的偏大都是有益无害的，前者可以保证更有效地达到单侧塑性拉伸，后者允许减小弯曲而增大辊径，既保证了反弯的需要又提高了辊子的强度和刚度。

为了保证带材受到足够的反弯，现有拉弯矫直机的弯曲辊径都是偏小的，都比理论辊径小，因为理论辊径的半径值是按反弯半径比 $\zeta=0.2\sim0.3$来确定的。当 $\sigma_t=343\text{MPa}$、$H=0.25\text{mm}$ 时弹性弯曲半径 $\rho_t=EH/(2\sigma_t)=206000\times0.25/(2\times343)=75\text{mm}$，则弯曲辊之半径为 $R=\zeta\rho_t=0.2\times75=15\text{mm}$，故直径为 $D=30\text{mm}$。而武汉钢铁公司冷轧厂的德马克（DEMAG）矫直机（用于矫直上述带钢）的弯曲辊径 $D=25\text{mm}<30\text{mm}$，确实是偏小的。

不过拉弯矫直机要求达到的拉伸率为 $\varepsilon_e=0.3\%\sim2\%$，由于 $\varepsilon_t=\sigma_t/E=343/206000=0.0017$，按 $\varepsilon_e=0.8\%$ 计算时，拉弯矫直机应有的塑性拉伸率 $\eta=\varepsilon_e/\varepsilon_t=0.008/0.0012=4.7$。要产生这样的塑性拉伸率，要求采用的拉力比 $\psi=0.78$ 及 $\zeta=0.167$。按此 ζ 算出的辊的半径 $R=\rho_t\zeta=75\times0.167=12.5\text{mm}$，即直径 $D=25\text{mm}$，可见该矫直机所用的辊径也是 $\phi25\text{mm}$。这主要是为了取得较大的塑性拉伸（较大的 η 值），这也许正是原设计者的意图。从这里又可以看出，加大反弯（即减小 ζ 值）方法对于增大塑性拉伸效果是很有效的，因此现有拉弯矫直机所用的拉力都偏小，所用的反弯量都偏大（辊径偏小）。从图 4-2 中也可看出 ζ 值减小时 η 值的增大梯度越来越大。

但是拉弯矫直机的弯曲辊直径都是固定不变的，而拉力却是可变的，调控矫直过程主要依靠拉伸力的改变。拉力改变的范围很大，一般的拉力改变范围为 $F_1=(1/5\sim1/3)F_t$。在有浮动辊的拉弯矫直机上为 $F_1=(1/7\sim1/3)F_t$。在没有支撑辊的拉弯矫直机上为 $F_1=0.7F_t$。

好多的拉弯矫直机的拉力都是较小的，如日本三菱重工产的厚度 $(0.3\sim2)\text{mm}\times$宽度 1580mm 不锈钢带拉弯矫直机，其拉力为 $F_1=300\text{kN}$，规定的拉伸率为 $0\sim2\%$，而其 $\sigma_t=400\sim600\text{MPa}$，故弹性极限拉力为 $F_t=2\times1580\times(400\sim600)=1264000\sim1896000\text{N}$。矫直厚带的拉力比 $\psi=300/(1264\sim1896)=0.237\sim0.158$，矫直薄带的拉力比可按需要调控。由于带材的弹性极限变形 $\varepsilon_t=\sigma_t/E=(400\sim600)/206000=0.00194\sim0.00291$，按规定的最大拉伸量为 $\varepsilon_e=2\%$，所以最大塑性拉伸比为 $\eta_{max}=\varepsilon_e/\varepsilon_t=0.02/(0.00194\sim0.00291)=10.3\sim6.87$。由此可见仅用 $\psi F_t\approx F_t/4\sim F_t/6$ 的拉力便可产生（$6.87\sim10.3)\varepsilon_t$ 的拉伸变形。这里的 $F_1=(1/4\sim1/6)F_t$，符合一般矫直的拉

力范围。拉弯矫直技术能用小拉力获得大拉伸的矫直效果，这足以看到弯曲变形在其中的巨大增益作用，同时拉弯矫直后残余应力状态也有很大的改善（见文献［1］之图6-7）。所以说拉弯矫直技术是巧夺天工的矫直技术。

拉弯矫直机的拉力是依靠矫直机出入口两侧的拉力辊组之间的速度差产生的。出口速度要大于入口速度，这种速度差要除以入口速度就变成单位时间单位长度的长度差，就是拉伸率。产生拉伸率的内在因素就是拉伸力。由速度差转化成的拉伸力是依靠辊面与带钢表面之间的摩擦力来实现的。为了增加这种摩擦力在辊面上装有聚氨酯表层。

拉弯矫直过程中各项技术参数之间的数理关系，对于实现矫直过程数值控制是十分重要的，把经验的控制模型变成数值控制模型，对矫直过程控制的科学化、矫直质量的最优化、矫直耗能的最小化和矫直效率的最大化都有益处。这些数值化的技术参数可以诠释这种拉弯矫直技术的深刻内涵，并将帮助人们找到它们之间的最佳匹配。

4.2 拉弯矫直过程中主要技术和工艺参数的设定与控制

（1）第一个需要设定的技术工艺参数为拉伸率。根据所矫材料材质的不同，结合各国的实践经验，可以推荐的拉伸率如下：

钢材：$\varepsilon_e=0.3\%\sim2\%$；

铜材及钛合金等：$\varepsilon_e=1\%\sim4\%$；

铝材：$\varepsilon_e=3\%\sim5\%$。

这个拉伸率要从中性层的塑性拉伸率（η）与弹性极限变形（ε_t）的乘积算出来。塑性拉伸率 η 值要用拉弯矫直方程式4-3计算出来。不过在三要素（ψ，ζ，η）未给定之前，只能说塑性拉伸率 η 必须符合拉弯矫直方程式4-3的要求，应尽量按这种要求来设定 η 值。

（2）第二个要设定的技术结构参数是弯曲辊的直径。根据矫直带材的厚度及材质先计算出它的最小弹性极限弯曲半径 $\rho_t=EH/(2\sigma_t)$，然后按最小反弯半径要求（如 $\zeta=0.1\sim0.2$）来计算矫直机

反弯辊半径 $R=\zeta\rho_t$。目前在实际生产中可见到的最小反弯直径为 ϕ20mm，其半径为 $R=10$mm。当设定的 ζ 值很小时必须要考虑在结构上的可行性和强度的允许性。

(3) 第三个要设定的技术工艺参数是拉力比 ψ，拉弯矫直的好处之一是用小拉力加弯曲达到矫直的目的，既可防止边裂和断带又可节约动力。因此拉力必须小于弹性极限拉力，即要求 $\psi<1$。在具体设定 ψ 值时需要考虑矫直机的结构特点。第一是没有支撑辊的矫直机，它的弯曲工作辊直径要尽可能粗一些，以增大其刚性，故采用的 $\psi=0.7$。第二是有支撑辊的矫直机，其弯曲工作辊可以细一些，故采用的 $\psi=0.2\sim0.35$。第三是有浮动辊的矫直机，其弯曲工作辊可以更细，故采用 $\psi=0.15\sim0.35$。

以上三个参数是矫直所需的基本参数，以下是辅助参数。

第四个工艺参数是矫直速度，它主要取决于产量需要，而且应该是可调的，一般的拉弯矫直速度为 $v=0\sim240$m/min；常用的矫直速度为 $v=100\sim200$m/min；最高的矫直速度已达到1000m/min。不过要注意最小直径工作辊的极限转速为5000r/min。它的表面线速度不会超过1000m/min。

第五个是力能参数，即矫直功率。可参看文献［1］给出的计算方法，既有解析算法，也有经验算法。最简单的经验公式为 $N=0.2F_1v$（N 的单位为kW，F_1 的单位为kN，v 的单位为m/s），这个参数是计算结果而不是设定值。

第六个工艺参数是弯曲辊组之间的重叠量，这个重叠量一般表现为上辊组的下压量或下辊组的上抬量。在一台拉弯矫直机上拉伸率越大，其重叠量也要越大。例如矫直0.25~2.5mm厚带的DEMAG（德马克）拉弯矫直机所采用的下辊上抬量如表4-1所示。

表4-1　DEMAG拉弯矫直机所采用的下辊上抬量

带厚/mm	拉伸率/%	上抬量/mm
0.25~0.74	0.3~0.6	5
0.75~1.99	0.8~1.7	10
2.0~2.24	0.9~1.9	12
2.25~2.5	1~2	15

第七个是弯曲辊之外的其他结构参数，如拉力辊直径及拉力辊间距离。拉力辊直径已在文献［1］中讨论过，拉力辊之间距离在厚带拉弯矫直机上一般不受特殊约束，但在厚度小于0.3mm带材的拉弯矫直机上为了防止带重本身造成中央部位的下垂或瓢曲形成纵向拉伸量的不一致从而产生横向皱纹，故一般要限制前后拉力辊间距离不宜大于6m。

第八个工艺参数是辊子的凸度设置。为了减少辊子刚度不够所造成带材横向拉力不匀的影响，有的矫直机在出口拉力辊上作成凸度，如辊身中央直径比两端直径大0.05~0.2mm。在宽带的拉弯矫直机上由于辊身很长很难保持凸度，而采用弯辊措施，有利于保持和改变凸度，更易于保证矫直质量。

参数设定之后的控制与调整也是十分重要的工作，其中主要的是速度与拉力的调整与控制。

由于拉力与速度差是相互依存的，所以首先是速度差的调整与控制。现代的液压差动系统比过去的机械差动系统好很多，可以保持前后拉力辊之间速度差或拉力的稳定以及调节上的方便快捷。可以用拉力传感器来显示拉力大小，可以用脉冲发生器和比例指示器来显示拉伸率。当前后拉力辊处的脉冲计数值经计算机算出的速度为 v_1 及 v_2 时，进而算出拉伸率 $\varepsilon_e=(v_2-v_1)/v_1\times100\%$ 。用这个实测值反馈给比例指示器可以与设定值进行对比，既可看出拉伸率的稳定性又可进一步调节拉伸率，同时还可以显示其相应拉力的大小。

拉弯矫直在没有找到图4-1及图4-2中三个主要因素间关系之前，在控制过程中往往抓不住主要矛盾而变得头痛医头脚痛医脚，结果见效很小。例如遇到拉伸率不足时便直观地加大拉力，结果拉力已经很大，但拉伸率却增加很少。此时若能稍微增大反弯，则拉伸效果明显增大。不过在现有拉弯矫直机上反弯辊径已经选定，无法改变，但是用加大上下弯曲辊间的重叠量（即压弯量）的方法使带材紧靠辊面，以使中性层向内弯侧偏移至使反弯半径达到最小值之后也可以取得增大反弯的效果，获得较大的拉伸率。

可见拉弯矫直在正确理论指导下所得到新的技术参数关系为我们正确认识拉弯矫直过程和科学地制订拉弯矫直规程是十分重要的。因此文献［1］中讨论的矫直原理、计算方法及设计要领要与本书的补充内容结合起来作为统一的拉弯矫直理论体系和计算方法，希望会对今后拉弯矫直技术的发展和提高做出贡献。

本书从拉力比与反弯半径比及塑性拉伸率的关系（ψ 与 ζ、η 关系）找到它们之间的数学模型，使拉弯矫直过程中塑性拉伸量得到了确切的定量计算方法，比文献［1］前进了一步。在文献［1］中对于弯矩比与中性层偏移系数及反弯半径比的关系（$\overline{M}_1$ 与 ζ 及 ϵ 的关系）也可以变为弯矩比与反弯半径比及塑性拉伸率的关系（$\overline{M}_1$ 与 ζ 及 η 的关系），也可作出 $\overline{M}_1$-η 关系曲线（每个 ζ 值都可作出一条曲线），但在进一步的能力参数计算中看不出它的明显作用，故不予讨论。

目前拉弯矫直技术发展很快，它完全是为适应近代高速带材生产需要而发展起来的新技术。这项技术一出现就具备了等曲率反弯矫直的特点，因为近代带材生产中拉弯矫直的最低速度为 130m/min，其最高速度已达 360m/min。在这样高的速度下进行辊式反弯矫直时，若只靠集中于一点的反弯，其接触区只有一线之宽，其变形只能一跃而过，几乎没有响应时间，其矫直质量将是不堪设想的。人们从常规的矫直生产中已经体验过，在矫直速度由 30m/min 提高到 60m/min 时，不加大一定的压弯量就会造成矫直质量的降低。何况在速度提高 5 ~ 10 倍时岂有质量不降低之理。而拉弯矫直的等曲率区的长度是通过增大反弯与矫直二辊的包角来增长的。因此现在要首先明确拉弯矫直的三大要素是：一为拉伸、二为反弯、三为等曲率区。也就是说只有拉伸与反弯是不够的，而且在各种反弯矫直工艺中都需要强调等曲率反弯的重要作用。

为了使现代拉弯矫直技术恢复其本来的技术特征应该在必要场合采用其全称为等曲率拉弯矫直，其简称才是拉弯矫直。等曲率拉弯矫直的等曲率区长短是可调的，参看图 4-3。

图 4-3 中所给出的弯曲与矫直辊组共有三个，辊组中各辊间相互重叠量即压弯量是可调的，也就等于带材对辊子的包角是可调的。而包角的改变也代表等曲率区长度的改变。图 4-3*a* 所示为改变重叠量

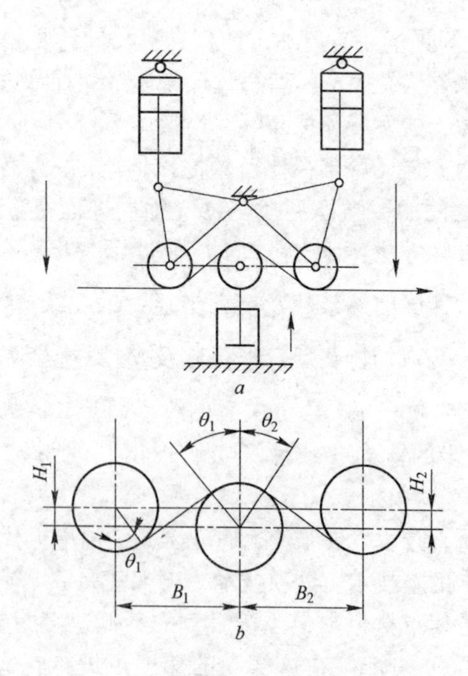

图 4-3 拉弯矫直过程中的等曲率反弯区

的机构，由三个液压缸的升降来控制三个工作辊间的重叠量。图 4-3*b* 所示为把重叠量转化为带材对辊子的包角。当带材被拉紧时，等曲率反弯区的长度基本上可用包角的弧长计算出来。若用 s_1 代表 θ_1 角的弧长，s_2 代表 θ_2 角的弧长，设辊子半径为 r 时，其弧长分别为 $s_1 = r\theta_1$，$s_2 = r\theta_2$。在两个上辊对称压下时，$\theta_1 = \theta_2$，$s_1 = s_2$。当 θ 角在 $0 \sim \pi/4$ 之间改变时，每次弯曲的等曲率区长度将在 $s = 0 \sim \frac{\pi r}{4}$之间变化。若 $r = 20$mm，则 $s = 0 \sim 5\pi = 0 \sim 15.7$mm，矫直过程中全部等曲率区的长度为 $4s = 0 \sim 62.8$mm。

这种拉弯矫直机在生产中可以直接调控的参数是辊子水平中心距（B）及垂直中心距（H）。辊子直径是已知的，由图 4-3*b* 所示几何关系可知

$$(B_1 - 2r\sin\theta_1)\tan\theta_1 = H_1 + 2r\cos\theta_1$$

或

$$B_1\sin\theta_1 - 2r\sin^2\theta_1 = H_1\cos\theta_1 + 2r\cos^2\theta_1$$

即 $$B_1\sin\theta_1 - H_1\cos\theta_1 - 2r = 0$$

或 $$\sin^2\theta_1 - \frac{4rB_1}{H_1^2 + B_1^2}\sin\theta_1 + \frac{4r^2 + B_1^2}{H_1^2 + B_1^2} = 0$$

$\sin\theta_1$ 二次方程式的根为

$$\sin\theta_1 = \frac{2rB_1}{H_1^2 + B_1^2} \pm \left[\frac{4r^2B_1^2}{(H_1^2 + B_1^2)^2} - \frac{4r^2 - H_1^2}{H_1^2 + B_1^2}\right]^{\frac{1}{2}}$$

故有

$$\theta_1 = \arcsin\left\{\frac{2rB_1}{H_1^2 + B_1^2} \pm \left[\frac{4r^2B_1^2}{(H_1^2 + B_1^2)^2} - \frac{4r^2 - H_1^2}{H_1^2 + D_1^2}\right]^{\frac{1}{2}}\right\} \tag{4-8}$$

式中根值皆有两个，即式中+号与−号两个，主要包括图 4-3*b* 中的 H_1 值，既可在辊轴下面，也可在辊轴上面。

另外图 4-3*b* 中右侧的 H_2 及 B_2 可以与 H_1 及 B_1 各不相同，用 H_2 及 B_2 解出的 θ_2 值也与 θ_1 不同，可使包角的调节更加灵活，从而使等曲率反弯区 s_1 及 s_2 的调节也更加灵活。

在一台拉弯矫直机上矫直厚度相差悬殊带材时，最好采用换辊制度。可以避免使用同一辊径在矫直厚带时弯曲量较大，不必加大拉力就可矫得很好。而在矫直薄带时因弯曲量不够，不得不加大拉力来达到矫直目的，并容易造成边裂等缺陷，而且浪费动力。所以，提倡换辊制度在一机多用的条件下是很有好处的。

5 矫直理论解析化与矫直技术现代化发展现状的讨论

搞好矫直理论建设和推进矫直技术发展是我们面临的两大任务。中国的矫直技术与矫直理论的开发研究起步较晚，同国际先进技术之间存在较大差距。经过20世纪后半叶尤其是改革开放后30多年的努力，中国矫直技术已经取得明显进步。但是由于中国特殊的历史条件，粗放的技术偏多，精尖技术偏少；舶来技术偏多，自主技术偏少。而在矫直理论方面一些发达国家的实验研究成果偏多，我国由于实验研究的投入太少不可能与发达国家相比，只能在解析研究方面取得较好成果，不过我们的生产实践正在迅速发展。实践经验，既可以验证理论的正确性，又可以提出进一步改善的要求，使新技术走向完善。有一个很明显的实例就是等曲率反弯辊形的二辊矫直机，它就是用正确的理论研制成功的矫直机。不过这种成功并未违背“实践出真知”这一原理，因为设计这种辊形使用的知识与经验都来自对矫直过程深刻理解和大量相关的实践经验。现在看来在中国的特定历史条件下走出一条新路也是必然的。结合这条新路再进行一些具体的讨论也是必要的。

5.1 矫直理论解析化效果的讨论

矫直理论解析化的初步完成结束了矫直理论经验论述的历史，把许多过去认为不可知、无规律、不确切、只知其现象不知其原因、只知其关系复杂而不知其内在联系的许多问题都变成可测知、可算知、可预知、可控制、可解决的作业问题。举个尽人皆知的实例，过去设计矫直机的人都不敢说：“你要什么样的矫直精度我就给你设计出什么样精度的矫直机”。一般只敢说：“按某种现有矫直机设计可以达到你要求的精度”，或者说：“按某种矫直机设计并在某些方面作些改进，有可能在精度上得到提高达到你所要求的水平，但至少不会低于该机的原有质量水平。”究竟能达到什么水平只能在矫直机试矫时经过质量测定才能得出最后结论。现在完全不同了，请参看文献［1］之表4-1，表中给出了二辊矫直过程的全部解析结果包括最后的残留曲率比（C_c），用这个 C_c 值可以算出最后的残留弯度，也就是该机的矫直精度值。如果这个精度值没有满足用户要求时，还可以改变结构方案或工艺方案，在矫直过程中增加一次反弯或改变某次反弯的压弯量，直到满足用户要求为止。另外在设计时还可以预知该机矫直质量的稳定性，请参看本书之表3-10，从表中可以看到，当矫直工艺参数设定以后可以算出时效后可能弹复的弯度大小。如果时效弹复弯度仍不大于合格弯度时其矫直质量应属于长期稳定的质量水平。总之解析化的矫直理论结束了矫直过程模糊不清的历史，带来了清晰明了的矫直效果。

下面还需在矫直规律的建立、矫直参数的确定、矫直事故的分析与解剖，以及许多矫直相关理论的建立方面取得的效果作全面的讨论。

（1）通过对矫直过程的解析可以看到各种弯曲、弯矩、弯曲变形、弯曲的挠度、弯曲的能量变化，以及这些变化之间的关系，还包括它们沿条材纵轴的分布状态等内容都可以用数理方程式予以表达，都可以用曲线关系予以反映。把这种工作扩展到所有断面型材之后，可以说在矫直技术发展史上完成了一项最基本的理论建设工作。

（2）通过对矫直过程的解析了解到矫直过程的变形规律，从而可以制定一些典型的矫直规程。结合第1章之图1-6的弹复曲率与总弯曲曲率之间的曲线关系可知，当条材只在某一个相位面上并只有单一的原始弯曲（即圆弧形弯曲）时，只需按其原始弯曲曲率比 C_0 值算出其反弯矫直所需之曲率比 C_w 值，便可用一次反弯达到矫直目的。可以把这种最简单的反弯矫直称之为“一步矫直过程”。若在该相位面上存在着大小不等、方向不同的复杂弯曲时，如图1-6中的 $-C_0 \sim C_0$ 的弯曲，则必需首先把复杂弯曲统一为单一的原始弯曲，如图1-6中两次反弯后的残留弯曲达到基本一致，即 $C_{c2}=C'_{c2}$。把这种统一后残留弯曲作为新的原始弯曲，即 $C_{03}=C_{c2}$，再用 C_{03} 算出其矫直所需的反弯曲率比 C_{w3}。用 C_{w3} 对条材进行反弯矫直后可以达到 $C_{c3}\approx C'_{c3}\approx 0$，即达到矫直目的。这个过程可以称之为“先统一、后矫直”的二步矫直过程。由于实际条材除了外形弯曲复杂之外还有内部材质上的不均，以及尺寸精度差别都会影响到统一弯度的效果和矫直效果，因此还需要进行第三步的补充矫直，所以才有“先统一、后矫直、再补充”的三步矫直法的规定。实践已经证明采用三步矫直法所需之辊数为 6 ~7 辊，而不是越多越好。

条材的弯曲常常不只在一个相位面上存在而同时存在于多个相位面上，甚至除了弯曲之外还存在扭曲，这时要想达到完全矫直目的，首先必须把各种相位面上的弯曲都分解在两个正交相位上，然后在两个正交相位面上都按上述的三步矫直法进行反弯矫直。同时还要在侧向（轴向）进行扭转压弯（参见 2. 8 节内容），以便消除扭曲完成三联矫直任务。所以一台完善的矫直设备应该具备上述的三步矫直和三联矫直能力。这也是对矫直机性能的全面定义。从这种定义出发来观察现有的矫直机，能基本满足全面性能要求的单交错辊系的矫直机应该首选 9 辊式矫直机。双错辊系应该首选 10 ~ 12 辊式双交错辊系矫直机。具有最好三步矫直及三联矫直能力的应该是双交错平立辊系矫直机，也称双交错正交辊系矫直机。两个辊系的正交复合将有远大的发展前途。

（3）从矫直过程的解析结果中可以找到各种矫直参数的内在联系，并可建立各种参数的科学确定方法。由于解析计算中采用了比值化或无量纲化的计算方法，一些在特性和意义方面各不相同的概念性量值在数值上却具有同一相等的关系。如同一种条材的弯矩比（$\overline{M}$）与其弹复曲率比（C_f）相等，又与其弹复挠度比（$\overline{\delta}_f$）相等，还与其矫直反弯曲率比（C_w）相等，也与其矫直反弯挠度比（$\overline{\delta}_w$）相等。这 5 个相对值的相等关系（$\overline{M}=C_f=\overline{\delta}_f=C_w=\overline{\delta}_w$）为矫直机的参数计算带来了极大的方便。当测知条材的原始弯曲的曲率比 C_0 之后可以利用反弯矫直曲率比方程式（式 1-26）算出其 C_w 值，并利用 $\overline{\delta}_w=C_w$ 关系算出矫直压弯量为

$$\delta_w = \overline{\delta_w}\delta_t = C_w\delta_t$$

式中，δ_t 是条材的弹性极限挠度（用材料力学方法可以算出）。这个 δ_w 是最主要的矫直工艺参数，而且可以简便地计算出来也是矫直技术发展史上的一件大好事。

再看第二个重要的工艺参数矫直速度。过去认为这个参数是很好算出的，因为矫直速度就是矫直辊面的切线速度。但是通过矫直过程解析化分析竟然发现矫直速度是随着矫直辊压弯量的变化而改变的，只要矫直辊的压弯曲率（角）大于零，矫直辊下的条材矫直速度就大于辊面速度，而且压弯曲率（角）越大，其速度差也要越大。这种速度差对矫直机的运行将产生极大的危害。因此在我们最新的矫直机设计方法中必须对矫直速度中受压弯量变化影响的因素予以考虑，并在速度控制中提供减少或消除这种影响的技术措施。这也是矫直技术发展中头一次提出的控制矫直速度的新要求。

第三个重要内容是辊形参数的反弯曲率半径值。这个参数要按三步矫直的需要同时算出 ρ_1、ρ_2 及 ρ_3 三个反弯半径。同时还需要给出与其相应的三个等曲率区 S_d、S'_d及 S_b 的长度，还要注意到任何一个等曲率区的长度都不许小于一个导程的原则。这种结构参数中包括两项内容，即等曲率反弯半径及各个等曲率区的长度。这些新参数都是最基础的重要参数，用它们可以帮助确定其他结构参数。如辊长中包含着等曲率区的长度，而辊径基本上与辊长成正比又与矫直力成正比，再照顾到轴承外壳的直径，便可以正确地制定辊径值而避免经验值的局限性。在斜辊矫直机的设计中引进等曲率反弯概念已经带来了革命性的发展效果，用不小于一个导程的等曲率反弯可以消除空矫区和空矫相位，摆脱了一系列先天性的缺陷。在平行辊矫直机设计中，采用等压力双交错辊系时也可以显示出等曲率反弯和全长矫直的优越性。

除了上述的主要工艺参数与结构参数之外，在力能参数的计算中也显示出解析化带来的好处。过去在计算矫直变形耗能时很难把塑性变形能与弹性变形能、弹复变形能等分开计算，即使可以分开计算也很难把耗能大小与塑性变形深度或与弹性区比联系起来而算出确切的结果。现在的耗能计算可以将各种变形耗能算得清晰明确，对弹复能量的利用价值也引起了重视。

(4) 通过对矫直过程的解析化研究，识破了许多矫直过程中老大难问题，并找到了解决办法。第一个实例就是矫直辊驱动轴的超负荷与负转矩问题，自从有了辊式矫直机就相伴出现在压弯量最大的辊轴上产生过大的超负荷转矩，而在压弯量最小的辊轴上产生负转矩。超转矩与负转矩之间相差的转矩可达矫直辊转矩的10倍左右，因此用安全系数10左右设计的驱动轴可以在生产中突然断裂。结果是用解析化的矫直速度分析查出了事故的原因。第二个实例是通过对弹性芯的解析化分析查清了空矫相位和欠矫相位的存在。只要前后两个压弯辊之间距离不等于圆材行走导程四分之一的奇数倍，则该二辊各自的压弯相位面之间就不可能保持正交关系（直角关系），便达不到矫直目的。两个反弯相位之间夹角与90°的差距越大，残留的弯度就越大。而空矫相位的位置可以在平台上滚动检测时圆材悬空间隙最大的方位上找到，这个方位又与弹性芯的最长轴方位一致。这种空矫或欠矫相位的查出和解决必然会在弹性芯的形状上反映出来。凡是又正、又方、又圆、又小的弹性芯，其矫直质量最高。第三个实例是条材头尾的空矫区问题。虽然人们已经认识到辊式矫直机的辊距是造成空矫区的根源，而且空矫区的长度为半个辊距左右，但是一直没有找到较好的解决办法，只能借助压力机进行补矫，效率低成本高。自从采用等曲率反弯辊形之后斜辊矫直可以实现全长矫直，并在平行辊矫直设备中采用等压力双交错辊系也可以实现全长矫直。第四个实例是把弹性芯的弹复隐患变成无害隐患，完全依靠解析方法算出允许的最小弹性芯而达到无害目的。第五个实例是通过辊速调控或单辊柔性驱动来减少或清除矫直胀径的危害。这些老大难问题给生产带来的麻烦不仅延续了上百年的历史，而且危害性特别大。所以这些问题的解决确实是有很大的实用价值，也是矫直理论发展过程中的大事。

(5) 通过矫直过程的解析研究不仅解决了大量的生产实际问题，还建立起一些相关的理论，如斜辊矫直过程中等曲率反弯矫直理论、分段等曲率辊形设计理论、滚压加反弯的矫直理论、压扁加反弯的矫直理论、均布压力辊形理论、小反弯矫直理论，又如在平行辊矫直过程中的等压力双交错辊式矫直理论、三步走的矫直理论、三联矫直理论、正交相位矫直理论等，逐步完善了矫直理论体系，充实了矫直技术内容，推动了矫直技术现代化的发展。

5.2　矫直技术现代化发展状况的讨论

矫直生产中的工艺技术与矫直理论常在交叉作用和相互影响中向前发展。原来的反弯矫直都是通过集中反弯后逐步递减反弯以达到矫直目的。而递减反弯过程究竟是应该按着多大的递减梯度来进行，却一直未能明确。好像常见的主张都是梯度越小越好，也就是矫直辊数越多越好。而且条材越薄，辊数应该越多。所以薄板矫直机的辊数很多。但是通过矫直理论解析化的分析，否定了这种理论，而建立了三步走的矫直理论，不管原始弯曲如何，只要能作好先统一，以后再经过1~2次反弯便可矫直。至于薄板材的矫直也是基本相同，唯独薄板原始弯曲的“先统一”要困难一些。而其困难的主要内容是瓢曲的“先统一”。在生产中常把瓢曲称之为波浪，而且波浪在板面纵向的分布是有规律的。它的分布形式有边浪、中浪及肋浪三种，如果将来人们把板材送入特殊结构的专用平浪机经过适当的反弯而达到“平浪”目的后再送入七辊矫直机便可达到完全矫直目的时，人们就会改变辊数越多越好的老观念。

另外在斜辊矫直机上矫直圆材时从集中反弯到递减反弯是在一个螺旋形相位面上进行的，而不是在一个纵向平面上进行的。从这里可以看出斜辊矫直与平行辊矫直的严格区别。如果某一条材只有垂向弯曲，而侧向弯曲很小时，经过平行辊矫直机并在不进行轴向反弯情况下有可能得到矫直。至于圆材若只有某一相位上的弯曲而无侧弯时，即最简单的弯曲，在通过一个斜辊，甚至多个斜辊之后却有可能得不到任何相位上的矫直。其原因很简单，就是圆材的原始弯曲不可能同矫直时的螺旋轨迹的方向一致。因此圆材的矫直必须不管其原始弯曲形态如何，一律按螺旋方向上的两个正交相位全部进行三步走的等曲率反弯矫直要求完成旋转矫直工作，最后便可使任何相位上的任何弯曲都得到矫直。看来斜辊矫直过程不是一个直观的过程，而是需要一些想象的矫直过程。因此需要使想象的过程与矫直实际过程相符合才能正确理解和利用矫直过程完成矫直任务。理论与实践统一之后才能产生正确的先进的矫直技术。在斜辊矫直过程中真正符合实际需要而且又能最有效解决实际问题的矫直理论就是分段等曲率反弯矫直理论，而且每段长度不小于一个导程。真正符合这种理论要求的矫直技术就是用分段等曲率反弯辊形进行矫直的技术。这种技术在平行辊矫直中以双交错辊系的形式出现之后也带来一系列的新优势。这种技术在拉弯矫直中以增大包角的形式被利用之后使人们找到了提高质量的有效途径。其他如滚压加等曲率反弯、压扁加等曲率反弯、均布压力加等曲率反弯等矫直技术都带有等曲率及等曲率区不小于一个导程的特征。

为了在生产中能更好地应用新技术基本要求而编制的顺口溜可供现场人员参考。可以选其有用的句段试用于生产之中。推广之后可能会给初学者带来方便。顺口溜内容如下：

一维单弯最易矫，算出反弯可矫好。
一维多弯分三步，先统后直加补充。
二维多弯分相位，正交三步全矫到。
扭曲多弯分三维，反弯反扭联合矫，
板带常有瓢曲弯，拉伸反弯矫得巧。
等压双交错辊系，全长矫直质量高。
分段等曲二辊机，全周全长无空区。
邻辊相位差九十，多辊斜矫质量保。
矫辊压弯大渐小，辊速先慢后快好。
矫后弹芯正又小，质量提高隐患少。
细棒矫直增滚压，反弯不足也能矫。
薄管反弯加压扁，扁中旋转有矫效。
条材形变矫法变，不断改革创新招。

这十三句顺口溜同前面谈到的矫直技术都是相对应的。不过简化之后的语言有可能引起误解，下面再加一些解释。

第一句的实质是单一的圆弧形原始弯曲，在精确反弯条件下一次就能矫直。

第四及第五句同属三维原始弯曲，条材采用三联矫直法，带材采用拉弯矫直法。

第六句的等压双交错辊系就是等压力双交错辊系。

第八句的相位差九十是指 90°的相位差，也是四分之一导程奇数倍的辊距差。

第九句需要明确辊式矫直机的压下量由入口开始由大渐小，其结果是矫直速度也由大渐小，从而在出口侧辊子转矩由正变负，入口侧辊子转矩越变越大，最后造成恶果，为避免恶果发生则需使矫直辊速先慢后快正好与矫直速度的由大渐小的变化相抵消。

其余各句估计不会有误解，故不加解释。以上谈到的技术都是与矫直理论直接相关的技术。此外还有一些间接相关的技术，如在加大矫直辊斜角以提高二辊矫直速度时需要采用倾斜的辊缝导板，这种导板在辊缝入口侧与出口侧的斜度相反，故需要把原来的每侧一块导板改为两块；又如在矫直工字形条材时，为了使突缘受压既有助于其弯曲变形又不至于压溃其边缘，在孔型内与突缘接触部位设置限压弹性垫，从而产生了弹性孔型技术；三如为了改进轴向调节技术，而在矫直辊轴头采用子母槽型（或称 C 型）螺母并增加楔形锁紧块，以提高调节速度和增加定位可靠性；四如矫直辊调角方法是过去被忽视的重要辅助技术，今后需要在多斜辊矫直机上用操作规程表的形式予以明确。最后应该强调辊式矫直机的辊子压上技术。本书第 2 章的图 2-8中给出这种技术的结构示意图。这个技术在发达国家已被大力推广，它在大型辊式矫直机上很有发展前途。我们不能忽视这项技术的重要实用价值。现代化的矫直技术除了在最新矫直理论指导下开发出来的矫直技术之外就是利用其他技术的新成果于矫直生产中取得的新成就，如在线检测技术、信息反馈技术、系统监控技术、自动调整技术等。矫直生产也将进入智能调控时代。

参 考 文 献

[1] 崔甫. 矫直原理与矫直机械 [M]. 第2版. 北京：冶金工业出版社，2005.
[2] 崔甫. 矫直理论与参数计算 [M]. 第2版. 北京：机械工业出版社，1994.
[3] 徐灏，等. 机械设计手册 [M]. 北京：机械工业出版社，1991.
[4] 崔甫. 多辊式矫直机（双交错辊系）：中国，87.1.05049.8 [P]. 1989-11-22.
[5] 崔甫. 对矫直技术领域中一些认识误区的讨论 [J]. 重型机械，2013，(2).

附　　录

攀登矫直技术新高峰

北京长宇利华液压系统工程设计有限公司

总经理　段文林

崔甫教授有关矫直技术的新书出版了，我们公司作为崔教授矫直理论的实践者，对此表示衷心的祝贺。崔教授以毕生精力潜心研究矫直技术，创建了一套完整理论，至今已是耄耋之年，仍在为技术创新殚精竭虑，辛勤耕耘，这种精神永远值得我们学习。

我们北京长宇利华液压系统工程设计有限公司，是长城液压集团的全资子公司，主要从事成套非标设备的研发制造。在钢管冷拔精整生产线、液压油缸生产线、海水淡化成套设备等方面拥有成熟技术。近年来在崔教授的指导下研制新型矫直设备，其中大口径钢管二辊矫直机已成功用于实际生产，矫直精度达到0.4mm/12m，技术经济指标远优于传统的多辊矫直机，充分验证了崔教授理论的先进性、实用性。

目前，我公司正在配合崔教授研发棒材二辊矫直机、型材双交错辊系矫直机、滚动模转毂矫直机等新产品。我们有信心使崔教授的理论结出累累硕果。在此我也致意各位同行，让我们加强交流、共同切磋，一起努力攀登矫直技术的新高峰。

公司网址：www. bjcylh. com

邮　　箱：duanwl@ bjcylh. com

电　　话：010-57623095

冶金工业出版社部分图书推荐